건축방재학

권인규 지음

도서출판 동화기술

머리말

건축물 화재로 인한 인명과 재산의 피해 규모는 점차 심각해지고 있으며, 지구 촌에 발생되고 있는 지진, 홍수 및 태풍에 의한 재해 수준은 점차 국민들의 큰 관심사로 자리매김하고 있는 등 인위재해 및 자연재해의 피해 수준은 국민의 안정된 삶을 추구하고자 하는 희망에 큰 위협이 되고 있습니다. 이러한 각종 재해와 재난에 대한 원인과 대책에 관한 전문적 자료가 매우 한정된 가운데 출간된 건축 방재학은 준비된 방재 전문가 양성에 기여했다고 판단되며, 보다 국제화 지향 전문가 양성의 필요성이 제기되었습니다. 따라서 본 개정판은 관련 정보의 업그레이드, 건축물 방재분야 중에서 화재 안전성 분야에 심대한 내용을 추가하고, 최근 점증하고 있는 컴퓨터 이용 기술 분야인 전문가 해석 프로그램의 이용방법을 수록함으로써 보다 전문적인 건축 방재인 육성에 기여하고자 합니다. 따라서 본 개정판은 소방방재 분야에서 공부하는 대학생과 대학원생 그리고 소방관련 분야의 기술자에게 건축방재의 전반적 사항과 건축물 화재에 관한 최신 정보를 접할 수 있는 자료라고 판단된다.

본 개정판은 저자의 미국 Oklahoma State University 파견교수 시절에 집필된 것으로써 화재 교육에 관한 미국 내용을 소개해 Dept. of Political Science of Oklahoma State University의 Prof. Anthony Brown 및 Faculties, Fire Protection Publication의 Mr. Bill Robinson과 Staffs, Fire Service Training of OSU의 Bryan West 및 Staffs 등에 감사드린다. 또한 화재분야의 정보와 논의에 많은 시간을 허락해준 Dept. of Fire Protection & Safety Technology의 Prof. Qingsheng Wang에도 감사드린다.

본 개정판이 완성될 때까지 같이 노력해준 아내 미경, 아들 재경 그리고 한국에서 열심히 노력한 큰 아들 재현이게도 감사드린다. 마지막으로 본 교재의 완성까지 정성을 다해주신 도서출판 동화기술 가족여러분에게 감사의 말씀을 드린다.

Oklahoma State University
Stillwater Campus 연구실에서 저자 씀

목 차

제 1 장

건축방재

1.1 건축방재개요

인류 탄생 이후, 자연과 더불어 공존하면서 터득한 기술 중에서 가장 오래되고 발달된 분야는 건축기술의 발달이라 생각된다. 원시시대 자연의 동굴에서의 생활 그리고 점차 집단생활과 지능의 발달로 기후 변화에 대한 삶의 환경변화를 최소화하기 위한 대체공간으로서 움집 등과 같은 주거생활공간의 생산 활동이 시작되었다. 이후 농경사회, 산업화 시대를 거치면서 각종 재료의 대량생산과 시공기술의 발달로 인하여 건물은 고층화, 대형화되었다.

그림 1-1 움집(신석기시대)

그림 1-2 움집내부

그림 1-3 페트로나스(말레이시아)

그림 1-4 버즈 두바이

원시 시대의 움집과 같은 단순 주거개념에서는 홍수, 태풍, 지진 등의 자연재해에 크게 대응되지 못하였을 것이라 판단되나, 산업화 시대 이후의 주거개념에서는 자연재해 및 화재와 같은 인위적 재해에 대해서는 그 피해가 막대하므로 각종 재해의 방지에 많은 노력을 기울여 왔다. 특히 산업화 시대 이후 도시로의 인구집중화로 인한 건축물에서의 재해 발생은 해당 건축물뿐만 아니라 도시 기능을 정지시킬 수 있는 재난의 성격으로 확대되므로 방지를 위한 다양한 노력이 경주되어왔다.

1. 용어의 정의

본 장에 적용되는 용어는 다음과 같은 의미를 가진다.

① 건축물(建築物) : 토지에 정착하는 공작물 중 지붕과 기둥 또는 벽이 있는 것과 이에 부수되는 시설물, 지하 또는 고가의 공작물에 설치하는 사무소, 공연장, 점포, 차고, 창고 기타 대통령령이 정하는 것을 말함(건축법 제2조)

② 재해(災害) : 천재지변(자연사건)으로 유발되는 피해(Disaster). 자연재해대책법의 제2조에서는 다음과 같이 정의하고 있음. 재난 및 안전관리기본법 제3조 제1호 규정의 각 항목에 의해서 발생되는 피해를 재해라 함. 여기에는 태풍, 홍수, 호우, 강풍, 풍랑, 해일, 조수, 대설, 가뭄, 지진, 황사와 같은 자연재해 및 기타 이에 준하는 자연현상에 일어나는 피해를 포함함.

③ 재난(災難) : 재해의 규모가 일정수준 이상인 것(Disaster, Catastrophe). 재난 및 안전관리 기본법 제3조에는 다음과 같이 규정하고 있음. 국민의 생명, 신체 및 재산과 국가에 피해를 주거나 줄 수 있는 것으로써 다음 각 목에 의한 것을 말함. 첫째는 자연현상으로 발생하는 재해, 둘째는 화재, 붕괴, 폭발, 교통사고 그리고 셋째는 에너지, 통신, 교통, 금융, 의료, 수도 등 국가 기반체계의 마비와 전염병 확산임.

④ 재난관리(災難管理) : 재난의 예방, 대비, 대응 및 복구를 위하여 행하는 모든 활동.

⑤ 안전관리(安全管理) : 시설 및 물질 등으로부터 사람의 생명 신체 및 재산의 안전을 확보하기 위하여 행하는 모든 활동.

⑥ 방재(防災) : 재해(災害)와 재난(災難)을 미연에 방지함.

⑦ 인위적 재해 : 화재와 범죄와 같이 사람에 의해서 발생되는 재해

⑧ 자연적 재해 : 지진, 태풍, 홍수 등 자연현상에서 의해서 사람의 생활패턴에 큰 영향을 미치는 피해를 의미하고, 자연재해대책법에서의 자연 재해라 함은 재해 중 태풍, 홍수, 호우, 강풍, 풍랑, 해일, 조수, 대설, 가뭄, 지진(지진해일 포함), 황사 그 밖에 이에 준하는 자연현상으로 인하여 발생하는 재해를 의미함.

⑨ 건축방재 : 건축물에 위해를 가할 수 있는 재해와 재난을 미연에 방지하는 것과 재난 관리를 수행하는 것.

재해가 인간 생활에 미치는 범위와 영향의 정도가 일정 수준을 벗어나면 재난으로 성격이 변화되고, 방재는 여러 가지 재해의 예방을 포함하는 재난관리까지를 그 범위로 한다.

1.2 건축과 안전

1. 기본성능으로서의 안전성

건축물의 안전성 분야는 크게 인명의 안전성, 재산의 안전성 그리고 기능의 안전성으로 대별된다. 인명의 안전성은 건축물의 도괴, 붕괴 등으로 유발되는 인명의 피해를 방지하는 기능을 의미하고, 재산의 안전성은 건축물의 손상에 의한 피해를 방지하는 기능을 뜻하며, 기능의 안전성은 건축물 내부 공기조화, 수도, 전기 등의 기능적 유지성능을 의미한다.

① 인명의 안전성 : 건축물 붕괴 등에 의한 인명손실 방지기능
② 재산의 안전성 : 건축물 붕괴 등에 의한 재산손실 방지기능
③ 기능의 안전성 : 공기조화설비, 수도 및 전기시설의 유지기능

건축물의 존재 기능으로서 가장 중요한 부분은 구조적 안전성이다. 즉 지진, 태풍 그리고 각종 기후 변화 및 다양한 중력 하중으로부터 건축물의 가장 기본적인 구조적인 유지성능을 확보하고 이를 검증할 수 있는 것이 구조적 안전성이다.
건축물은 구조적 안전성을 바탕으로 인간의 신체를 보호할 수 있는 피난처로서의 역할을 충실히 할 수 있다. 구조적 안전성이 확보되지 못하면 부분적 파괴. 전체 파괴 등과 같은 불행한 사건으로 확대되어 많은 인명손실을 유발시키는 재해와 재난으로 이어지게 된다.
세계보건기구(WHO)에서는 건축물의 요구조건을 다음과 같이 정의하고 있다.
① 안전성 : 구조적 역할을 수행하여 본래의 유지성능을 보존하는 기능
② 보건성 : 재실자의 건강을 유지시킬 수 있는 기능

③ 편리성 : 재실자와 이용자의 동선계획의 편리성과 기능의 고도화

④ 쾌적성 : 실내 환경(열, 온도, 습도 등)을 주변 기후에 조화롭게 유지시키는 기능

세계보건기구에서는 이와 같은 건축물의 요구조건 중에서도 안전성에 대한 가중치를 높게 부여하고 있어 재해와 재난에 대비하는 자세가 중요함을 제기하고 있다. 그러나 국내 일부 현장에서는 화재와 같은 고열환경에서 주요 구조부의 내력 유지에 절대적으로 요구되는 내화피복재의 미시공 및 성능이 검증되지 않은 재료 사용 등과 같은 불합리한 행위가 이루어져 많은 보완이 요구되고 있다.

2. 방재의 기능

재해와 재난을 미연에 방지하기 위한 방재의 기능으로서는 크게 세 가지로 대별된다. 즉 구조강도의 안전성, 차단방호의 안전성 및 공간관리의 안전성이다. 구조강도의 안전성은 각종 외력으로부터 건축물의 유지기능을 만족시킬 수 있는 기본적인 기능으로써 내화, 내진, 내풍, 내설 안전성으로 세분화할 수 있다.

내화 안전성은 화재와 같은 고열환경에서 건축물의 주요 구조부가 본래의 유지 기능을 확보하도록 조치하는 수단이다. 건축물의 주요 구조부를 형성하는 주요 재료에 따라서 해당 재료가 구조적으로 내력을 유지할 수 있도록 일정 온도로의 상승을 막는 수단이 요구된다. 예로써 콘크리트 구조물의 경우, 건축물의 피난방화구조 등의 규칙에 정의된 구조를 적용함으로써 내화성능의 확보를 인정받을 수 있으며, 강구조 건축물의 경우는 내진 안전성은 지진에 의해서 발생되는 횡력을 건축물의 내부의 주요 구조부 결합부를 보강하여 효과적으로 저항함으로써 확보할 수 있으나, 추가적인 구조재료가 소요됨으로써 다소 경제성의 문제를 야기한다.

그림 1-5 내화피복재 시공

그림 1-6 내화피복재 시공 완료

일정 피복두께를 확보함으로써 요구되는 시간에서의 내화성능을 확보할 수 있다.

지진에 의한 횡력에 저항하는 다른 방법으로써는 건물 내에서의 효율적인 제어방식인 제진구조와 지반에서 건축물에 전달되는 에너지 전달과정에서의 방어 전략에 관한 면진구조로 구분될 수 있다.

면진구조는 지반의 횡적 운동량의 전달을 고무층과 금속층의 합성으로 구성된 면진 적층 고무판에 의해서 최소화시키는 공법으로 면진층이 위치되는 부위에 따라 기초면진과 중간층 면진으로 대별된다. 제진구조는 건축물 내부에 댐퍼 등의 설치로 건물의 좌우 진동을 최소화시킬 수 있는 첨단 공법이다. 면진공법은 건축물의 지하부분에서 건물의 자중을 견딜 수 있는 하부 구조물이 소요되어 매우 고가이므로 보존가치가 높은 건축물과 중요기관 등에 사용되고 있다.

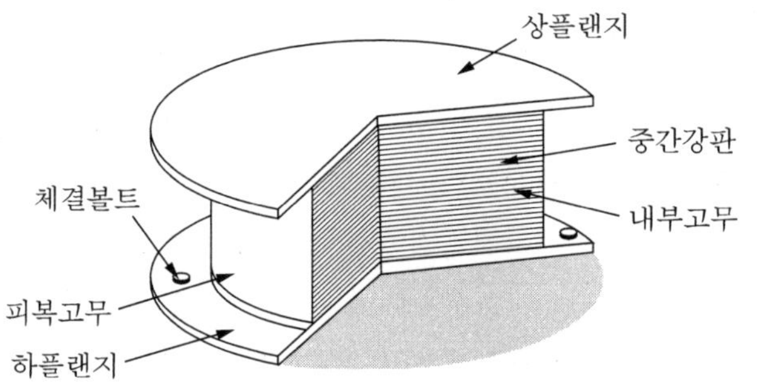

그림 1-7 적층고무구조

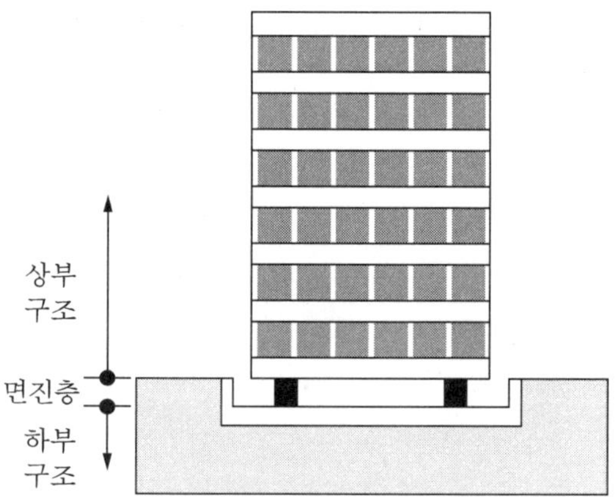

그림 1-8 기초면진구조

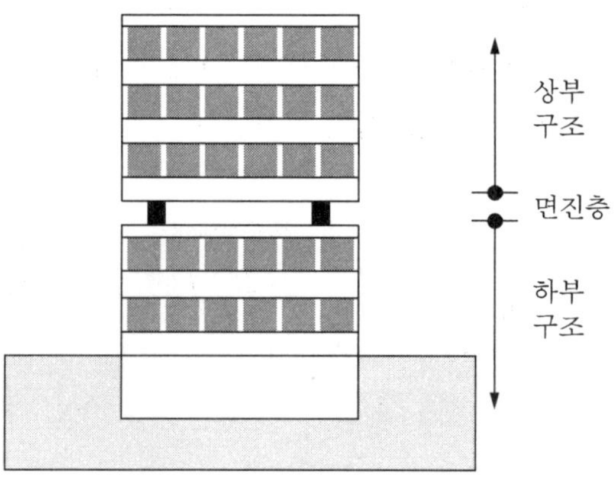

그림 1-9 중간층 면진구조

내풍 안전성은 바람에 의한 흔들림을 최소화함으로써 구조적으로 안전성을 확보하는 노력이다. 고층건축물은 상부 층으로 갈수록 바람의 압력이 증대되므로 구조설계 시 내진 하중량보다 일반적으로 바람에 의한 영향도가 커지므로 설계 시에 풍동실험 등을 병행하여 안전성 확보에 만전을 기하고 있는 추세이다.

내설 안전성은 추운 겨울철 폭설에 의하여 건축물이 붕괴되지 않도록 조치하는 기능이다. 즉 지붕에 쌓이는 눈을 녹여서 적층되지 않도록 조치하는 기본적인 방안과 구조적으로 지붕부재 설계 시에 해당 지역의 최대 적설량을 고려한 적설하중을 산정하는 합리적인 방법이 있다.

차단방호의 안전성은 재해의 원인이 되는 요소를 차단시킴으로써 안전성을 확보하는 방안이다. 여기에는 방화 안전성, 방수 안전성 그리고 방범 안전성이 해당된다.

방화 안전성은 화재가 발생되었을 경우, 그 화재를 다른 구획실로 확산을 방지함으로써 안전성을 확보할 수 있으며, 방수 및 방범 안전성은 건축물 자체로의 침투를 사전에 차단함으로써 기능을 유지할 수 있다.

공간관리의 안전성은 건축물 내부에서의 인간 활동에 의한 안전을 확보하기 위한 방안으로써 전도 방지, 익수 방지 및 화상 방지 안전성이 포함된다.

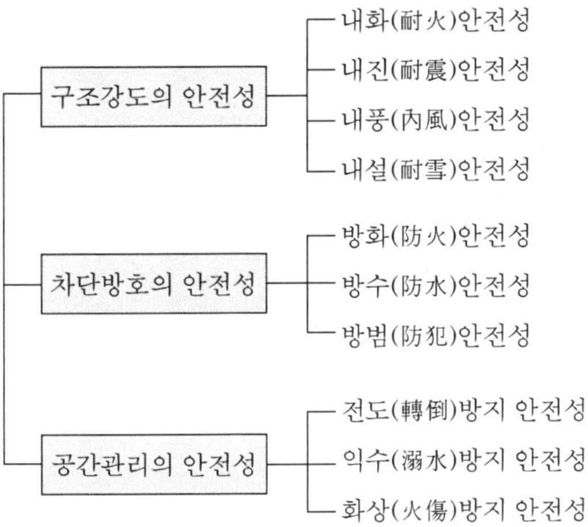

그림 1-10 안전성 종류

1.3 건축재해발생 메카니즘

1. 건축재해 구조

건축물에서 발생되는 재해는 빛, 열, 외력 등과 같은 물리적 효과로 인하여 건축공간 내부에서 생활하는 재실자와 건축물 자체 및 내부의 물건 등 재산권 그리고 공간의 쾌적한 환경 파괴 등의 좋지 못한 결과를 유발시킨다. 따라서 건축재해에 의한 피해를 없애거나 최소화하기 위한 노력으로써는 가해현상 자체를 건축물에서 격리시키거나 건축물 자체의 환경을 가해현상에 견디도록 건축적 노력을 해야 할 것이다.

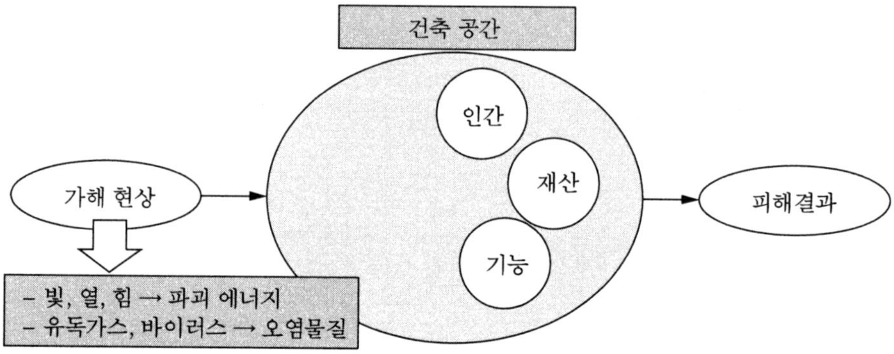

그림 1-11 재해 발생메커니즘

2. 공간구조에 따른 재해

건축물의 공간구성 요소에 따라 피해가 확대될 수 있고, 억제될 수도 있다. 따라서 공간구성 요소를 적정하게 제어함으로써 쾌적하고 재해도 최소화시킬 수 있다. 건축물의 하드웨어적인 구조, 설비 및 지형 등에 있어서 각종 안전성 조치를 취함으로써 재해를 최소화시킬 수 있으나, 기초적인 구조설계와 각종 안전조치를 소홀한 경우에는 관련 피해가 확대될 수 있다.

표 1-1 공간구조요소에 따른 피해 최소화 방안

구분		피해확대요소	피해억제요소
Hard	구조	· 구조설계 및 방재설계miss · 구조체의 노후화, 부식화 · 시공결함	· 내재(耐災)구조, 방재구조 채택 · 내구성 구범과 재료 선택 · 방재공사, 방재개수
	설비	· 설비의 노후화, 방재설비 고장 · 안전장치와 방호장치의 결핍	· 방재설비와 소방 설비의 충실 · 감시 장치와 방호장치의 설치
	기타	· 지질과 지형의 불량 · 공간의 복잡성, 과밀 공간	· 방재 공간, 피난 공간 확보 · 알기 쉬운 공간, 감시하기 쉬운 공간
Soft	사람	· 방재지식의 결핍 · 방재능력 상실(노화, 질환 등) · 방재의식 결여	· 방재지식 습득 · 유지보전 철저
	사회	· 고령화와 과소화(過疎化)의 진행	· 방재교육과 방재행정의 충실

3. 재해요인

건축물에 바람직하지 않은 영향을 미치는 요인으로서는 크게 두 가지로 대별된다. 첫째는 지진, 폭풍, 홍수 등과 같이 자연적 요인과 강도, 방화와 같은 사람 그리고 사회적 요인 또한 건물 바람과 같이 자연과 사회적 요인이 병합된 외인 재해이며, 둘째는 건축물 내부의 여러 복합적인 원인에 의해서 발생된다. 여기에는 기기고장, 장비의 성능저하와 같은 물적 조건, 사람에 의해서 야기되는 졸음, 오조작 그리고 계단에서의 굴러 떨어짐과 같은 물적과 인적의 병합요인이 포함된다.

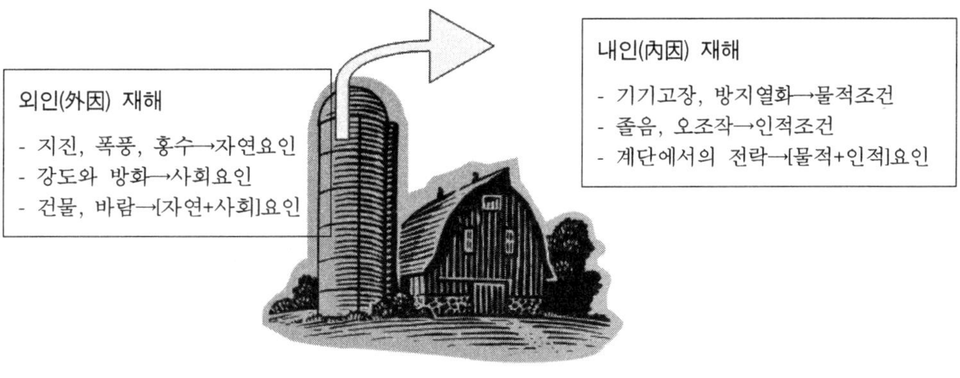

그림 1-12 재해요인의 구성

1.4 건축재해의 종류

건축물에서 발생되는 각종 재해의 구분은 의미의 해석에 따라 구분되는 협의 및 광의재해와 생활속에서 일어나는 패턴에 따라 구분하는 일상재해와 비일상 재해 그리고 자연현상과 사람에 의해서 발생되는 자연재해와 인위재해로 구분한다.

1. 협의의 재해와 광의의 재해

통상적인 의미에서 재해라고 불리는 화재, 홍수에 의한 침수 그리고 건물의 도괴 등은 좁은 의미인 협의의 재해로 구분되고 건물 내에서 재실자가 실수 등으로 인한 전도, 방화와 도난 등의 범죄는 넓은 의미인 광의의 재해로 구분된다.

① 협의의 재해 : 건물의 도괴, 침수 혹은 화재

② 광의의 재해 : 전도(轉倒), 익사 등의 사고(事故), 방화와 도난 등의 범죄

2. 일상재해와 비일상재해

건물 내에서의 미끄러져 넘어지는 전도와 같이 통상적인 주거행위에서 발생되는 재해를 일상재해로 구분하고 이외의 지진, 태풍 등과 같이 자연현상에 의해서 발생되는 재해를 비일상 재해로 구분한다.

① 일상 재해 : 계단에서의 전도 등의 피해

② 비일상 재해 : 지진, 태풍, 집중 호우에 의한 피해

3. 자연재해와 인위재해

재해의 가장 보편적인 분류 방법으로써 태풍, 지진 등과 같이 자연현상에 의해서 인류에 피해를 유발시키는 자연재해와 화재, 범죄 등과 같이 사람의 의도적인 행위에 의해서 발생되어 피해를 확산시키는 인위재해가 있다.

① 자연재해 : 태풍, 지진 등

② 인위재해 : 화재, 범죄 등

1.5 건축방재의 원리

건축물에서 발생되는 각종 재해를 최소화하기 위한 전략으로써는 크게 세 가지 단계가 있다. 즉 외부의 영향을 없애거나 이로부터 멀리 떨어지는 예방단계와 실제 상황이 전개되었을 경우 이 진행과정을 소멸시키고자 하는 노력인 진압단계가 있으며 본 진압단계가 상당히 어려운 경우에는 다른 공간으로의 확산을 방지하기 위한 회피단계가 있다. 회피단계에는 가해현상의 파괴력을 발생원에 포위하여 다른 공간으로 확산되지 않도록 조치하는 국한방안 그리고 가해현상의 파괴력을 완화시키는 감쇠방안 그리고 가해현상의 파괴력으로부터 멀어지는 피난방안이 있다.

– 가해 현상의 발생 저지 ⟶ 예방

– 가해 현상의 존재를 배제 ⟶ 진압

– 가해 현상의 전파를 억제한다 ⟶ 회피

V 가해 현상의 파괴력을 봉쇄 : 국한

V 가해 현상의 파괴력을 완화 : 감쇠

V 가해 현상의 파괴력으로부터 도피 : 피난

그림 1-13 재해를 방지하는 방법

1. 건축방재의 기본성능

건축물에서의 재해를 최소화하기 위한 기본적 성능으로써는 가해 현상으로부터 직접적인 피해를 받지 않는 내재성(耐災性), 다른 공간으로 확산되는 피해를 줄이려는 국한성(局限性), 방풍림과 같이 피해를 다른 물체가 대신하도록 계획하는 완충성(緩衝性) 등의 기능이 있다.

표 1-2 건축방재의 성능분류

종류	내용
내재성(耐災性)	가해현상에 의해 손상을 받지 않음 : 내진, 내화
국한성(局限性)	재해의 확산을 방지하여 피해 범위를 한정 : 방화 구획
완충성	파괴력을 다른 곳으로 돌려 완화시키는 성능 : 방풍림, 면진구조, 배연설비
보완성[대체성]	시설, 장치, 설비가 손상을 받았을 경우 그 기능을 유지할 수 있는 대체 성능 : 2방향의 피난 경로의 확보[Fail-safe]
복원성	복구와 기능 회복을 신속히 할 수 있는 자재의 사전 확보
감시성	재해와 범죄에 결부된 현상을 신속히 발견할 수 있는 성능
자율성	위험한 행위와 위험한 환경을 스스로 해소 : 피난 장애물제거
부조성(扶助性)	연대성으로 서로 돕는 것 : 방재 커뮤니티 형성

2. 방재의 원칙

건축물의 방재와 기타 모든 전략적 방재의 원칙으로서 다음과 같은 절대적 기준이 있다. 즉 실패하더라도 안전해야 된다는 절대적 기준인 훼일-세이프(fail-safe)와 어떤 극한상황에서도 누구든지 해결할 수 있는 훌-프루프(fool-proof)가 요구된다.

1980년대 미국과 소련의 이념적 대립시기에 미국의 핵무기의 발사과정에 있어서 최고책임자와 부책임자가 작동 장치를 각각 사용함으로써 만일의 사고에 대비하는 fail-safe가 유명한 사례가 되고, 건축물의 경우에는 화재발생 경우에 계단실의 폐쇄가 우려되는 경우에 최소 두 개의 피난경로를 확보하는 것, 비상전원을 확보하는 것 등도 좋은 fail-safe의 사례가 될 것이다.

표 1-3 방재의 원칙

종류	내용
Fail-safe	- 안전공학적 원칙 : 실패를 하더라도 안전해야 함 - 2중 3중의 안전조치를 마련하는 것 - 비상 전원 등을 확보하는 행위, 2방향 피난경로 설치
Fool-proof	- 인간공학적인 원칙 : 행동이나 판단의 능력이 저하하더라도 안전해야 함. - 알기 쉬운 공간구성[피난계단의 위치 등], 조작하기 쉬운 설비 시스템[전원 스위치의 높이 등]

제 2 장

건축재해의 종류와 방지대책

2.1 건축재해의 종류

건강한 삶의 영위와 생산 기반이 되는 건축물에서의 발생되는 각종 재해는 크게 세 가지로 구분된다. 첫째는 재해 범위에 따른 구분이 있으며, 두 번째는 통상적인 생활 과정에 따른 구분 그리고 세 번째로는 천재지변에 의해 발생될 수 있는 재해이다.

1. 협의(狹義)의 재해와 광의(廣義)의 재해

건물의 붕괴, 침수 등은 통상적인 범위 내에서 재해로 인지될 수 있으나, 광의의 재해는 포괄적이고 큰 범위에서의 재해로 이해되는 개념이다. 즉 재실자 또는 건물 이용자가 건물 내부에서의 넘어짐, 방화(放火) 그리고 도난 등이 넓은 의미로서 재해에 해당된다.

- 협의의 재해 : 건물의 도괴(倒壞), 침수 혹은 화재
- 광의의 재해 : 전도(轉倒), 익사 등의 사고(事故), 방화와 도난 등의 범죄

2. 일상(日常)재해와 비일상(非日常) 재해

일상재해는 건축물 내에서의 통상적 생활패턴 범주 내에서 발생되는 재해를 의미한다. 즉 건축물 내에서의 추락, 전락, 낙하물에 의한 사고 등이 포함되고, 비일상 재해에는 주로 자연현상에 의해 발생되는 자연재해를 의미한다.

- 일상 재해 : 계단에서의 전도 등의 피해
- 비일상 재해 : 지진, 태풍, 집중 호우에 의한 피해

3. 자연재해와 인위재해

가장 일반적인 재해 분류 방법으로써 천재지변에 의해서 발생되는 지진, 태풍, 홍수, 산사태 등의 자연재해와 사람의 인위적인 원인제공에 의해서 발생되는 재해인 인위재해로 구분된다.

- 자연재해 : 태풍, 지진 등
- 인위재해 : 화재, 범죄 등

그림 2-1 지진에 의한 건물 붕괴

그림 2-2 건축물 화재

그림 2-3 산불

그림 2-4 지진에 의한 건축물 붕괴

그림 2-5 태풍에 의한 구조물 붕괴

그림 2-6 집중호우에 의한 침수

2.2 일상 재해 방지대책

통상적인 생활 패턴 범주 내에서 발생되는 일상 재해의 방지대책으로서는 각 사고원인에 대한 대책으로서 추락사고, 전락사고 및 전도사고 그리고 미끄러짐 사고 방지대책이 있다.

1. 추락사고 방지대책

1) 추락사고 방지

미연에 방지하는 방법, 추락 시 피해의 경감을 유도하는 방법

① 미연에 방지하는 방법

난간의 경고성(Robustness) 확보

a. 난간 강도

난간에 사람이 기대었을 때의 힘의 크기

표 2-1 난간의 강도

실험치	기댐 (앞)	기댐 (뒤)	밀음				잡아 당김	달려서 밀다	어깨로 밀다
			1명	2명	3명	4명			
최대치(kg)	18	13	107	171	278	316	99	127	71
평균(kg)	9.9	8.1	73.5	151.4	234.6	310.3	79	67.4	36.3

* 전용 발코니; 1미터당 150kg, 공용 발코니; 1미터 당 300kg 강도 확보

b. 난간 틈

난간의 동자와 동자 사이, 난간과 바닥 슬래브 틈 사이로 어린이가 빠져나갈 수 있다. 따라서 다음과 같은 틈이 고려되어야 한다.

- 난간의 동자와 동자 사이 : 11cm 이내
- 바닥과 난간 틈 : 유아의 몸통 고려, 9cm 이내

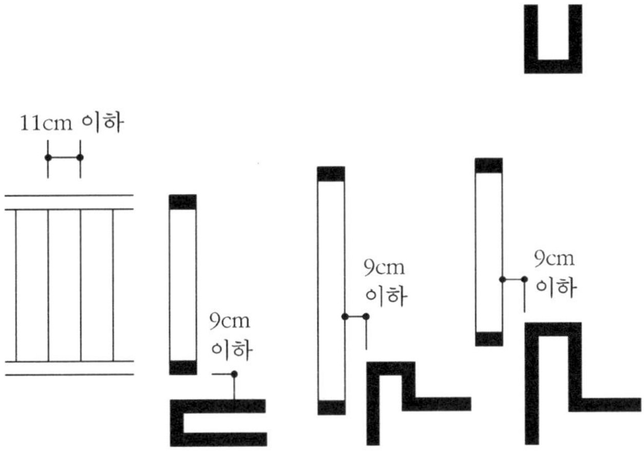

그림 2-7 난간 간격 및 틈

c. 난간의 높이

재실자와 건물 이용자가 난간에 기대었을 때 상체가 앞으로 쏠리게 되어 추락사고가 발생될 수 있다. 따라서 다음과 같은 난간의 높이가 고려되어야 한다.

사람의 중심 : 신장의 50%보다 조금 윗부분에 위치

한국 성인의 평균 중심위치 : 90cm 정도, 산포 등을 고려하여 110cm 설정

어린이와 유아를 대상으로 하는 공간의 난간 높이 : 80~90cm

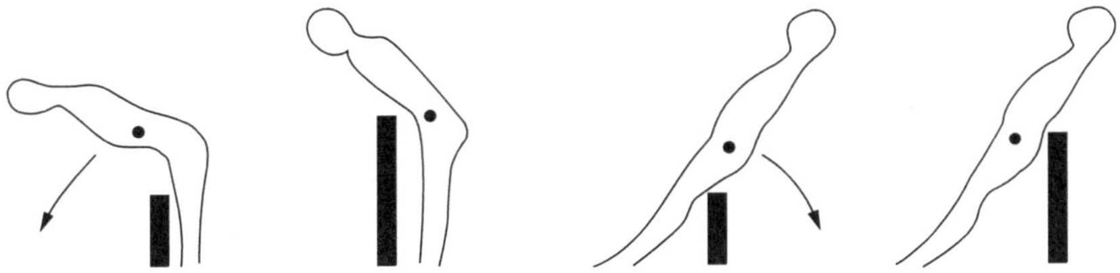

그림 2-8 난간의 높이

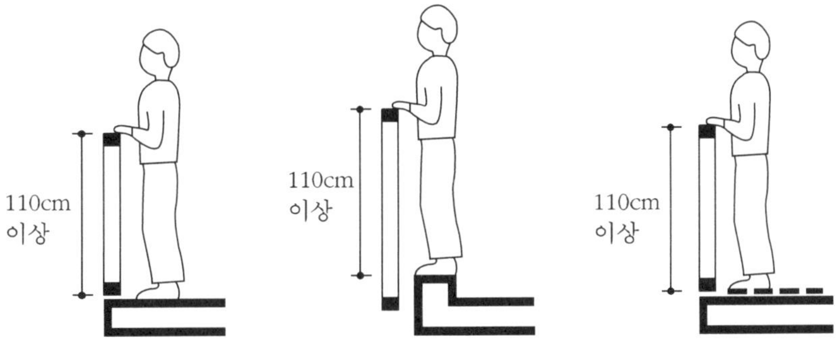

그림 2-9 난간높이의 조건

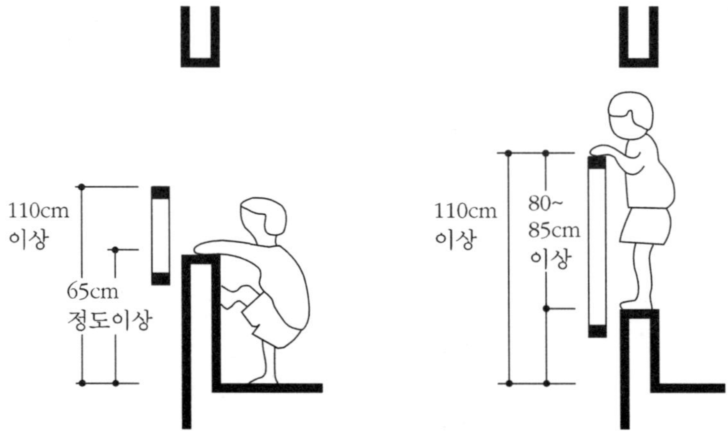

그림 2-10 어린이 추락방지 조건

2) 피해의 정도를 완화

건축물 외주부에 정원수 배치 등

2. 전락(轉落)사고 방지

계단 등에서 굴러서 떨어지는 것을 의미하며, 미연에 방지하는 방법과 추락 시 충격을 완화하는 방법으로 대별된다.

1) 미연에 방지하는 방법

몸자세의 불안정화 요소를 사전에 없애주는 방법을 의미하며 주로 계단이동에 따른 자세의 균형을 유지하는 데 목적이 있다.

① 계단의 구조

a. 계단의 구배

계단의 구배는 38°이내가 가장 적합하고 최대한 45°이내로 유지되는 것이 바람직하다. 특히 주택의 경우는 최대 56°까지 가능하나 45°이내가 적합하다.

b. 단높이와 단너비

$$2R + T = K$$

여기서, R : 단높이

T : 단너비 치수

K : 보폭(60～65cm)

단높이는 18cm 이하로 하고, 단나비는 21cm 이상으로 한다. 발바닥의 접지에 의한 자세 안전성 확보가 중요하다.

c. 단차의 리듬

단높이와 단너비는 항상 일정해야 된다. 그렇지 않으면 관성에 의한 이동으로 리듬이 무너져 회전하게 된다.

d. 단표면의 마감

계단에서의 미끄러짐을 방지하기 위하여 논슬립(Non-slip) 시공, 융단 설치 등이 필요하다.

② 난간의 설치

균형을 확보하고 유지하는데 도움을 주고, 균형을 잃게 되었을 때 전락을 방지하는 기능이 있다. 주로 계단의 양쪽에 설치하는 것이 안전하고, 난간봉의 설계는 쉽게 잡고 이동할 수 있는 인간공학적 설계가 바람직하다.

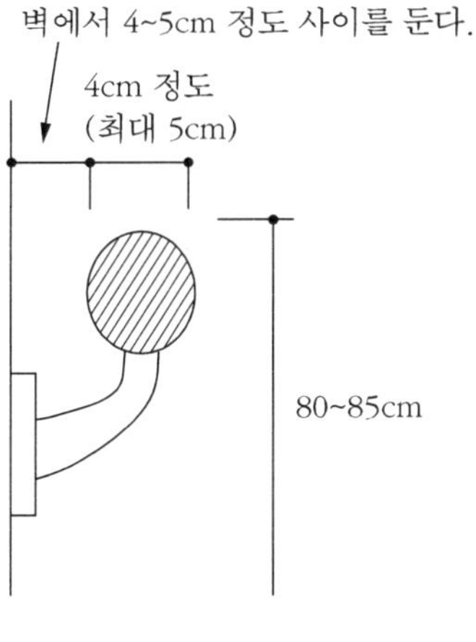

그림 2-11 난간봉의 제원

2) 추락 시 충격을 완화하는 방법

충격에너지를 줄이기 위해서는 움직이는 거리의 제한과 완충지대를 형성하는 것 그리고 충격량을 줄이는 방법이 요구된다. 에너지를 줄이고 완충지대의 형성에는 계단 참 등을 설치하여 전락거리를 짧게 하는 것이 필요하고, 충격량을 줄이는 방법에는 디딤판코의 재질을 고무 등을 사용하는 것이 바람직하다.

3. 전도(轉倒)사고 방지

전도는 복도와 목욕탕 등과 같이 수분과 턱에 의해서 재실자가 미끄러지는 것을 의미한다.

1) 미연에 방지하는 방법

① 미끄러짐 방지

미끄러짐은 힘의 분력중의 한 개인 수평분력이 바닥의 마찰 저항력보다 크게 될 때 발생된다. 따라서 전도가 발생될 수 있는 부분에는 요철이 있거나, 마찰력이 큰 재료를 사용하는 것이 권장된다.

② 단차에 의한 넘어짐 방지

출입구 문지방, 복도 도중의 단차, 바닥 위의 배선, 배관 노출에 의해서 전도가 발생될 수 있으므로 가급적 단차의 발생을 억제한다.

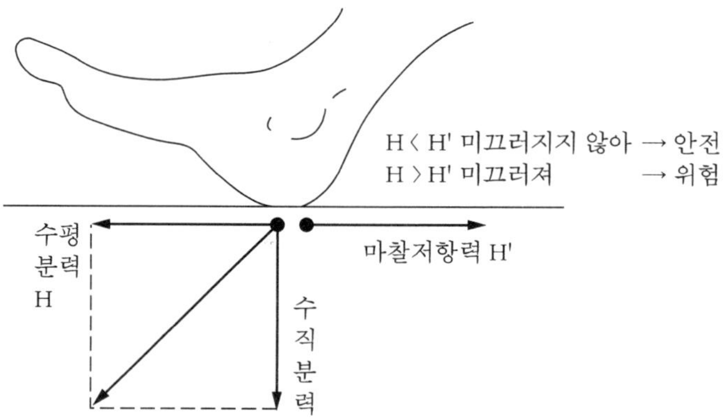

그림 2-12 미끄러짐 발생의 메커니즘

2) 충격을 완화하는 방법

목조 이중 바닥(체육시설)

4. 낙하물 사고의 방지

낙하물 사고에는 조명기구, 외벽 타일의 낙하와 같이 건축물에 고정된 부재나 가구의 낙하에 의한 것과 발코니의 화분 낙하, 서적의 낙하처럼 고정되지 않은 물건과 수용물의 낙하로 구분된다.

① 조명기구의 낙하 방지

5kg 초과를 초과하는 샹들레에는 반드시 천장면에 목재 또는 경량철골로 보강재를 설치해야 하고, 일반적으로 부착되는 재료의 무게를 지지할 수 있는 보강이 요구된다.

② 외벽 재료의 낙하 방지

외부에서의 타일, 모르타르 탈락에 의한 사고가 가장 많이 발생되고 있으며, 이는 주로 시공불량으로 인한 물 침투로 발생되는 팽창과 수축의 반복 작용의 결과이다. 대책으로는 건설한 시공과 품질의 유지관리가 요구된다.

2.3 비일상 재해 방지대책

엘리뇨 현상, 온실효과와 같은 지구의 기상이변으로 많은 변화가 발생되고 있다. 특히 집중적인 강우, 강설 그리고 강풍에 의한 피해가 증가되고 있으며, 지진에 의한 1차 피해와 이로 인한 지진해일 등과 같은 2차 피해로 큰 재해가 유발되기도 한다.

1. 풍해 방지

1) 풍해 원인

바람에 의해서 야기되는 피해는 태풍과 계절풍에 의한 자연현상과 고층 건축물의 밀집성에서 발생되는 빌딩풍의 인위현상에 의해서 발생된다.

2) 풍해의 현상

바람에 의한 직접적 피해 현상은 건물의 균열과 파괴와 같은 손상, 유리의 파손, 건물의 진동 및 소리가 있으며, 간접적 현상으로써는 소금의 유입에 의한 잠재 부식이 발생될 수 있다.

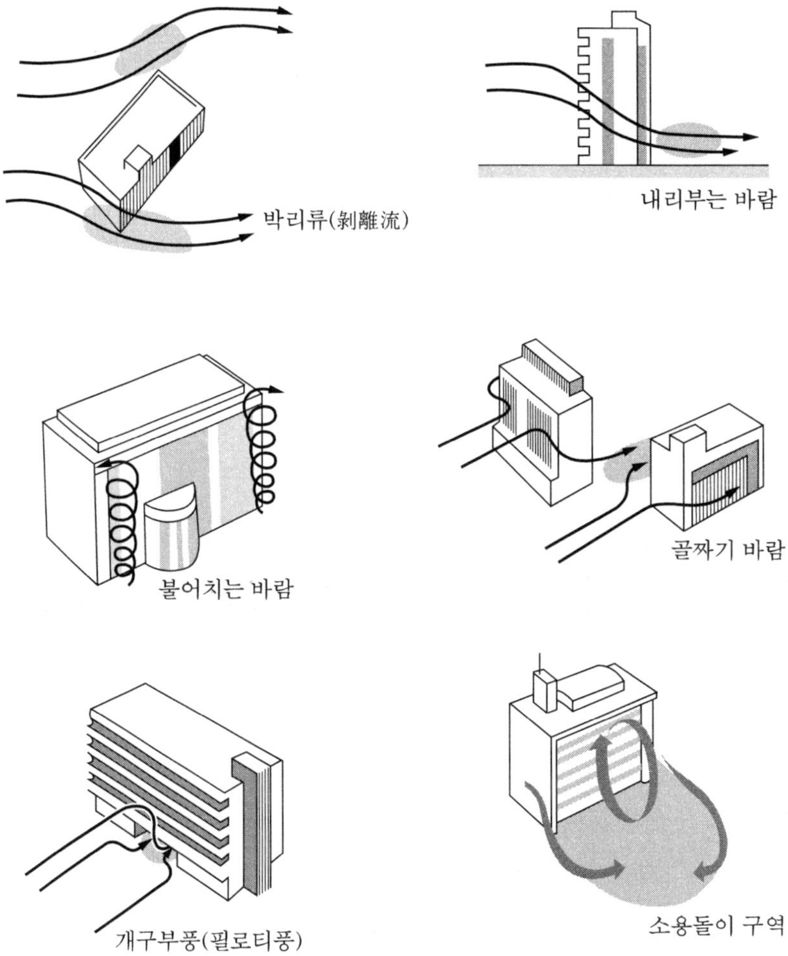

그림 2-13 빌딩풍의 종류

3) 풍해의 저감 방안

바람의 피해를 줄이기 위해서는 풍압의 가해력 완화와 풍압에 견디는 구조물의 내력을 증가시키는 방법이 있다.

① 풍해 대책

중심 최대풍속이 17m/sec(61km/hr) 이상의 폭풍우를 동반하는 열대성 저기압을 태풍이라고 한다. 건축물의 구조 안전성에 영향을 미치는 풍속의 범위는 30m/sec (108km/hr) 이상이며, 여기에는 우리나라를 지나간 매미 60m/sec 그리고 미국을 강타한 카트리나 75m/sec가 대표적 사례가 된다. 건축물에서 풍해가 발생되는 것은 주로 부착강도의 부족으로 발생되므로 지붕, 연돌 그리고 광고판, 간판 등에는 국부적인 풍압을 고려하고, 내풍 강화유리를 사용하는 것이 권장된다.

② 빌딩풍의 대책

빌딩풍은 고층 건축물의 영향을 받아 발생하는 바람으로서 건물 형상, 완충물의 설치 등으로 완화시킬 수 있으며, 대규모 건축물, 초고층 건축물 등은 풍동실험 등을 통하여 바람에 의한 구조물 안전성을 평가할 필요가 있다.

2. 수해 방지

1) 수해 방지의 원칙

치산치수(治山治水)와 토지이용측면에서의 대책을 강구해야하고, 치수가 불충분한 지역에서의 거주 시설은 홍수와 토석류에 대한 사방댐 건설과 같은 대비책(차단, 회피)이 필수적이다.

그림 2-14 사방댐

3. 설해 방지

1) 설해의 종류

적설에 의한 구조물의 붕괴, 출입 장애, 낙설에 의한 인체 피해 그리고 쌓인 눈의 녹음에 의한 누수가 있다.

그림 2-15 눈피해

2) 설해의 대안

눈의 퇴적량을 최소화, 신속한 제설 및 구조의 내설화

3) 지붕 눈의 처리

일정이상 쌓이지 않도록 눈을 쓸어내리거나, 자연낙하 그리고 눈을 녹이는 방법이 있다. 이를 위한 건축적 고려사항은 지붕의 모양을 단순화하고, 지붕 마감재는 미끄러운 재료를 선정한다. 눈이 떨어지는 곳에는 출입구와 통로를 배제시킨다.
눈을 녹이는 방법에는 지하수를 눈에 뿌리는 방법과 히터, 온수, 온풍에 의한 연료 이용형 그리고 무낙설 지붕인 일명 스노 덕트(Snow duct) 방식이 있다.

4) 건축의 내설화(耐雪化)

건축의 내설화는 적설에 의해 구조물이 도괴하지 않는 구조로 설계하는 것을 의미한다. 적설하중 산정에는 적설량 1cm에 대해서 1～3 kg/m^{2}로 설계하고, 건축 예정지의 최대 적설량 조사 후 적설하중을 고려한다.

융설에 의해 누수가 발생되지 않는 구조로 하기 위해서는 지붕 방수를 철저히 시공하는 것과 처마 끝까지 눈을 쌓아놓지 말아야 한다. 이를 위해서는 처마 끝을 금속판으로 급격한 구배를 두거나 히터와 옥내의 더운 공기로 보온하는 방법이 있다.

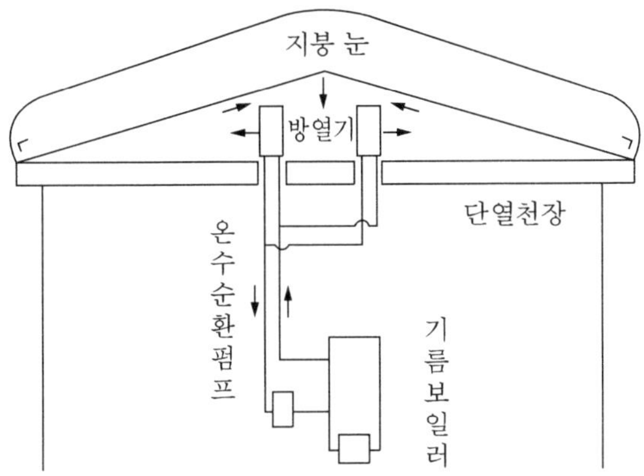

그림 2-16 열에너지 이용 방식

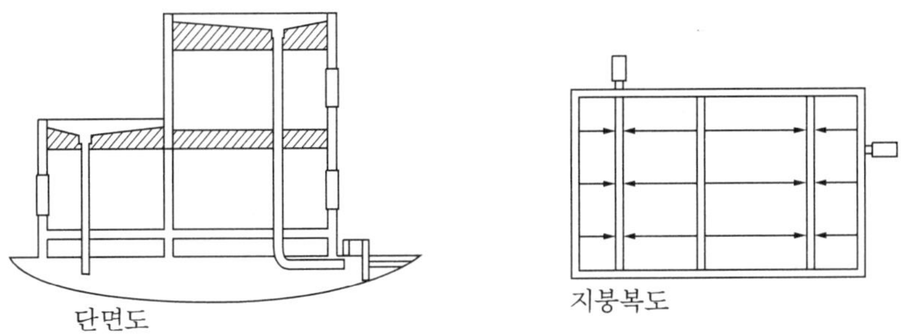

그림 2-17 눈배출 지붕 방식

4. 지진재해의 방지

지구를 형성하는 대륙판의 밀도차이로 발생된 압력이 일시적으로 해소되면서 발생되는 지진은 바다와 육지에서 발생될 수 있다. 바다에서 발생된 경우는 지진해일과 같은 큰 파도를 유발시켜 인명과 재산에 큰 영향을 미치게 되며, 육지에서 발생된 경우는 건축물, 도로 및 교량의 붕괴와 파손 등 사회 인프라를 마비시킴으로써 사회적 혼란을 유발시키기도 한다.

1) 용어정리

일반적으로 지진에 관련된 용어를 정리하면 다음과 같다.

① 지진(地震, Earthquake) : 지구내부의 변화로 야기되는 판(Plate) 운동에 의해 발생되는 진동현상.

② 진원(震源, Seismic focus, hypocenter) : 지진이 발생된 곳

③ 진앙(震央,epicenter) : 지진이 발생한 진원 위에 해당되는 지표상의 지점

④ 지진의 크기 : 규모(Magnitude), Richter, 9등급

⑤ 지진의 강도 : 진도(Intensity), 나라 별로 조금씩 다름(우리나라 2001, MM Scale채택, 12등급) Modified Mercalli Scale

- 잠자는 사람이 깨어나는 정도 : 5
- 일반적인 구조물 붕괴 : 8
- 대부분의 구조물이 붕괴 : 11

- P파(Primary) : 종파, 6km/sec
- S파(Secondary) : 횡파, 3km/sec

2) 지진발생 원인

지진의 발생 원인은 여러 학설이 존재하지만 현재로서는 탄성반발설이 가장 유력한 것으로 평가받고 있다.

즉 500억년 전의 지구는 뜨거운 가스층으로 이루어져 있었는데 점차적으로 냉각되고,응축되면서 고체 상태로 변환되었다. 지구가 식으면서 지구 내부의 암석층이 계란 껍질

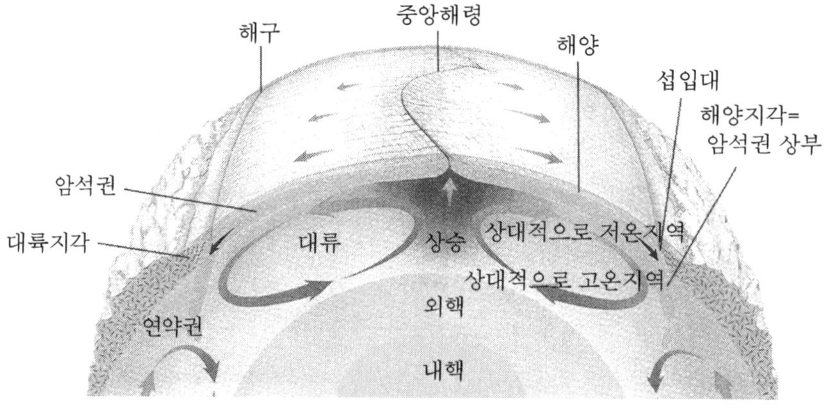

그림 2-18 지구활동 메커니즘

처럼 갈라지기 시작하였으며 지구 중심부분 핵의 분열반응으로 열 입자들이 맨틀을 뚫고 지각판을 움직이기 시작하였다. 각 지각판은 점차적으로 대류작용으로 약 10cm/yr의 속도로 이동하게 되었다. 이러한 이동현상으로 인하여 지각판이 충돌하게 되어 단층이 발생되었으며 단층의 발생과 충돌된 지각판의 전단파괴(탄성반발설)로 지진이 발생하게 되었다.

3) 판구조론

영국의 철학자이고 과학자인 프란시스 베이컨(1561~1626)이 최초로 언급한 이론으로써 '남아메리카 동부 해안선과 아프리카의 서부 해안선 그리고 아프리카의 북서부의 튀어나온 부분과 카리브해와 미국 동부이 서로 붙어 있었던 것처럼 보이는가?'의 의문에 해답을 제시하였다.

판 구조론은 1912년 독일의 지질학자 알프레드 베게너(1880~1930)가 2억년 전 지구는 하나의 초대륙(팡게아)와 하나의 대양(판탈라사)로 구성되었다는 가설을 제기하였다. 본 가설의 증명은 양쪽 대륙의 두 경계에서 비슷한 암석조성과 화석, 특히 같은 종류의 석탄 발견, 그리고 고지구 자기장을 발견함으로써 증명되었다. 고지구 자기장에 의한 증명은 초대륙 시대에 형성된 지구의 자기장 방향과 현재의 이동이 진행된 대륙을 초대륙 시대의 위치로 재설정했을 때 동일한 방향으로 나타나는 관점에서 가장 확실한 증거로 인정받고 있다.

인도와 호주를 연결하고 있는 인도-호주판이 유라시아 판을 파고들면서(대륙충돌) 히말라야 산맥을 형성하고 있으며, 히말라야 산맥은 현재도 매년 조금씩 높이가 증가되고 있다.

수렴형경계 발산형경계 변환단층경계

그림 2-19 판이동

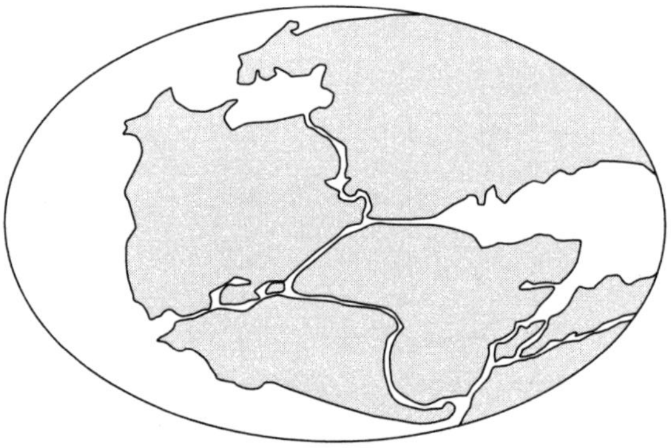

그림 2-20 고대지구모습(팡케아, 판탈라사)

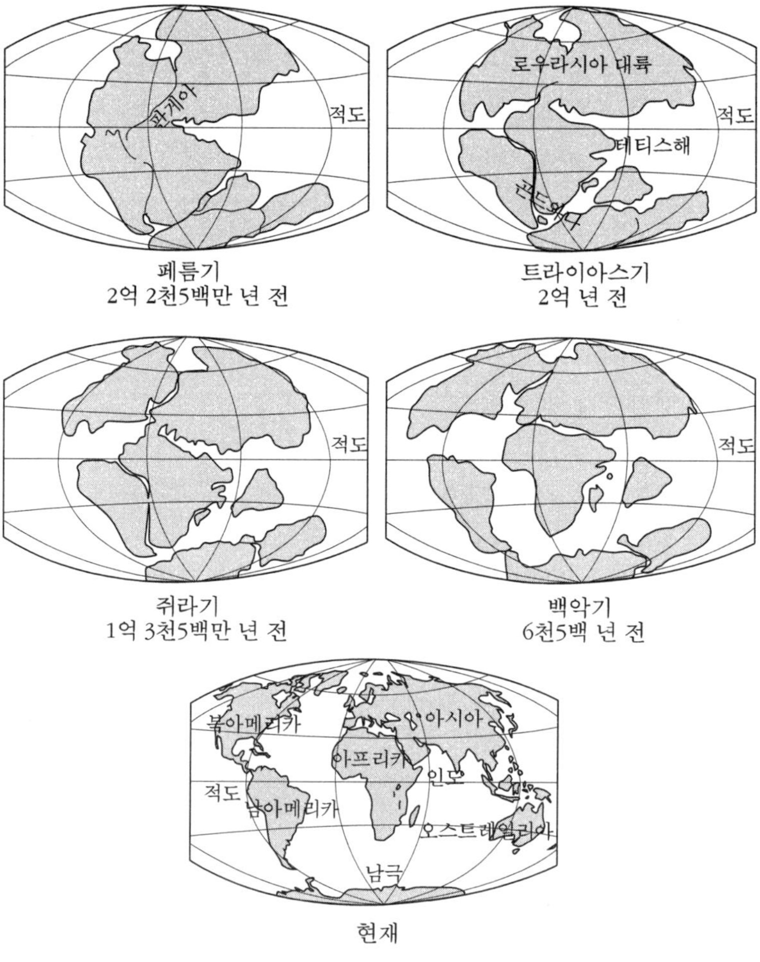

그림 2-21 대륙이동

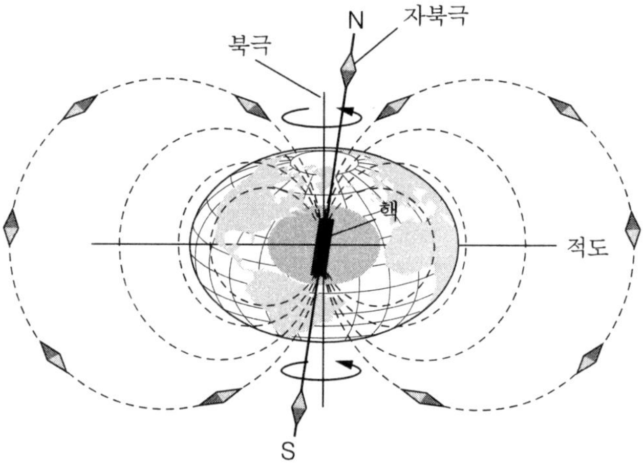

그림 2-22 고지구 자기장

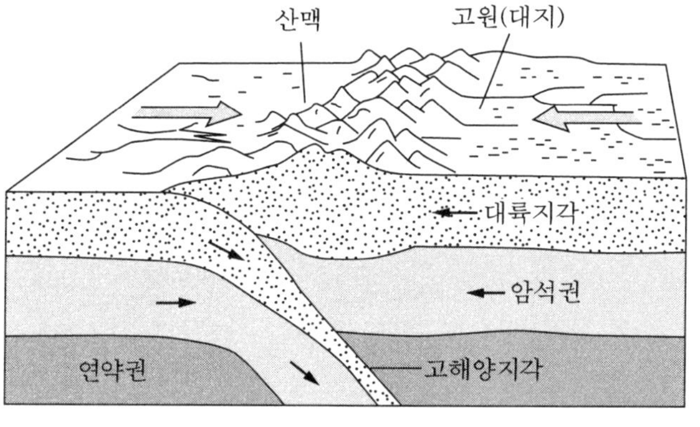

그림 2-23 대륙충돌

그림 2-24 히말라야 산맥

4) 지진 피해의 종류

지진 발생에 의한 지진동으로 구조물에서 횡력이 작용하게 된다. 구조물이 횡력에 저항할 수 있는 능력이 큰 구조물은 대 변형을 유발하지만 횡력에 약한 구조 즉 벽돌과 블록 등으로 이루어지는 조적조의 경우는 붕괴로 이어질 가능성이 매우 높다. 또한 대변형에 따른 설비류의 파손, 가구류의 전도(轉倒), 부재 등의 낙하 등이 발생될 수 있다.

5) 지진 피해 방지방안

① 구조물의 붕괴방지

횡력에 저항할 수 있는 구조형식의 설정, 접합부의 강성증대를 위한 내진구조채택, 지진동의 영향을 차단하는 면진구조, 건물의 지진영향을 최소화하는 제진구조 등의 활용이 요구된다.

② 설비류의 파손 방지

설비류의 파손은 폭발과 화재를 유발시킬 수 있다. 따라서 지진 발생시에는 가스와 전기설비를 차단하여 2차 피해를 최소화하는 노력이 필요하다. 배관류의 파손을 방지하기 위해서는 횡력에 의한 건물의 변위를 흡수할 수 있는 가요성(可撓性) 이음매 사용하고, 설비와 배관의 접속부에는 변위 흡수조치와 과대한 변위발생 방지를 위한 조치를 강구한다.

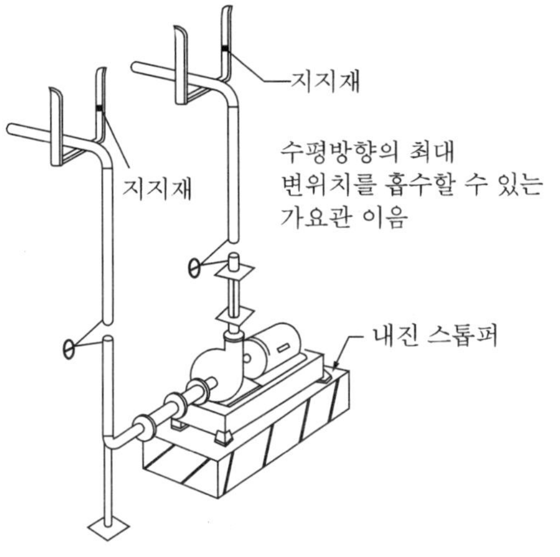

그림 2-25 내진보강 설비시스템

③ 장치류의 전도 방지

장치류에 작용하는 지진력을 바닥과 보 등의 주요구조부에 전달시킨다. 즉 장치류를 콘크리트 기초, 바닥 슬래브에 앵커 볼트로 고정시켜 일체화한다.

④ 가구류의 전도방지

지진에 의한 가구류의 이동은 수납물의 튀어나옴, 가구류의 미끄러짐, 흔들림, 뛰어오름 등이 있다.

a. 튀어나옴 방지 : 장롱서랍, 책장 서랍 열림 방지 걸쇠, 낙하 방지 창살 설치

b. 미끄러짐, 이동 방지 : 가구류의 바닥고정, Stopper로 고정용 앵커에 연결

c. 전도방지 : 바닥, 벽 등의 구체에 고정

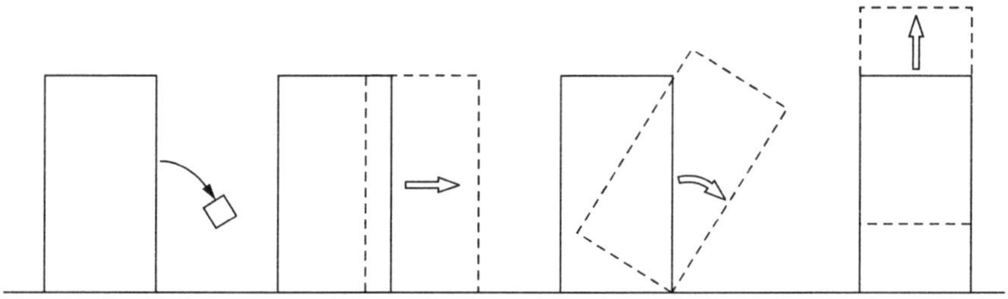

그림 2-26 가구 및 수납물의 이동 패턴

⑤ 부재류의 낙하방지

피해형 : 유리창, 외벽타일, 천장의 파손 및 탈락

a. 유리의 낙하방지

지진으로 파손우려 높은 유리 : 붙박이 창

창틀과 유리 사이의 변형 고려하여 탄성 실링재를 시공한다.

b. 타일의 낙하방지

층간 변위 발생으로 타일과 모르타르 분리, 낙하 발생

시공과 유지관리를 철저히 한다.

c. 천장 등의 낙하방지

발생원인 : 기구 간 충돌과 층간 변위

방지를 위한 대안으로써는 천장재와 프레임(frame)을 충분히 고정하고, 유지관리에 충실해야 한다.

5. 범죄의 방지

인명과 재산의 피해 발생 관점에서 재해로 간주한다. 건축물에서의 대응 방안으로써 범죄자의 침입차단(침입방어)와 범죄자의 침입 방비대책(감시강화)이 있다.

1) 범죄자의 침입 방지

범죄자의 건물내부로의 침입 방지를 위하여 자물쇠 채움, 도랑, 담, 침입 센서 설치 등과 같은 여러 가지 장벽을 설치한다.

2) 수상한 사람의 감시 강화

요구되는 영역 범위 내에서의 감시를 원활히 하기 위해서 감시성과 영역성의 확보가 필요하다.

① 감시성 : 사각(死角)이 없는 상태가 유지되어야 하고, 엘리베이터, 특별피난계단, 옥상에는 감시 카메라 설치가 요구된다.

② 영역성 : 경계의 영역을 명확히 정한다.

제 3 장

화재개론

3.1 화재의 개념

1. 화재의 개념

인명과 재산에 피해를 남기는 화재란 연소반응 결과인 불(火)에 의해 초래된 재해를 의미한다.

2. 연소(燃燒)의 개념

연소란 가연성 물질(상온에서 기체, 액체, 고체상태의 가연물질)이 최소 점화 에너지의 공급 하에 공기 중의 산소 또는 산화제와 반응하여 외부로 열과 빛을 발생하는 현상을 의미한다. 즉 연소란 빛과 열을 동반하는 산화반응 혹은 분해반응이다. 불(火)이라고 일반적으로 이야기되는 현상은 연소에 의해 발생되는 빛 또는 화염을 의미한다.

3. 연소의 3대 요소

연소가 발생될 수 있는 조건은 가연성 물질(연료), 산소공급원(공기), 점화원(온도)이 존재되어야 하며, 이를 연소의 3대 요소라 한다.

일반적으로 연소 과정을 양초를 대상으로 설명하면 다음과 같다. 처음에는 파라핀이 녹기 시작하며, 녹은 파라핀 액이 모세관 현상으로 상승하게 된다. 상승된 파라핀 액은 불

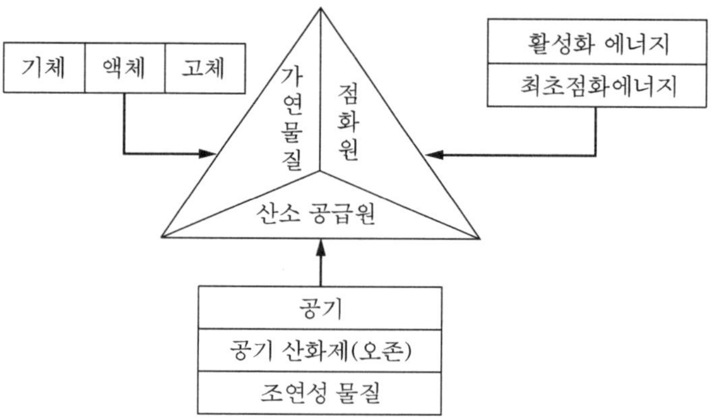

그림 3-1 연소 3대 요소

꽃의 열에너지에 의해서 기화가 되기 시작하며, 기화된 파라핀 기체는 주변의 산소와 반응하여 빛과 열을 발생시킨다.

그림 3-2 촛불의 연소

화재관련 용어 정리

① 내화구조 : 화재에 견딜 수 있는 성능을 가진 구조
② 방화구조 : 화염의 확산을 막을 수 있는 성능을 가진 구조
③ 인화(引火) : 점화를 일으키는 화염, 전기불꽃에 의해 착화되는 현상
④ 발화(發火) : 물체 내부의 온도 상승에 의해 스스로 착화되는 현상
⑤ 불연재료 : 불에 타지 않는 성질을 가진 재료(콘크리트, 강재 등)
⑥ 준불연재료 : 불연재료에 준하는 성질을 가진 재료(석고보드 등)
⑦ 난연재료 : 불에 잘 타지 않는 성질을 가진 재료(방염처리 목재 등)

3.2 화재의 역사

1. 영국

1666년에 런던 대화재가 발생되어 13,000호가 소실되고 당시 런던 시의 3/4이 전소가 되었다. 향후 도심지의 화재 대처방안으로써 도로 폭에 따른 건물의 층수, 층고, 벽두께 및 지하실의 깊이 등의 규격이 통일되었고, 건물의 외벽에 목조의 사용이 금지되었다.

2. 미국

1871년, 1874년 시카고 대화재가 발생되었다. 마구간에서 시작되었다는 시카고의 1차 대화재에서는 31시간 발화, 250여명의 인명피해 그리고 18,000건물이 소실되었으며, 두 번째(1874년) 대화재의 발생 이유는 목조가 주된 건축물의 형식이었기 때문이다. 즉 목조가 석조나 벽돌조보다 경제적이므로 대부분을 차지하고 있었다. 시카고 대화재 이후에 화재 보험국이 설치되어 화재연구가 조직적으로 이루어지게 되었다. 이외에는 샌프란시스코, 볼티모어 대화재로 인하여 건축물의 주요 구조부에 대한 내화구조의 채택에 대한 연구가 시작되었다.

3. 일본

1923년 9월 관동 대지진에 수반된 화재로 인한 도쿄 대화재가 발생되었다. 도쿄 대화재는 3일간 지속하였으며 99,331명 사망, 103,733명 부상, 행방불명 43,476여명 그리고 576,656채가 전소되는 막대한 피해를 남겼다. 본 지진과 화재로 인하여 지진에 대한 법규적 제도개선이 시행되었다.

4. 우리나라

표 3-1 우리나라의 대형화재 피해 현황

발생일시	발생장소	원인	인명피해			재산피해 (천원)
			계	사망	부상	
'03. 2	대구	방화	339	192	147	516,000
'71.12	대연각 호텔	LPG 취급부주의	226	163	63	838,200
'74.11	대왕코너	전기합선	123	88	35	21,100
'60. 3	부산 국제고무공장	성냥	101	62	39	10,000
'99.10	인천 노래방	불장난	137	56	81	64,813
'72.12	서울 종로구 시민회관	전기합선	131	53	78	350,000
'55. 3	부산역 구내	유류	56	42	14	80
'73 8	영동역 유류열차사고	탈선화재	51	40	11	17,903
'84. 1	부산 대아호텔	석유난로	106	38	68	200,000
'95. 8	경기여자기술학원	방화	53	37	16	6,500

3.3 화재의 통계 및 분석

1. 화재 통계의 필요성

화재는 단순한 물리적인 연소현상 뿐만 아니라 많은 인위적(人爲的)요인과 사회적 요인이 복합적으로 작용하는 현상이므로 실험실적 연구방법으로 해결방안 등을 모색하는 것이 불가능하다. 따라서 화재 통계의 분석을 통하여 대처전략을 수립하는 행위가 필요하다.

2. 화재발생 현황

산업의 발전과 생활양식의 다변화로 위험물의 수납과 취급하는 시설과 기구의 증가 그리고 연소하기 쉬운 건축재료, 가구 및 일용품의 증가 및 가연물의 증가로 화재발생의 위험성이 증대하고 있다.

3. 화재건수 산정

출화(出火)에서 진화(鎭火)까지 1건으로 산정하며, 소방차 철수 이후의 화재 출화의 경우는 별도의 1건으로 산정한다.

4. 화재의 종류

1) 건물화재

건물과 이에 부속된 시설물에서 출화한 화재를 대상으로 하며, 여기에는 단독주택화재, 공동주택화재, 호텔화재, 백화점화재, 공장화재, 공연장화재, 음식점 화재 등으로 구분된다.

2) 차량화재

동력에 의해 운전하는 차량 및 이들 적재물에서 출화된 화재가 포함된다.

3) 선박화재

선박 및 이들 적재물에서 출화된 화재를 대상으로 한다.

4) 항공기 화재

비행기 및 이들 적재물에서 출화된 화재를 포함한다.

5) 임야(林野)화재

삼림(森林), 언덕이나 들판, 목장 등에서 출화된 화재를 포함한다.

6) 기타화재

1)～5)에 포함되지 않은 화재를 대상으로 한다.

5. 화재통계 사례

2016 화재통계연감 자료 참고

1) 최근 5년간 화재 현황

표 3-2 최근 5년간 화재현황

구분(년)	화재건수	인명피해(명)		재산피해(백만원)
		사망	부상	
2015	44,435	253	1,840	433,166
2014	42,135	325	1,856	405,351
2013	40,932	307	1,877	434,467
2012	43,249	267	1,955	289,493
2011	43,875	263	1,598	256,548

2) 최근 5년간 대형 화재 현황

대형화재의 범위는 사망자 5명 이상, 사상자 10명 이상, 재산피해 20억 이상을 대상으로 한다.

표 3-3 최근 5년간 대형 화재 현황

구분(년)	화재건수	인명피해(명)		재산피해(백만원)
		사망	부상	
2015	6	11	146	78,587
2014	6	33	130	56,572
2013	8	7	112	100,195
2012	13	17	248	3,382
2011	2	7	12	242

3) 유형별 최근 5년간 화재현황

화재 유형별 최근 5년간 화재현황은 다음 표 3-4와 같다. 표에 나타난 바와 같이 건축, 구조물 화재가 가장 높은 비율이고, 다음은 차량화재임을 알 수 있다.

표 3-4 유형별 최근 5년간 화재 현황

구분(년)	계	건축, 구조물	자동차, 철도차량	위험물,가스 제조소 등	선박, 항공기 등	임야	기타(쓰레기 화재 등)
2015	44,435	26,303	5,031	26	117	3,342	9,616
2014	42,135	25,821	4,827	22	107	2,921	8,437
2013	40,932	25,662	5,250	24	89	2,334	7,573
2012	43,249	26,657	5,510	28	115	2,691	8,248
2011	43,875	27,033	5,595	37	75	3,003	8,132

4) 장소별 최근 5년간 화재 현황

장소별 화재 발생 분석결과는 다음 표 3-5와 같다. 화재발생 장소로는 주거와 비주거를 포함한 건축, 구조물이 가장 많은 비중을 차지하고 있으며, 차량, 임야 등으로 순으로 나타나고 있다.

표 3-5 장소별 최근 5년간 화재 현황

구분(년)	계	주거	비주거	차량	위험물, 가스제 조소 등	철도, 선박, 항공기 등	임야	기타
2015	44,435	11,587	14,716	5,031	26	117	3,342	9,616
2014	42,135	10,860	14,961	4,827	22	107	2,921	8,437
2013	40,932	10,596	15,066	5,250	24	89	2,334	7,573
2012	43,249	10,691	15,966	5,510	28	115	2,691	8,248
2011	43,875	10,645	16,388	5,595	37	75	3,003	8,132

5) 발화요인별 최근 5년간 화재현황

발화요인별 화재 현황은 다음 표 3-6과 같으며, 부주의, 전기적 요인 그리고 기계적 요인 등의 순으로 나타나고 있다.

부주의에 는 담배꽁초, 쓰레기소각과 불씨 등의 방치가 포함되고, 전기적 요인에는 절연열화에 의한 단락, 미확인 단락 및 과부하/과전류 접촉불량에 의한 단락이 포함된다. 기계적 요인에는 과열, 과부하 그리고 자동제어실패, 화학적 요인에는 자연발화, 화학적 발화가 포함된다.

표 3-6 발화요인별 최근 5년간 화재발생 현황

구분(년)	계(건)	전기적 용인	기계적 요인	화학적 용인	가스 노출	교통사고
2015	44,435	8,980	4,511	452	146	520
2014	42,135	9,445	4,064	360	168	511
2013	40,932	10,103	4,059	322	181	567
2012	43,249	10,488	4,261	276	170	576
2011	43,875	10,664	4,071	299	217	532

구분(년)	부주의	기타 실화	자연적 요인	방화	방화의심	미상
2015	23,525	847	283	467	795	3,909
2014	21,489	866	243	478	948	3,563
2013	19,010	843	397	497	1,071	3,882
2012	20,247	1,036	230	417	1,289	4,259
2011	20,238	862	386	488	1,762	4,356

3.4 불의 특성

I. 연소의 종류

1) 증발(蒸發)연소

그 물질 자체가 타는 것이 아니고, 물질에서 증발된 가연성 증기와 공기 중의 산소가 화합하고, 여기에 적당한 열에너지가 가해지면서 발생되는 연소이다. 석유, 알코올, 가솔린 등의 가연성 액체의 연소가 여기에 해당되며, 파라핀(양초), 유황, 유지 등의 가연성 고체가 증발 연소한다.

2) 분해(分解)연소

물질을 가열하면 물질의 성분 및 온도에 따른 열분해 생성물이 방출된다. 이러한 현상을 열분해라 하고, 열분해에 의해 발생된 열분해 생성물 중 가연성 가스(일산화탄소, 수소, 메탄 등)가 공기와 혼합하여 연소하는 경우를 분해연소라 한다. 목재, 종이, 섬유, 플라스틱, 고무류가 분해연소의 대상물이다.

3) 표면(表面)연소

열분해가 일어나기 어려운 가연물은 그 자체가 연소된다. 이때의 산소원은 물질에 붙어있는 산소분자이며, 연소는 표면에 한정된다. 불꽃이 발생되지 않으므로 무염연소라고도 한다. 여기에는 숯, 코크스, 마그네슘 등이 해당된다.

4) 혼합연소와 확산연소

혼합연소는 가연성 기체가 산소와 미리 혼합된 상태로 연소하는 경우를 일컫는 경우를 의미하고, 반응속도가 매우 빠르다. 따라서 기체의 폭발을 유발하게 된다.
확산연소는 주위의 공기로부터 산소 공급을 받아 연소하는 경우를 의미하고 일반적인 화재가 대상이 된다.

2. 연소범위

연소가 발생되기 위해서는 기체, 액체, 고체에서 발생되는 가연성 가스와 공기 중의 산소가 혼합된 기체(혼합가스)와 열에너지의 조건이 동시에 만족되어야 한다. 그러나 혼합가스의 농도에는 일정한 범위가 있고, 그 범위를 벗어나면 아무리 큰 에너지를 가해도 연소하지 않는다. 이 연소 가능한 농도의 범위를 연소범위(Flammable limit)라 하며, 여기에는 상한계와 하한계로 있고, 이것을 연소한계라고 한다.

각 가연성 물질은 연소범위가 정해져 있지만 온도, 압력에 따라 변한다. 하한계가 낮을수록 그리고 연소범위가 큰 경우일수록 매우 위험하게 된다.

3. 실내화재의 성장과정

실내에서의 화재발생 및 화재크기는 적정한 가연물량, 산소 그리고 화원에 의해 결정된다. 실내공간에서의 화재이력 및 크기는 연소의 3대 요소의 크기에 따라 달라지지만 일반적으로 실내화재의 발생은 연기의 발생이 주된 과정인 제1성장기, 빛과 열이 발생되며, 실내온도가 균일하게 600℃ 수준이 유지되면서 실내 전체가 화염에 휩싸이게 되는 플래시오버(flash over)의 발생과정인 제2성장기 그리고 플래시 오버를 지나 최고 정점에 도달되는 최성기를 거쳐서 가연물량의 감소로 이루어지는 감쇠기를 거쳐 소멸되게 된다.

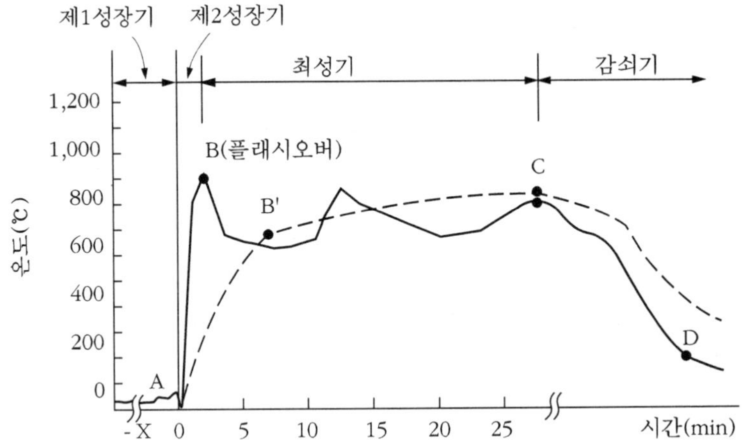

그림 3-3 실내화재 이력

4. 최성기의 연소 특성

1) 연소속도

실내 가연물의 중량이 연소에 의해 줄어드는 속도를 의미하며 또는 중량감소율 이라고도 한다. 실외가 오픈된 자동차 주차장과 같이 개구부가 현저히 크지 않은 실내는 외부로부터 유입되는 공기량에 의해 연소가 좌우되는 환기 지배형이 된다. 대부분의 건축물 화재가 환기 지배형이다. 최성기에서의 연소속도는 일정하게 되며 연소속도는 다음의 식에 의해서 계산할 수 있다.

$$R = K \cdot A\sqrt{H} \tag{3-1}$$

여기서, R : 연소속도(kg/min)

K : 계수(콘크리트 건물의 경우 5.5～6.0)

A : 개구부 면적(m^2)

H : 개구부 높이(m)

$A\sqrt{H}$: 개구부인자, 환기인자

2) 화재계속시간

실내에서 화재가 지속되는 시간을 나타내는 것으로써 가연물량을 연소속도로 나누어서 계산한다.

$$T(\min) = \frac{W}{5.5 \sim 6.0)\,A\sqrt{H}} = \frac{\omega\, A_t}{(5.5 \sim 6.0)\,A\sqrt{H}} \tag{3-2}$$

여기서, W : 가연물량(kg)

ω : 화재하중(단위면적당 가연물량 kg/m^2)

A_t : 바닥면적(m^2)

실내 가연물량의 총 발열량(cal)을 목재의 단위중량 발열량 3,600kcal/kg (19 MJ/kg)으로 환산하여 목재 환산 화재하중 또는 화재하중(kg/m^2)이라고 한다.

3) 화재실 온도

공간 내부의 온도크기를 의미하며 우리나라의 KS F 2257-1 또는 ISO 834 표준온도 가열곡선을 이용하거나 유러코드의 변수적용 실험식 또는 내부 열평형 방정식 이용하여 계산할 수 있다.

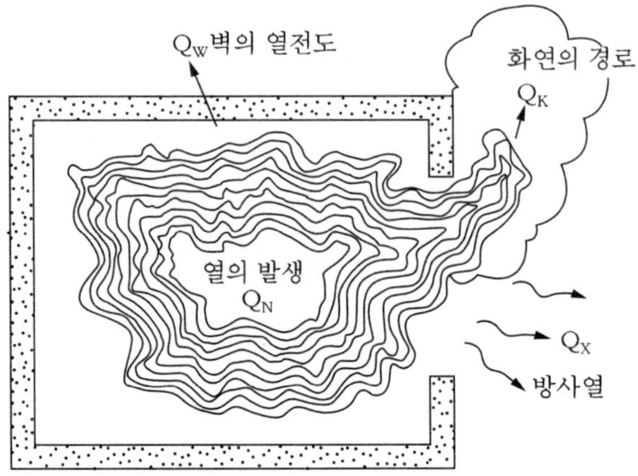

$$Q_N \simeq Q_W + Q_K + Q_X$$

그림 3-4 열평형 방정식

5. 개구부의 화염분출

화재가 일정크기 이상으로 발전하게 되면 실내외부의 밀도차에 의해서 화염이 실내에서 실외로 분출하게 된다. 화염분출은 다음의 과정으로 발생하게 된다. 즉 실내 화재가 점차 발전하여 실내가 고열화되고 이로 인하여 유리창이 팽창함으로써 파괴가 된다. 이때 화염은 중성대를 중심으로 상부측에서 외부로 분출하게 된다. 즉 중성대의 하부는 외부

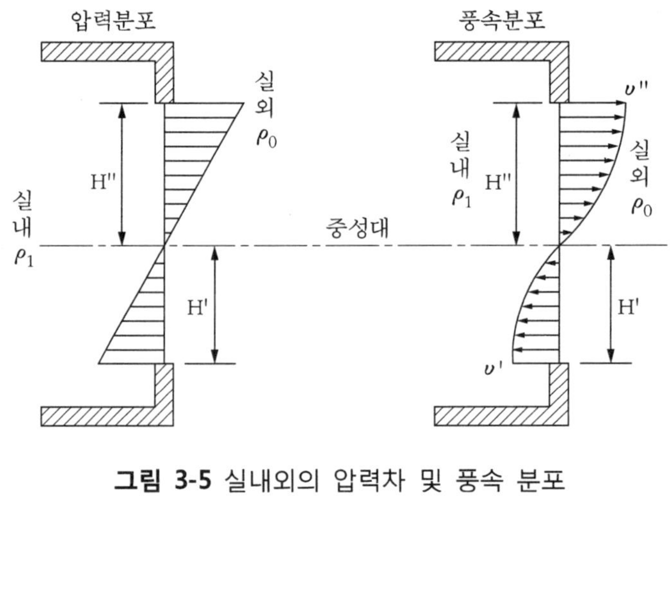

그림 3-5 실내외의 압력차 및 풍속 분포

의 압력이 실내보다 높게 되므로 공기가 유입하게 되며, 중성대 상부는 실내의 압력이 외부보다 높게 되므로 외부로 나가게 된다.
실험결과에 의하면 가로 폭이 세로 폭보다 큰 창일수록 분출화염에 의한 상층연소의 위험성이 높은 것으로 나타나고 있다.

3.5 연기특성

I. 연기의 정의

연기는 물질의 열분해 생성물로서 방출되는 수증기, 타르(tar)계의 입자, 그을음(매연) 등의 각 입자가 대기 중에 확산 부유하여 화재에 의한 열에 따라 유동하는 현상을 나타내며, 육안으로 확인할 수 있는 연기 입자의 크기는 10^{-8}cm이다. 유기물의 열분해 생성물에는 연기입자와 각종 가스 분자가 공존한다.

1) 연기의 농도와 투시거리

① 연기농도 표시방법

연기농도에 따른 표시방법에는 연기중량농도, 연기입자농도 그리고 연기감광계수가 있다.
연기 중량농도는 연기 입자의 중량을 단위용적으로 나눈 값이고, 연기 입자농도는 연기 입자의 수를 단위용적으로 나누어서 구한다. 그리고 연기 감광(減光)계수는 연기 중의 투사량에서 구한 광학적 농도이다. 여기에는 연기 감광계수(C_S)가 사용된다. 연기감광계수는 다음 식으로 산출된다.

$$C_S = \frac{1}{L} \log_e \frac{I_o}{I} \ (\mathrm{m}^{-1}) \tag{3-3}$$

여기서, L : 광원으로부터 거리(m)
I_o : 연기가 없을 때 광원으로부터 L 거리에서 빛의 세기

I : 연기가 있을 때 빛의 세기

감광계수의 정도는 다음과 같다.

a. 0.1/m : 화재초기에 발생할 정도의 감광계수, 연기감지기의 작동점 크기, 최대 투시거리 20m 정도

b. 0.1~0.2/m : 불특정 다수인의 피난 한계

c. 1.0/m : 최대 투시거리 2m 정도

d. 5~10/m : 최성기 화재에서의 연기 농도

② 투시(透視)거리

목표물의 존재를 확인할 수 있는 거리를 의미한다. 피난자가 유도표지등을 확인할 수 없는 경우는 피난행동을 취할 수 없어 인명 손실의 경우가 많다.

a. 연기농도(C_S)와 투시거리(L) : $C_S \times L =$ 일정

b. 발광판형 표지 및 창(전구를 내장한 것), $L = 5 \sim 10 / C_S$

c. 반사판형 표지 및 문(실내의 조명광을 이용한 것), $L = 2 \sim 4 / C_S$

따라서 발광판형이 반사판형보다 연기 상황에서 2배 정도 유리하다.

③ 연기 중의 보행속도

연기 속에서의 보행속도는 복도와 실내의 밝기, 건물 내의 숙지도 등에 크게 영향을 받으며, 연기농도와 눈을 자극하는 정도에 영향을 받는다.

백화점과 지하가와 같은 용도에서의 불특정 사용인의 피난한계의 투시거리는 15~20m 수준이며 이는 감광계수 0.1/m에 해당된다. 건물 내의 숙지자는 3~5m 이는 감광계수 0.4~0.7/m에 해당된다.

하얀 연기에서의 조명 빛의 세기는 연기의 농도에 영향을 받지 않으나, 검은 연기에서의 조명 빛의 세기는 빛을 흡수하기 때문에 피난하기에 더욱 어려운 환경이 된다.

2. 연소생성 가스와 그 유해성

1) 발생 가스 성분과 그 유해성

화재발생 시에 인명피해에 대한 직접적인 손실의 원인은 인체에 유해한 가스를 포함한 연기로 알려지고 있다. 화재 시의 실내 공기 성분의 변화는 그림 3-6과 같다.

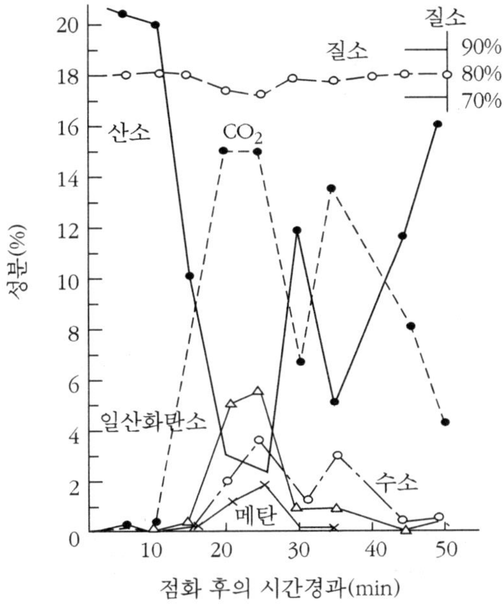

그림 3-6 유해가스성분

화재 시의 연기(유해 가스 포함)의 유해성은 다음과 같다.

a. 시각적 유해성 : 짙은 연기로 인한 전방의 물체 식별 장애를 유발, 유도표지 인식불가 등으로 인하여 피난층으로 피난하는데 많은 애로사항을 유발시킨다.

b. 생리적 유해성 : 일산화탄소에 의한 중독현상 유발 그리고 산소 결핍에 의한 질식 및 연기 입자 흡입에 의한 호흡곤란 등의 인간 생리 기능에 영향을 미친다.

c. 심리적 유해성 : 연기를 본 것에 의한 공포심을 유발하거나, 행동의 자유를 잃거나, 이상한 행동을 취하는 심리적 장애를 유발한다.

2) 유해성분과 허용한도

연기 중에서 생리적 유해성을 유발하는 성분 중에서 명확히 규명된 것은 일산화탄소이다.

① 일산화탄소(CO)

무색무취. 화재 시에 5% 이상 발생한다. 일산화탄소의 흡입은 혈액중의 헤모글로빈(Hb)과 결합(COHb)되어 O_2의 운반작용 저해하여 뇌에 산소공급의 장애를 유발시킨다.

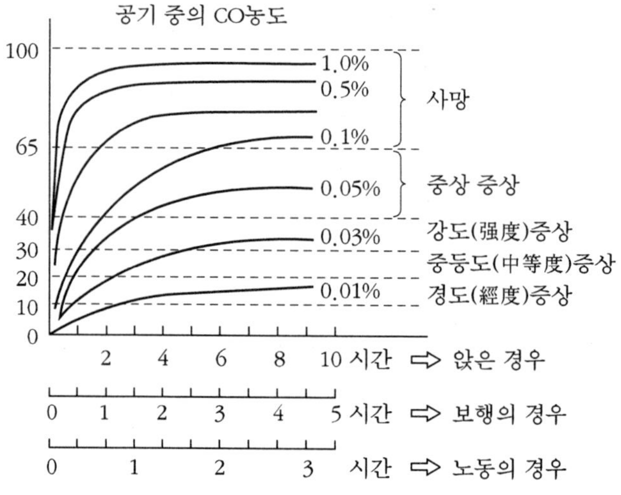

그림 3-7 일산화탄소의 농도가 인체에 미치는 영향

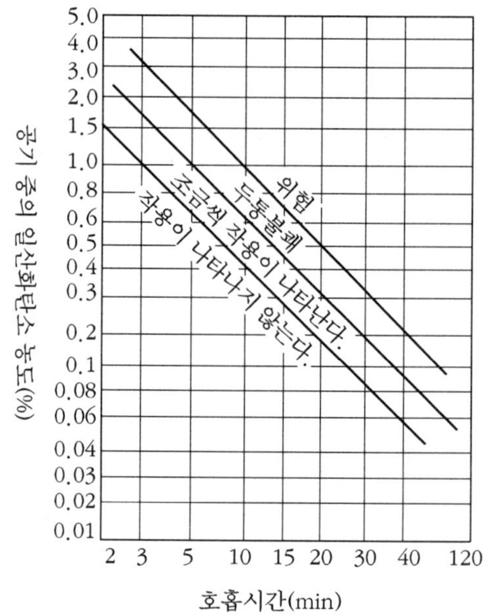

그림 3-8 일산화탄소 농도의 위험성

② 산소부족

연소가 지속되는 것은 공기 중의 산소를 지속적으로 소모한다는 의미이다. 이는 즉 사람에 필요한 공기 중의 산소가 없어진다는 것과 같은 의미이다. 즉 공기를 구성하는 요소 중에 약 21%를 차지하는 산소(O_2)가 연소에 소비되어 인체에 원활하게 공급되지 못

함으로써 치명적 위해를 유발시킬 수 있다.

표 3-7 공기중의 산소농도가 인체에 미치는 영향

공기중의 O_2 농도(%)	증상
21	정상
20	영향 없음.
16～12	호흡, 맥박 빨라짐
12～10	감정 착란, 피로 가중
10～6	구토, 의식불명
6이하	호흡중지, 수분 후 사망

3) 건물 내의 연기 유동 및 확대

연기는 열분해 가스류와 함께 실의 천장부에 도달한 후에 사방으로 확대되며 벽체에 도달한 이후에 하강 및 실 전체 확산되는 경로를 가진다. 실의 일부에 개구부가 있는 경우는 상반부로부터 다른 구획(옥외)으로 연기가 유출되고 하반부로는 다른 구획(옥외)에서 공기가 유입되어 연소가 지속적으로 유지된다.

연기 속도는 복도와 로비에서 0.5～1.0m/sec, 계단실 그리고 에스컬레이터, 엘리베이터 샤프트, 수직 덕트에서는 수직통로의 최상부까지 매우 빨리 상승한다. 이는 온도차와 위치의 고저차에 따른 부력효과 때문이다. 수직통로의 상부에 개구가 없으면 연기가 상류에 체류한 후에 하강하기 시작하고, 하강 부분에 개구부가 있으면 그 부분으로 유출되어 해당 층으로 연기의 확산이 유발된다.

화재층과 상층부에 계단실문이 열린 상태에서는 통풍효과(draft effect)에 의해 다량의 연기와 열기류가 수직통로에 흡입되어 상층부에 확산 인명피해의 우려가 높다. 따라서 방화문은 항상 닫힌 상태를 유지해야만 한다.

※ 통풍효과(draft effect) : 화재로 인한 실내공기는 가벼워져(부력발생) 상승하여 실내를 빠져나가게 되어 그 결과 실내는 압력이 낮아짐. 압력의 평형을 유지하기 위해 실외 공기가 실내로 유입되는 공기의 순환 효과

3.6 화재시 인간의 한계

1. 위험한계

1) 내열(耐熱)한계

내열한계란 복사열에 대한 인간 피부의 생리적 수용한계 시간을 나타내는 것으로써 통상복의 경우는 0.1 cal/cm^2sec (3,600$kcal/m^2h$)이며, 내열방호복은 0.2 cal/cm^2sec (7,200$kcal/m^2h$)이다.

2) 내연(耐煙)한계

연기농도 측정법에는 감광계수에 의한 것, 투과율에 의한 것 그리고 시정(대기의 혼합정도)에 의한 것이다.

투과율에 의한 것은 무연의 투시 자유 상태에서 연기에 의해 투시 불능이 되는 상태까지 10단계로 분류한다. 본 분류에는 무연상태를 100%로 하고 각 단계를 %로 호칭한다. 시정(Visibility)에 의한 것은 관측자의 위치에서 명시(明視)가능한 위치까지의 거리(m)를 의미한다.

내연한계는 시정 4m(연기가 눈을 자극하고 호흡 곤란), 투과율 40%, 감광계수 0.7에 해당된다.

3) 耐가스의 한계

가스의 종류와 인간의 행동에 좌우되나 일반적으로 가스의 독성은 농도 × 시간에 좌우된다.

· CO 가스 : 2～4 (%/min)

2. 피난 능력

피난이란 생명보호를 위해 위험한 장소에서 일시적으로 신속하게 멀어지는 행위를 나타낸다. 피난은 정보, 판단 그리고 행동의 순서로 이루어진다.

1) 보행(步行)에 관한 수치

보행의 평가 단위는 보속, 보폭 그리고 보수가 있다.

· 보속(步速 : m/sec, m/min, km/h)

· 보폭(步幅 : m, cm)

· 보수(步數 : steps/sec, steps/min)

2) 군중보행(群衆步行)

군중보행은 통로의 폭에 대한 제약이 있는 장소에서 발생된다. 늦은 보속자가 주(主)가 되며, 동조자가 점차 발생되어 추월이 곤란하게 된다. 속도는 1m/sec 정도가 된다.

3) 군중 유동계수(群衆 流動係數)

많은 사람이 서둘러 출구에서 나가려고 할 때, 혼자일 때와 달리 한번에 나갈 수 없는 것을 설명할 수 있는 계수이다.

· 출입구 : 1.5인/m · sec (개찰구, 전철문 등)

· 계단 : 1.3인/m · sec (기차, 버스의 출입구 등)

4) 계단

· 남자의 평균 보수 : 120/min

· 여자 평균 보수 : 130/min

· 계단 1단 : 0.5sec

3. 피난 특성

예상치 못한 극한 상황에서의 인간이 취하는 행동 패턴이며, 피난계획에 반드시 반영이 되어야 한다.

1) 귀소(歸巢)본능

원래 왔던 길로 되돌아가고, 또한 일상적으로 사용하는 경로에 의해 탈출을 시도하는 본능이다. 항상 사용하는 복도, 계단 및 엘리베이터 부근에 모이므로 피난계단, 출구까지 안전하게 피난할 수 있도록 계획적 고려가 필요하다.

2) 퇴피(退避)본능

사태의 위급함을 인지한 경우에는 그 자리에서 멀어지려고 한다. 즉 건물의 중심부에서 연기와 불꽃이 상승되면 외주부로 피난하려 하고, 외주부에서 연기와 불꽃이 상승되면 중앙방향으로 퇴피하려고 하는 본능이다.

3) 지광(指光)본능

밝은 곳을 찾아 밖으로 달아나려고 한다. 연기가 많이 발생되는 화재에서는 발코니, 옥외계단으로 향하게 되고, 지하 또는 무창층에서는 지상의 통로와 계단 입구를 찾아 피난하므로 피난경로를 집중적으로 밝게 조치해야 한다.

4) 좌회(左廻)본능

오른 손잡이가 많기 때문에 어둠속에서 걸으면 왼쪽으로 돌게 되는 본능이 있다. 따라서 좌측의 벽면을 따라 피난하는 것이 유리하다.

5) 추종(追從)본능

한 사람의 리더에게 많은 사람이 추종하게 되는 본능이다. 즉 피난유도를 적절하게 행하는 지도자의 육성과 훈련이 필요하다.

제 4 장

내화구조

4.1 내화구조의 정의

내화성능은 불(火)에 의해 발생되는 열에 저항하여 본래의 기능을 유지하는 성능을 말한다. 내화성능의 필요성은 각 국가별로 내용은 조금씩 달리 정의하지만 근본적으로 다음과 같은 사항을 포함하고 있다. 첫째는 화재발생시 재실자와 소방 관계자의 안전 및 재산을 보호하기 위함이고, 둘째는 건축 구조물의 주요 구조부가 구조적 한계에 도달되지 않고 붕괴되지 않도록 구조 성능을 유지하는 것이다.

1. 용어정리

내화성능에 관해 언급되는 주요 용어는 다음과 같다.

1) 주요 구조부재

건축물의 주요 뼈대를 형성하는 부재이면서 수평하중 및 수직하중을 전달하는 기둥, 보, 벽체, 바닥, 지붕 등과 같은 부재

2) 내화성능 평가 기준

① 하중지지력(Load Bearing Capacity) : 일정 시간 동안 상부 하중을 유지하는 성능
② 차열성(Insulation) : 일정 시간 동안 타 공간 재료를 착화시키지 않는 성능
③ 차염성(Integrity) : 일정 시간 동안 화염을 통과시키지 않는 성능

3) 주요 구조부별 요구 성능

① 기둥 : 내력유지(하중지지력)
② 보 : 내력유지(하중지지력)
③ 벽체 : 내력유지, 차열성, 차염성
④ 슬래브 : 내력유지, 차열성, 차염성
⑤ 지붕 : 내력유지, 차염성

4) 내화성능 요구시간

1시간, 2시간 및 3시간

5) 내화성능기준(시간) 설정 요건

각 국가별로 건축물의 내화성능기준의 설정은 독특한 문화적 차이와 기술적 요소의 상이성으로 일반적으로 달리 적용되고 있다. 대부분 건축물의 용도와 규모(층수 및 높이)를 대상으로 내화성능기준을 설정하고 있다. 우리나라의 경우는 1970년대 초 일본 건축법의 기준을 이용하다가 1999년 미국 U.B.C의 규정을 참고하여 다음 그림과 같이 개정하였으며, 현재까지 적용하고 있다.

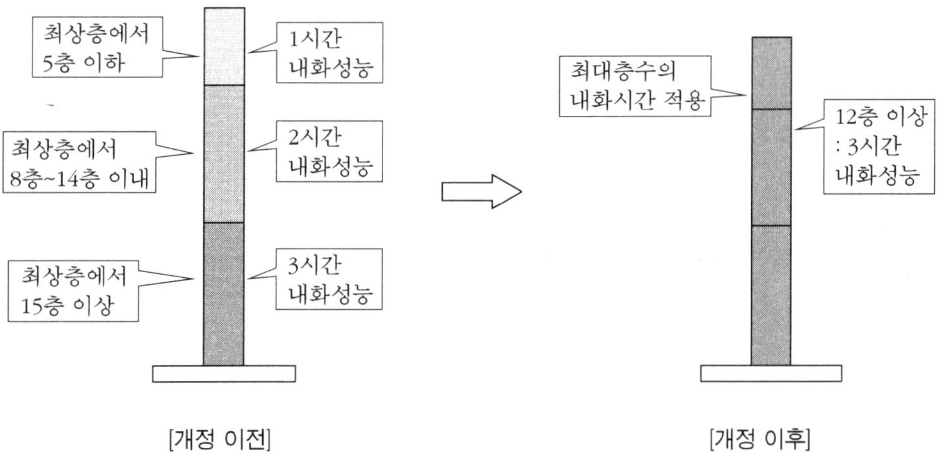

그림 4-1 국내 내화구조 성능기준

4.2 내화구조의 평가방법

1. 한국(한국산업규격, 1999.11, 개정)

우리나라의 내화구조 평가방법은 1970년대부터 사용해오던 평가법을 국제표준화기구와의 정합성을 목표로 1999년 제정하였으며, 2000년경에 일부를 개정하여 현재에 이르고 있다. 국제무역의 자유화 그리고 관세 등에 관한 국제 협약 등의 국제화를 지향하기 위하여 우리나라에서는 종래 일본의 평가법을 위주로 평가해오던 방법을 ISO 834의 기준으로 개정하고 있다.

표 4-1 내화구조 시험방법

규격번호	규격명	비고
KS F 2257-1 [2010.6], [2014.12]	건축구조부재의 내화시험방법 - 일반 요구사항	- ISO 834와 조화 - 하중 재하 원칙
KS F 2257-4 [2009.6], [2015.10]	건축구조부재의 내화시험방법 - 수직내력 구획부재의 성능조건	내력벽체
KS F 2257-5 [2010.7], [2014.12]	건축구조부재의 내화시험방법 - 수평내력 구획부재의 성능조건	바닥구조
KS F 2257-6 [2011.12], [2014.12]	건축구조보재의 내화시험방법 - 보의 성능조건	허용온도 : 538℃ 최고온도 : 649℃
KS F 2257-7 [2011.12], [2014.12]	건축구조부재의 내화시험방법 - 기둥의 성능조건	허용온도 : 538℃ 최고온도 : 649℃
KS F 2257-8 [2009.6], [2015.10]	건축구조부재의 내화시험방법 - 수직 비내력 구획부재의 성능조건	비내력벽체

표 4-2 공기 중의 산소농도가 인체에 미치는 영향

항목		내용
시험조건		T = 345 log(8t+1) + 20 T : 로내 평균온도(℃), t : 시간(분)
시험수량		1개이상, 비대칭단면의 경우는 각각에 대해서 시험수행
재하적용		내력부재, 시험개시 15분전
성능 기준	하중 지지력	휨부재 : 변형 = L^2/400d(mm), 변형율 dD/dt= L^2/9000d(mm)의 초과 축방향부재 : 축방향 수축한계 C=h/1000(mm), dC/dt=3h/1000(mm/mIn)의 초과
	차염성	- 면 패드 적용 시 착화발생 - 균열 게이지 관통 - 10초 이상 지속되는 시험체 이면에서의 화염발생
	차열성	초기 평균온도 140K 이상 상승 모든 부분에서 초기 평균온도보다 180K 이상 상승

1) **건축부재의 내화시험방법 – 일반요구사항(KS F 2257-1)**

건축부재의 내화성능평가 기준의 일반 사항을 규정하고 있다. 종래의 KS F 2257에서 ISO 834의 규정으로 많은 부분이 수정되었으며 주요 내용은 다음 표와 같다. 내화성능 평가기준 중에서 차열성의 경우 종래 기준에는 260K를 넘지 않도록 규정되었으나, 본 규정에서는 140K를 적용하고 있어 벽 등과 같이 수직부재에는 성능을 만족하기 위한 별도의 노력이 요구되고 있다.

2) **부재의 내화성능 평가방법(KS F 2257-1, 1999, 2005.7, 2010.6, 2014.12)**

기둥, 보부재와 같은 수직, 수평부재의 경우 내화성능의 판정기준은 휨부재와 축방향 부재의 변형량과 변형속도로 규정되어있다. 종래의 판정기준은 급격한 구조적 변화가 없을 것으로 되어있었으므로 정확한 판단에는 다소 무리가 있었다. 본 규정에 적용된 축방향 부재 및 수평부재의 변형량과 변형속도는 1970년대 미국의 내화시험소에서 수행된 많은 시험적 결과를 바탕으로 도출되었다. 정량적 판정기준은 현재 명확하게 정의되지 않은 공학적 내화설계의 판정기준으로 활용되는 경우도 있다.

표 4-3 구조부재의 내화성능 판정기준

항목	가열로의 종류	판정기준		비고
		휨부재	축방향부재	
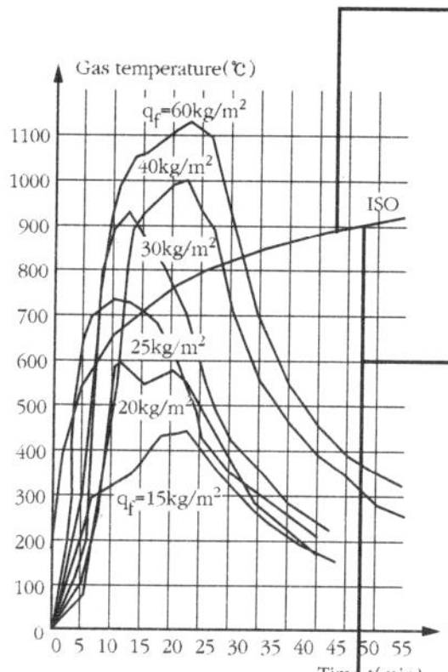	  	$D=\frac{L^2}{400d}(\text{mm})$ $\frac{dD}{dt}=\frac{L^2}{9000d}$ (mm/min) D: 변형 L : 스팬(mm) d : 인장연에서 압축연거리	$C=\frac{h}{100}(\text{mm})$ $\frac{dC}{dt}=\frac{3h}{1000}$ (mm/min) C : 수축 h : 시험체높이 (mm)	내화구조 인정현황
		내화시간 : 변형과 변형율 초과시	내화시간 : 변형과 변형율 초과시	

현재 우리나라의 내화구조 인정은 국토교통부장관을 위임을 받은 한국건설기술연구원에서 수행되고 있으며, 이의 현황은 다음 그림과 같다.

그림 4-2 내화구조 인정현황

3) 건축부재의 내화시험방법 – 수직내력 구획부재의 성능조건(KS F 2257-4)

상부의 하중을 전달하는 내력벽체와 같은 부재의 내화성능을 평가하는 방법에 관하여 규정하고 있다. 비내력벽체는 KS F 2257-8의 방법에 따라서 내화성능평가를 수행한다. 시험체의 크기는 폭과 높이가 3,000mm를 기준으로 한다.

4) 건축부재의 내화시험방법 – 수평내력 구획부재의 성능조건(KS F 2257-5)

건축물의 바닥 하중을 지지하는 슬래브의 내화성능을 평가하는 시험방법을 규정하고 있다. 시험체의 폭의 최소 치수는 3,000mm, 길이는 4,000mm를 기준으로 하고 있다. 하중을 주면서 시험을 수행하는 재하가열시험 시의 적용하중은 시험체에 균등하게 분포하여야 한다.

표 4-4 수직내력 구획부재의 성능조건

항목	내용
적용범위	수직내력 구획부재를 한쪽면에서 가열했을 때 내화성능의 측정방법에 대해서 규정. 비 내력 수직부재는 KS F 2257-8로 평가
가열로	 
시험체 크기	- 실제구조의 높이, 폭이 3m를 초과하지 않는 구조 : 실제 크기 - 3m×3m를 초과하는 부재 : 최소 3m×3m - 외벽이 경우 : 1개로 할 수 있으며, 내부면을 가열면으로 설정

표 4-5 수평내력구획부재의 내화성능평가기준

항목	내용
적용범위	수평내력 구획부재를 하부면에서 가열하였을 때 내화성능의 측정방법에 대해서 규정.
가열로	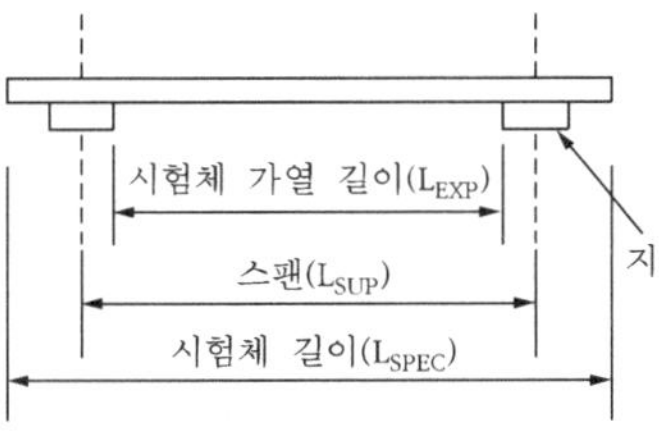 
시험체 크기	- 시험체 가열길이 : 최소 4m - 시험체 최소 폭 : 최소 3m - 단순지지 : 가열길이 + 한쪽 350mm → 4,700mm - 구속지지 : 가열길이 + 한쪽 250mm

5) 건축부재의 내화시험방법 – 보의 성능조건(KS F 2257-6)

전단력과 휨모멘트를 저항하면서 하중을 전달하는 구조용 보부재의 내화성능을 평가하는 규정이다. 시험체의 최소길이는 4,000mm이다. 보부재의 경우 양단이 구속되는 조건과 자유단의 경우로 대별될 수 있지만 현재의 내화성능 평가는 자유단 조건으로 평가되고 있다.

표 4-6 보의 내화성능평가기준

항목	내용
적용범위	보의 내화성능 측정방법에 대해서 규정한다. 보는 일반적으로 하부면과 두 수직면이 완전히 노출되도록 한다.
가열로	 
시험체 크기	- 시험체 가열길이 : 최소 4m - 단순지지 : 가열길이 + 한쪽 200mm → 4,400mm - 구속지지 : 가열길이 + 한쪽 250mm

표 4-7 기둥의 내화성능 평가기준

항목	내용
적용범위	기둥의 내화성능 측정방법에 대해서 규정한다. 기둥은 일반적으로 모든 면을 가열한다. 비재하가열시험은 부속서 2에 다른다. (평균온도 538℃, 최고온도 649℃를 초과해서는 안됨)
가열로	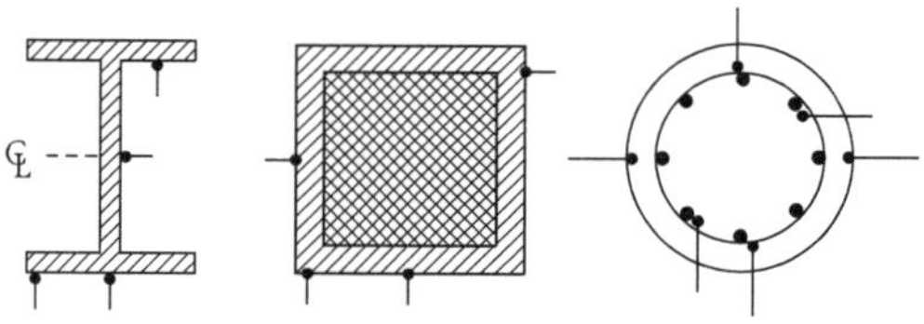 강재온도 측정 위치 
시험체 크기	- 경계조건 : 회전에 대해서 완전 고정, 힌지로 설정 - 시험체 최소 크기 : 3m 이상

6) 건축부재의 내화시험방법 – 기둥의 성능조건(KS F 2257-7)

기둥부재의 내화성능평가의 기준을 규정한 시험방법으로 강재의 표면온도에 의한 판정기준과 하중의 재하에 따른 구조적 변형조건으로 판정하는 두가지 방법이 있다. ISO 834에서는 구조적 변형으로만 내화성능평가를 규정하고 있으나, 국내에서는 내화피복재료의 성능평가에는 온도에 의한 평가를 주로 하고 있다. 콘크리트와 강재로 구성되는 기둥부재의 경우는 가열시험 전 약 15분간 하중을 재하하면서 내화시험을 수행하는 재하가열시험을 하고 있다.

2. 각 국별 내화성능 평가 기준

건축구조물의 주요 구조부에 대한 내화성능평가는 각 국가별로 이루어지고 있으며, 대부분 국가들은 ISO 834와의 정합성으로 유사한 시험방법을 가지고 있다. 대표적인 시험규격으로는 국제표준화 기구인 ISO 834, 미국의 국가규격인 ASTM E119 그리고 민간의 대표적 시험기구인 UL 263 및 캐나다 ULC S101-M89 등이 있다.

표 4-8 각국별 내화성능평가 시험규격

국가	규격번호	규격명	비고
국제표준	ISO 834	Fire-resistance Tests: Elements of Building Construction	
미국	ASTM E119 UL 263	Standard Test Methods for Fire Tests of Building Construction and Materials	
영국	BS 476 Part 21	Fire tests on Building materials and Structures part 21 : Methods for Determination of the Fire	
캐나다	CAN-ULC-S1010-M 89	Standard methods of fire endurance tests of building construction and materials	
호주	AS 1530.4	Methods for fire tests on building materials, components and structures Part 4: Fire - resistance tests of elements of building construction	

ISO 834의 내화시험방법은 각 구조물의 형식에 따라 세분화된 규정을 가지고 있다. 현재까지는 천장의 내화성능평가에 관한 규정이 정의되어있으며 지속적인 내화성능기준을 개발하고 있는 중이다. 이와 같은 내화성능기준의 개발은 ISO TC92(Fire safety)의 SC2(Fire containment)에서 수행하고 있다.

표 4-9 ISO 834의 규격

구분	규격번호	규격명	비고
국제 표준	ISO 834-1	Fire-resistance tests- Elements of building construction- Part 1: General Requirements-First Edition	
	ISO 834-4	Fire-resistance tests- Elements of building construction- Part 4: Specific requirements for load bearing vertical separating elements	
	ISO 834-5	Fire-resistance tests- Elements of building construction- Part 5: Specific requirements for load bearing horizontal separating elements	
	ISO 834-6	Fire-resistance tests- Elements of building construction- Part 6: Specific requirements for beams	
	ISO 834-7	Fire-resistance tests- Elements of building construction- Part 7: Specific requirements for columns	
	ISO 834-8	Fire-resistance tests- Elements of building construction- Part 8: Specific requirements for non- load bearing vertical separating elements	
	ISO 834-9	Fire-resistance tests- Elements of building construction- Part 9: Specific requirements for non-load bearing celling elements	

4.3 내화구조의 종류

1. 법정 내화구조

법정 내화구조는 학계 등에서 통용되는 일반화된 용어는 아니지만 업계 등에서 내화구조의 종류를 언급할 때 통상적으로 사용되는 용어이다. 즉 건축법규정에 표현된 내화구조를 의미한다. 즉 건축물 피난·방화구조 등의 기준에 관한 규칙의 제3조(내화구조)에 규정되어있는 내화구조의 종류를 의미한다. 동 규칙 제3조에는 국토교통부령이 정하는 기준에 적합한 구조라 함은 다음 각호의 1에 해당하는 것을 말한다.

표 4-10 법정 내화구조 종류

주요구조부		내용
벽	내력벽	- 철근콘크리트조 또는 철골철근콘크리트조로서 두께가 10센티미터 이상 - 골구를 철골조로 하고 양면을 4센티미터 이상의 철망모르타르로 덮은것
	비내력벽	- 철근콘크리트조 또는 철골철근콘크리트조로서 두께가 7센티미터 이상 - 골구를 철골조로 하고 양면을 두께 3센티미터 이상의 철망모르타르로 덮은 것
기둥 (작은 지름이 25cm) 이상		- 철근콘크리트조 또는 철골철근콘크리트조 - 철골을 두께 6센티미터 이상의 철망모르타르 또는 7센티미터 이상의 콘크리트 블록, 벽돌 또는 석재로 덮은 것
바닥		- 철근콘크리트조 또는 철골철근콘크리트조로서 두께가 10센티미터이상
보		- 철근콘크리트조 또는 철골철근콘크리트조
지붕		- 철근콘크리트조 또는 철골철근콘크리트조
계단		- 철근콘크리트조 또는 철골철근콘크리트조

2. 인정 내화구조

건축물 피난·방화구조 등의 기준에 관한 규칙 제3조(내화구조)의 8항에 의해 인정된 내화구조를 의미한다. 상기 8항에는 「과학기술분야 정부출연연구기관 등의 설립·운영 및 육성에 관한 법률」 제8조에 따라 설립된 한국건설기술연구원의 장(이하 "한국건설기술연구원장"이라 한다)이 해당 내화구조에 대하여 다음 각 목의 사항을 모두 인정하는 것. 다만, 「산업표준화법」에 따른 한국산업표준으로 내화성능이 인정된 구조로 된 것은 나목에 따른 품질시험을 생략할 수 있다.

가. 생산공장의 품질 관리 상태를 확인할 결과 국토교통부장관이 정하여 고시하는 기준에 적합할 것

나. 가목에 따라 적합성이 인정된 제품에 대하여 품질시험을 실시한 결과 별표 1에 따른 성능기준에 적합할 것

9. 다음 각 목의 어느 하나에 해당하는 것으로서 한국건설기술연구원장이 국토교통부장관으로부터 승인받은 기준에 적합한 것으로 인정하는 것

가. 한국건설기술연구원장이 인정한 내화구조 표준으로 된 것

나. 한국건설기술연구원장이 인정한 성능설계에 따라 내화구조의 성능을 검증할 수 있는 구조로 된 것

10. "한국건설기술연구원장이 제27조제1항에 따라 정한 인정기준에 따라 인정하는 것"이라고 규정되어 있다.

현재 우리 나라에서 내화구조로 인정된 구조는 국토교통부로부터 인정 및 관리를 위임받은 한국건설기술연구원에서 인정을 해주고 있으며, 관련 규정은 국토해양부 고시 2014-200인 내화구조의 인정 및 관리기준이다. 내화구조로 인정받은 현황은 다음 그림과 같다.

건설자재인정센터
Constuction Material Accreditation Ceter
한국건설기술연구원

보드피복 철골보 | 보드피복 철골기둥 | 뿜칠피복 철골보 | 뿜칠피복 철골기둥 | 도료피복 철골보 | 도료피복 철골기둥 |
경량형강구조 벽체 | 건축용 철강재 벽체 | 건축용 철강재 지붕 | 콘크리트패널 벽체 | 데크 바닥구조 | 구조용 집성재 보 | 기타

보드피복 철골보[BB] 철골기둥[CB]

인정업체	상품명	인정번호	내화성능 (hr)	피복두께 (mm이상)	사용부위	유효기간	인정서 세부인정내용
라파즈코리아석고(주)	인케이스먼트 시스템	2001-0713-1	1	15	보,기둥	2007.07.12	다운로드
	인케이스먼트 시스템 2	2002-0726-1	2	40	보,기둥	2010.07.25	다운로드
라파즈벽산석고(주)	인케이스먼트 시스템 3	2004-0219-1	3	55.6	보,기둥	2007.02.18	다운로드
(주)케이씨씨	클래딩(CLADDING) 시스템	2003-0107-1	1	15	보,기둥	2006.01.06	다운로드
			2	40			

뿜칠피복 철골보 [BS]

인정업체	상품명	구조명	인정번호	내화성능 (hr)	피복두께 (mm이상)	유효기간	인정서 세부인정내용
(주)케이씨씨	짚코트-pro (GYPCOAT-pro)	짚코트-pro(BS1)	BS04-0113-1a	1	22	2007.01.12	다운로드
	짚코트-pro (GYPCOAT-pro)	짚코트-pro(BS2)	BS04-0113-3a	2	33	2007.01.12	다운로드
	짚코트-pro (GYPCOAT-pro)	짚코트-pro(BS3)	BS04-0113-5a	3	44	2007.01.12	다운로드
	뉴-하이코트 SP	뉴-하이코트 SP(BS1)	BS01-0524-1a	1	22	2007.05.23	다운로드

그림 4-3 내화구조 인정현황

3. KS 내화구조

산업표준화법에 의해 한국산업규격에 등재된 내화구조의 형식을 의미하며, 현재까지 한국산업규격에 등재된 내화구조는 다음 표와 같다. 여기에는 경골 목구조로 구성된 벽과 바닥 및 천장에 대한 구조형식, 표면처리 경량형강으로 구성된 비 내력벽체의 형식 그리고 구조용 집성재 보와 기둥의 형식 등이 있다.

1) 건축구조부재의 내화성능표준 – 제1부 경골 목구조 벽 및 바닥/천장 (KS F 1166-1)

보와 기둥 그리고 벽체를 형성하여 목구조를 형성하는 경골 목구조의 내화성능을 실험적으로 검증한 후 한국산업규격에 등재한 형식으로 본 규격에는 내력벽체의 내화성능을 규정하고 있다.

2) 건축구조부재의 내화성능표준 – 제2부 스틸 스터드 구조 비 내력벽체 (KS F 1166-2)

스틸 스터드와 석고보드를 주요 재료로 구성되는 장막벽의 내화성능을 실험적으로 검증하고 표준화한 내화구조이다.

표 4-11 한국산업규격에 등재된 내화구조 종류

규격번호	규격명	비고
KS F 1611-1	건축구조부재의 내화성능표준 제1부 : 경골 목구조 벽 및 바닥/천장	2002.9제정, 2011.3개정, 2015.7개정
KS F 1611-2	건축구조부재의 내화성능표준 제2부 : 스틸 스터드 구조 비 내력벽체	2003.12, 2008.12개정, 2016.6개정
KS F 1611-3	건축구조부재의 내화성능표준 제3부 : 구조용 집성재 보 및 기둥	2003.10, 2008.12개정, 2013.12개정
KS F 1611-4	건축구조부재의 내화성능표준 제4부 : 합성데크 바닥구조	2005.07, 2010.11 개정, 2015.7개정

3) 건축구조부재의 내화성능표준 – 제3부 구조용 집성재 보 및 기둥 (KS F 1166-3)

얇은 널을 여러겹으로 겹쳐 하중을 지지할 수 있도록 만든 목재가 집성재이다. 이러한 집성재로 구성된 기둥과 보부재의 내화성능을 실험적으로 검증하고 내화성능을 표준화한 구조이다.

표 4-12 경골 목구조 내화성능

항목	내용
적용범위	경골 목구조에 의한 벽과 바닥/천장 및 지붕/천장 시스템의 구성에 따른 내화성능을 규정
적용타입	(아래 표)

건물부위	분류기호	구성	구조단면	내화성능
외벽	EXW - F30-1	· 스터드 : 단면 38×89mm 이상 간격 600mm 이하 · 옥외면 : 두께 12mm이상 구조용 합판 또는 오에스비, 파티클보드 등 구조용덮개위 방습지+외벽마감 · 단열재 : 암면, 밀도 60kg/m^3 이상 두께 89mm 이상 · 옥내면 : 방화석고보드두께 15mm 1겹이상	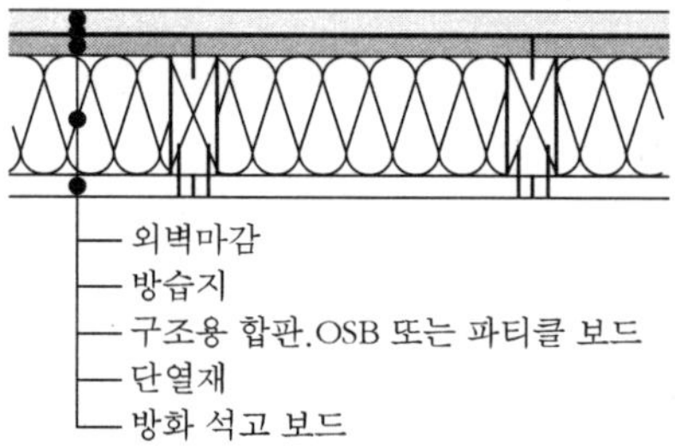	30분
	EXW - F60-1	· 스터드 : 단면 38×89mm 이상 간격 600mm 이하 · 옥외면 : 두께 12mm이상 구조용 합판 또는 오에스비, 파티클보드 등 구조용 덮개위 방습지+외벽마감 · 단열재 : 암면, 밀도 60kg/m^3 이상 두께 89mm 이상 · 옥내면 : 방화석고보드두께 12.5mm 2겹이상	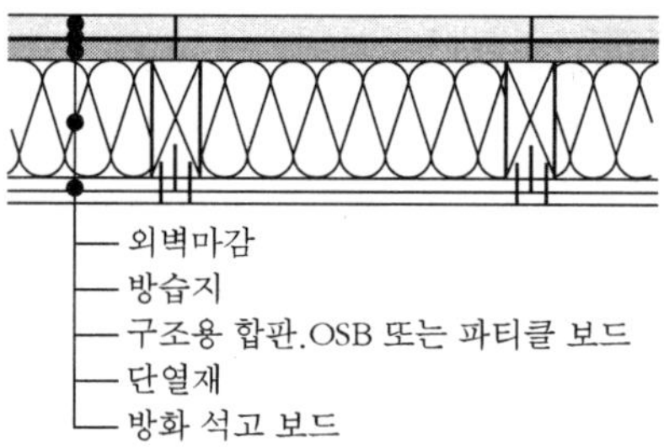	1시간
	EXW - F60-2	· 스터드 : 단면 38×140mm 이상 간격 600mm 이하 · 옥외면 : 두께 12mm이상 구조용 합판 또는 오에스비, 파티클보드 등 구조용 덮개위 방습지+외벽마감 · 단열재 : 암면, 밀도 60kg/m^3 이상 두께 140mm 이상 · 옥내면 : 방화석고보드두께 15mm 1겹이상	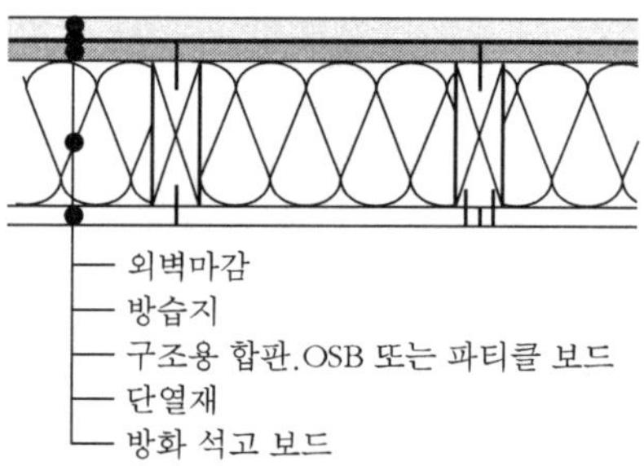	1시간

건물부위	분류기호	구성	구조단면	내화성능
내벽	INW-F60-1	· 스터드 : 단면 38×89mm 이상, 간격 600mm 이하 · 방화석고보드 : 양면두께 12.5mm 2겹이상	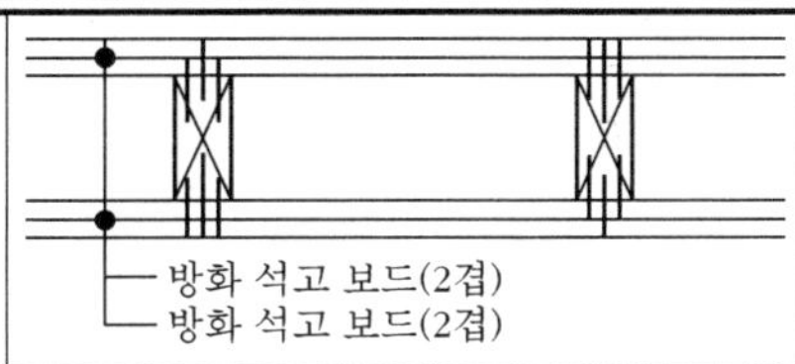	1시간
	INW-F60-2	· 스터드 : 단면 38×89mm 이상, 간격 600mm 이하 · 단열재 : 암면, 밀도 60kg/m^3 이상 두께 89mm 이상 · 방화석고보드 : 양면두께 12.5mm 2겹이상	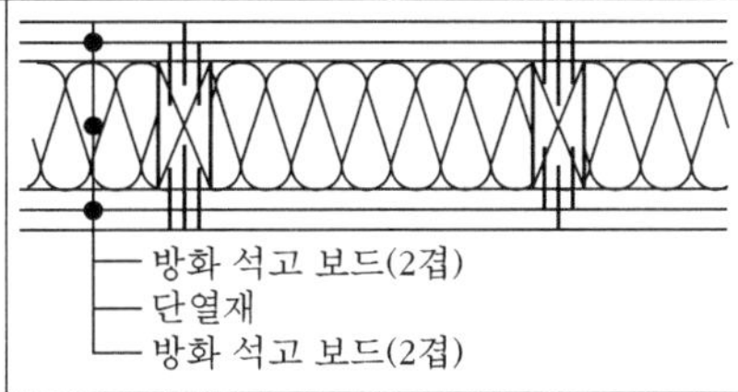	1시간
	INW-F60-3	· 스터드 : 단면 38×140mm 이상, 간격 600mm 이하 · 단열재 : 암면, 밀도 60kg/m^3 이상 두께 140mm 이상 · 방화석고보드 : 양면두께 15mm 1겹이상	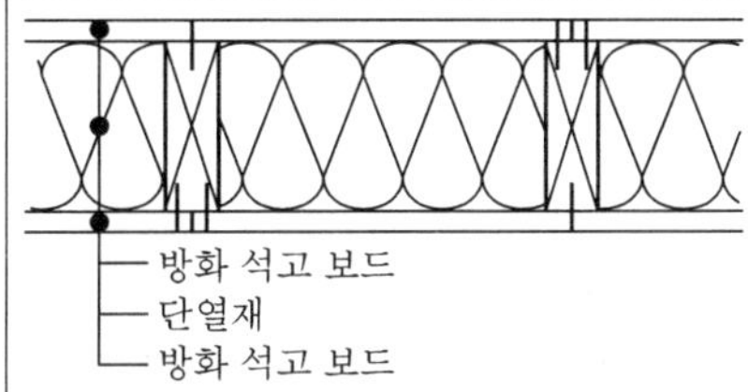	1시간
	INW-F90-1	· 스터드 : 단면 38×140mm 이상, 간격 600mm 이하 · 방화석고보드 : 양면두께 12.5mm 2겹이상	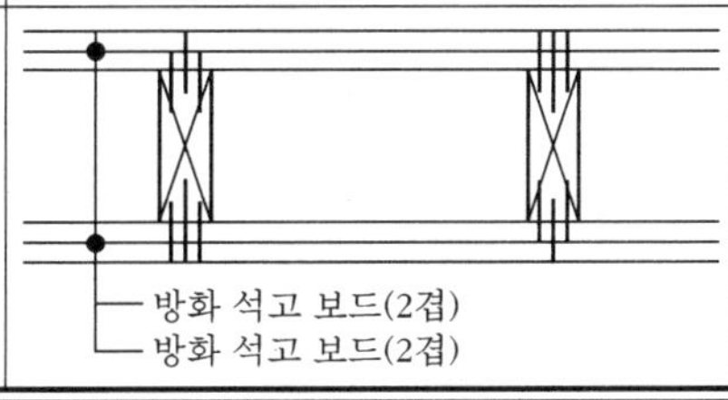	1시간

표 4-13 스틸 스터드 내화구조

항목	내용			
적용범위	스틸 스터드 구조에 의한 비내력 벽체의 내화성능을 규정			
적용타입	건물부위	분류기호	구성	구조단면	내화성능
	외벽	EXW-F60-1	· 스터드 : 0.8mm 이상, 단면 45×150mm 이상, 간격 450mm 이하 · 옥외면 : 두께 12mm 이상 구조용 합판 또는 오에스비(OSB) 등 구조용 덮개 위 방습지+외벽 마감 · 채움재 : 유리면, 밀도 24kg/m^3 이상, 두께 150mm 이상 · 옥내면 : 방화석고보드두께 12.5mm, 2겹이상	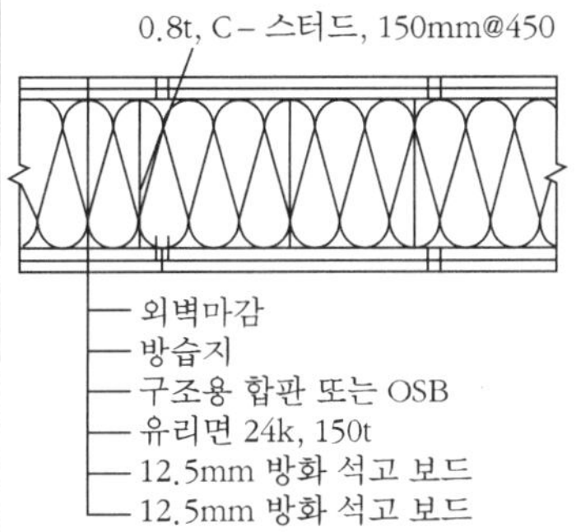	1 시간

건물 부위	분류 기호	구성	구조단면	내화 성능
외벽	EXW-F60-2	· 스터드 : 0.8mm 이상, 단면 45×150mm 이상, 간격 600mm 이하 · 옥외면 : 방화석고보드두께 12.5mm 1겹이상 위 방습지+외벽마감 · 채움재 : 유리면, 밀도 $24kg/m^3$ 이상, 두께 150mm 이상 · 옥내면 : 방화석고보드두께 12.5mm, 2겹이상	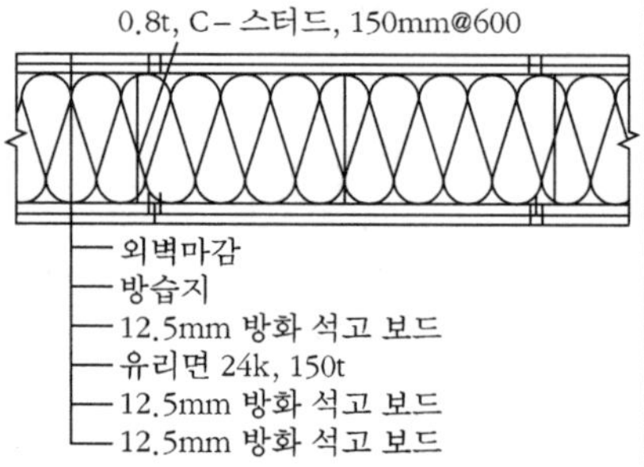	1 시간
내벽	INW-F60-1	· 스터드 : 0.8mm 이상, 단면 45×(50～150)mm, 간격 600mm이하 · 바탕면 : 일반석고보드, 두께 12.5mm, 양면1겹이상 · 마감면 : 방화석고보드, 두께 12.5mm, 양면 1겹이상 · 인조광물섬유 보온재 삽입 가능	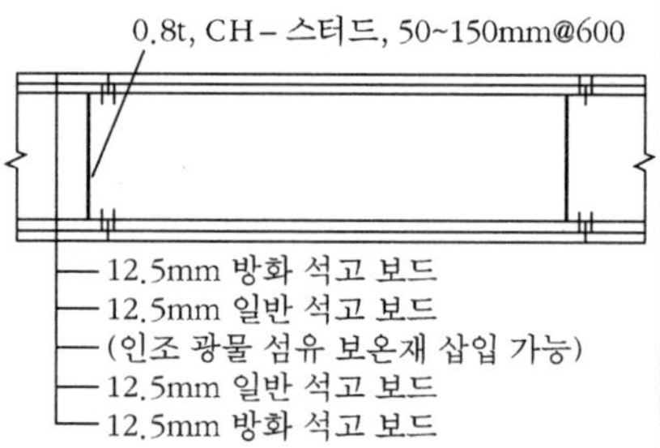	1 시간
	INW-F90-1	· 스터드 : 0.8mm 이상, 단면 45×(50～150)mm, 간격 600mm이하 · 바탕면 : 일반석고보드, 두께 12.5mm, 양면1겹이상 · 마감면 : 방화석고보드, 두께 12.5mm, 양면 1겹이상 · 인조광물섬유 보온재 삽입 가능	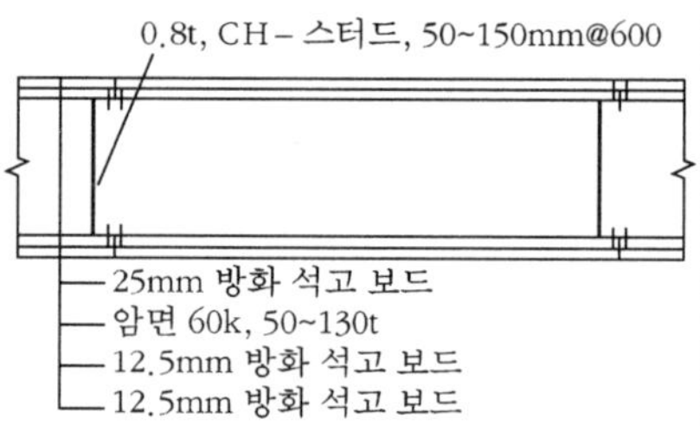	1.5 시간
	INW-F90-2	· CH스터드 : 0.8mm 이상, 단면 35×38×(64～152)mm, 간격 600mm이하 · 채움재 : 암면, 밀도 $60kg/m^3$ 이상, 두께 50～130mm · 방화석고보드 : 두께 25mm, 1겹이상 · 방화석고보드 : 두께 12.5mm, 1겹이상 · 방화석고보드 : 두께 12.5mm, 1겹이상	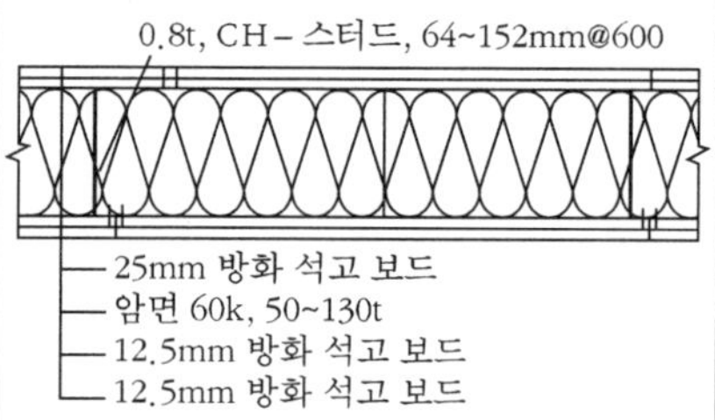	1.5 시간

비고 1. 외벽의 내화성능은 옥내면을 가열한 성능이다.
2. 외벽 옥외면의 마감은 불연 재료에 의한다.

표 4-14 집성재 보부재 내화구조

<table>
<tr><th>항목</th><th>내용</th></tr>
<tr><td>적용타입
(보부재)</td><td>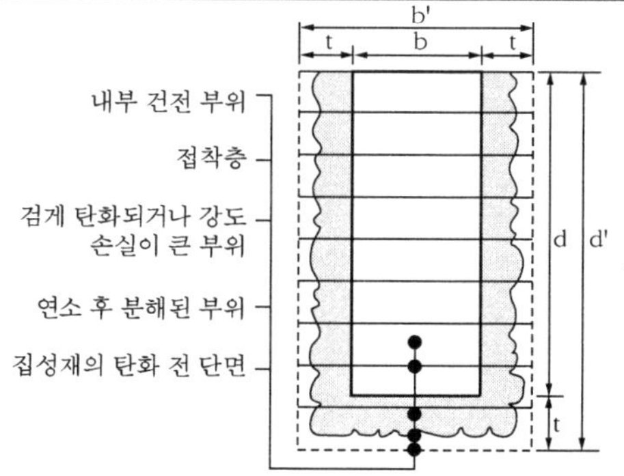

3면노출
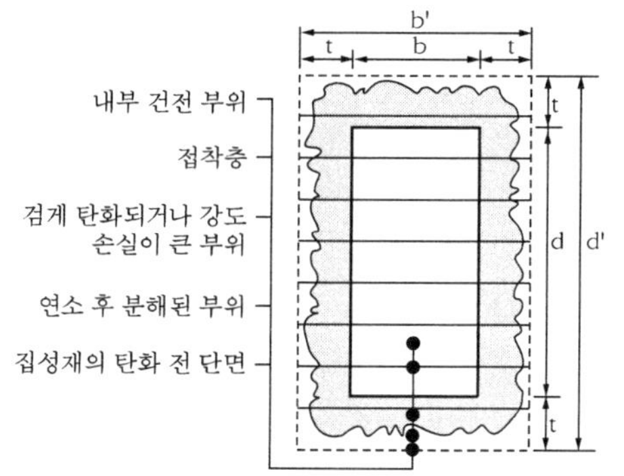

4면노출</td></tr>
</table>

표 4-15 집성재 보부재의 내화성능과 치수

구분	수종군	내화부재의 치수 [mm]	내화성능
3면 노출보	낙엽송류 소나무류	b' = b+50 d' = d+25	30분
	낙엽송류	b' = b+80 d' = d+40	1시간
	소나무류	b' = b+90 d' = d+45	1시간
4면 노출보	낙엽송류 소나무류	b' = b+50 d' = d+50	30분
	낙엽송류	b' = b+80 d' = d+80	1시간
	소나무류	b' = b+90 d' = d+90	1시간

표 4-16 집성재 기둥부재의 내화성능

<table>
<tr><th>항목</th><th>내용</th></tr>
<tr><td>적용타입
(기둥부재)</td><td>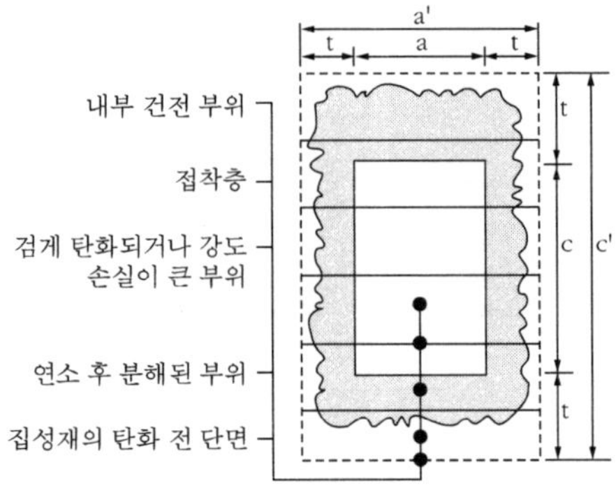

사각기둥
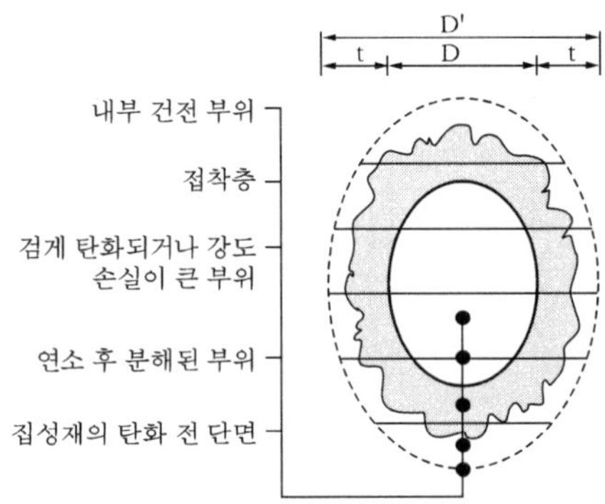

원형기둥</td></tr>
</table>

표 4-17 집성재 기둥부재의 내화성능과 치수

<table>
<tr><th>구분</th><th>수종군</th><th>내화부재의 치수 [mm]</th><th>내화성능</th></tr>
<tr><td rowspan="3">사각단면기둥</td><td>낙엽송류
소나무류</td><td>a' = a +50
c' = c +50</td><td>30분</td></tr>
<tr><td>낙엽송류</td><td>a' = a +80
c' = c +80</td><td>1시간</td></tr>
<tr><td>소나무류</td><td>a' = a +90
c' = c +90</td><td>1시간</td></tr>
<tr><td rowspan="3">원형단면기둥</td><td>낙엽송류
소나무류</td><td>D' = D +50</td><td>30분</td></tr>
<tr><td>낙엽송류</td><td>D' = D +80</td><td>1시간</td></tr>
<tr><td>소나무류</td><td>D' = D +90</td><td>1시간</td></tr>
</table>

4. 미국의 내화구조 사례

미국에서의 내화구조는 주로 민간기구에서 인증 등의 형태로 진행되어 건축물에 적용되고 있다. 특히 민간보험업계의 연구소인 UL(Underwriters' Laboratory)에서 UL마크를 인증한 구조는 전 미국에서 내화구조로 사용할 수 있는 시스템이 특이하다. 이와 같은 형식은 미국 남중부의 SWRI(South west research institute)에서 인증 받은 것도 UL과 동일하다. 또한 미국은 빌딩코드에 의해서 건축물의 신축 등의 건축행위가 이루어지므로 종전의 UBC, NBC 등이 통합된 IBC(International building code)에 내화구조의 형식이 지정되어있다.

[UL Directory]

EX) Design No. 011(내화4시간)–Type "A"

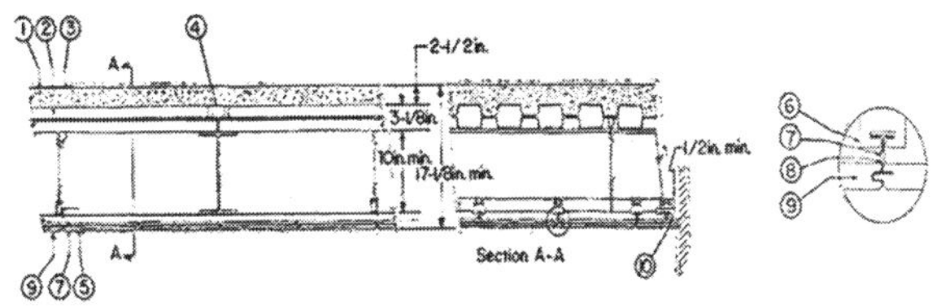

보 : 최소크기 W10×21(H-258×146×6×9)

1. 콘크리트(Sand-Gravel Concrete : 3500psi(245kgf/cm^2) 압축강도
2. 강재바닥 및 거푸집 유닛(Steel Floor and Form Units) : 깊이 3인치(76mm) 아연유닛, 전체24인치(610mm)
3. 행거(Hangers) : 양방향으로 4피트(1219mm)로 배열됨 바닥 유닛의 행거 탭(Hanger tab) 또는 바닥 유닛을 통하여 매입
4. 커버플레이트(Cover plates) : No.16MSG아연강재, 6인치(152mm) 폭 바닥유닛의 윤곽을 형성하는 것, 중심간격 36인치(915mm)로 이웃 유닛에 버턴 펀치 연결 12인치(305mm) 중심간격으로 현상에서 용접
5. 냉각성형채널(Cold Formed Channels) : No.18MSG, 1-1/2, 중심간격 4피트(102mm)
6. 행거클립(Hanger Clip) : No.22MSG아연강재, 1-1/2인치(38mm) 채널을 감싸는 것
7. 메인러너(Main Runner) : No.24MSG아연강재, 3/4인치(19mm) 깊이×7/8인치(22mm) 폭, 행거클립으로 부착되는 중심간격 12인치(305mm)로 배열
8. 스냅-인 클립(Snap-in Clip) : No.25MSG아연강재, 3/4인치(19mm)길이×1-1/4인치(32mm)깊이×3/4인치(19mm) 폭
9. 차음재료(Acoustic Materials) : 12×12인치(305×305mm)타일, 5/8인치)15mm)

그림 4-4 미국 UL의 내화구조 사례

5. 캐나다의 내화구조 사례

캐나다의 내화구조 인증은 미국과 유사한 시스템을 가지고 있으며, 현재 캐나다에서의 내화구조 인증은 ULC에서 하고 있으며, 특수한 경우에는 NRC(National research council)에서 수행하여 NBC(National building code)에 수록하여 건축현장에 사용할 수 있도록 하고 있다.

EX) C204 (내화2시간)–Concrete and Cellular Steel Deck

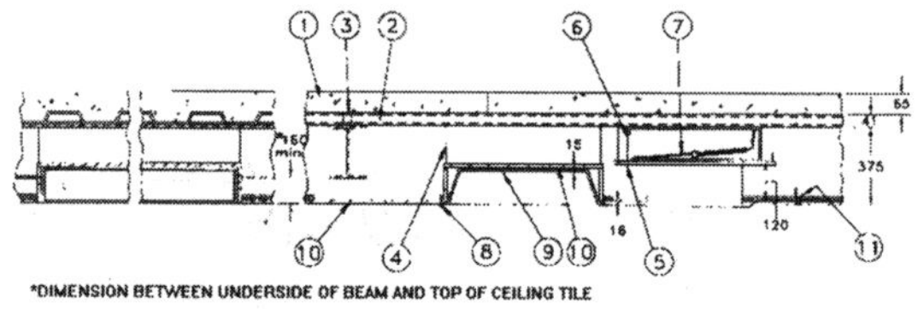

보 : 최소크기-W200×19

1. 콘크리트 : 2385±50kg/m^2, 압축강도 30MPa(300kgf/cm^2)
2. 강재바닥유닛 : 비합성아연도금, 깊이 41 또는 76.2mm/610mm, 폭 1.52/1.52mm～0.91/1.52mm 두께
3. 테잎 : 덮개테잎 50mm폭
4. 행거와이어 : 2.5mm 아연도금강재와이어, 강재바닥유닛에 부착함
5. 냉간압연강재 : 최소두께 1.6mm의 냉간압연강재, 에어덕트를지지
6. 에어덕트 : 아연도강판, 천장면적당 전체면적은 0.078m^2/10m^{2}이하
7. 천정 화재차단 플랩(ceiling firestop flap)
8. 강재틀 부재 : 메인티(3600mm)는 중심간격 1200mm
   크로스티(1200/1500mm) 메인티에 수직으로 중심간격 600mm
   크로스티(600mm)는 600×600 패널의 설치를 위하여 메인티에 평행하게 설치
9. 등기구 : 600×1200 천장면적대비 2.4m^2/10m^{2}를 넘지 않아야 함
10. 차음재료 : 600×600×15mm 등, Lay-in Panel
11. 홀다운 클립

[ULC Directory]

그림 4-5 캐나다의 UL의 내화구조 사례

6. 유럽의 내화구조 사례

유럽은 각국의 표준화로서 내화구조를 지정하여 사용하고 있다. 영국의 BS, 독일의 DIN등의 규격에 구조형식별로 잘 정의하고 있다. 또한 영국 BRE에서 매년 발행되는 Red book에 등재되거나, 업계가 유럽 내에서 인증 받은 구조를 업계 자체 지침서에 등재하여 일반인이 사용할 수 있도록 하는 시스템이 있다.

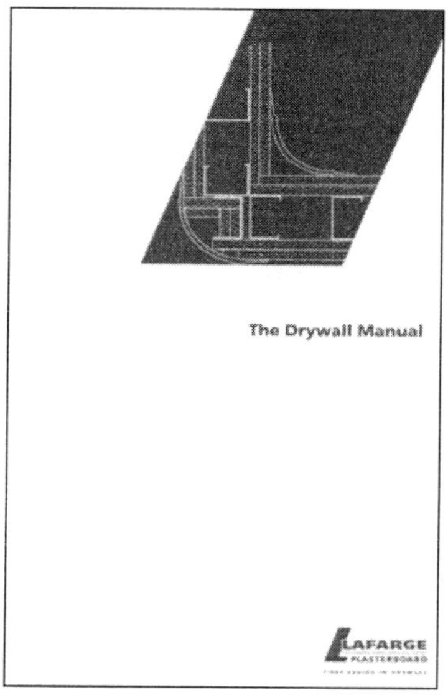

[The drywall manual–Lafarge]

단면도	구성	무게 (kg/m²)	내화시간 (분)
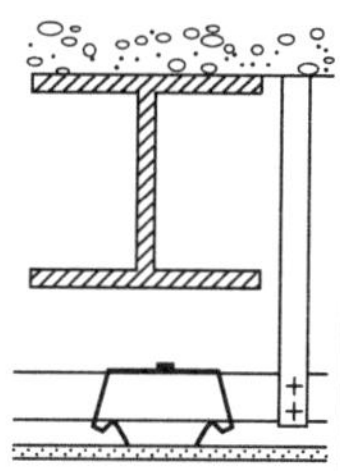	12.5mm 라파즈 표준월보드 1매 채널간격 450mm	11	-
	12.5mm 라파즈 내화보드 1매 채널간격 450mm	13	60
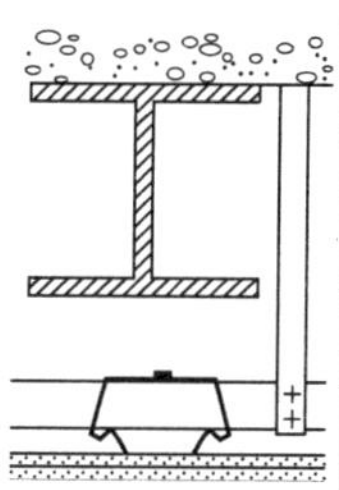	12.5mm 라파즈 표준월보드 2매 채널간격 450mm	22	30
	12.5mm 라파즈 내화보드 2매 채널간격 450mm	23	90
	15mm 라파즈 내화보드 2매 채널간격 450mm	28	120

그림 4-6 라파즈의 내화구조 사례

4.4 내화성능법규

1. 우리나라

우리나라의 내화성능기준에 관한 법규는 특정 건물에는 주요 구조부를 내화구조로 해야 된다고 규정된 건축법, 건축법 시행령 그리고 건축물 피난·방화 구조 등에 관한 규칙 등에 규정되어있으며, 하부적으로는 국토교통부 고시에 내화성능기준이 명시되어있다.

표 4-18 내화성능기준 법규

법령	내용	비고
건축법 제50조	문화 및 집회시설, 의료시설, 공동주택 등 대통령이 정하는 건축물에는 국토부 장관이 정하는 기준에 따라 그 주요 구조부를 내화구조로 하여야 한다.	2013.5
건축법 시행령 제 56조	건축물의 내화구조 1. 문화 및 집회시설 (전시장,동식물원 제외), 200m^{2}이상 2. 문화 및 집회시설 중 전시장, 동식물원, 판매 및 영업시설, 500m^{2}이상 3. 공장의 바닥면적이 2,000m^{2}이상	2013.5, 2017.2
규칙 제3조	건축물 피난, 방화구조 등의 기준에 관한 규칙 -주요구조부의 법정, 인정 내화구조 정의	2013.3
국토교통부 고시	내화구조의 인정 및 관리기준(제2014-200호)	2012, 2014

성능기준

우리나라의 내화성능기준은 건축물의 용도와 규모를 주 대상으로 설정되고 있다. 즉 일반시설, 주거시설 및 산업시설의 용도로 대별하고 다음으로 각 용도별의 규모 즉 층수와 높이로 각 주요구조부의 내화성능을 시간으로 정의하고 있다. 예로써 공동주택이 15층인 경우는 주거시설의 용도에 포함되고 층수가 15층으로써 13층을 초과함으로써 보와 기둥부재는 3시간의 내화성능을 확보해야 하고, 바닥부재는 2시간의 내화성능확보가 법적으로 요구되고 있다.

표 4-19 내화성능기준

용도 \ 구성부재				벽						보·기둥	바닥	지붕
				외벽			내벽					
				내력벽	비내력		내력벽	비내력				
용도구분		용도, 규모(2) 층수/최고 높이(m)(3)			연소 우려가 있는 부분 (가)	연소 우려가 없는 부분 (나)		간막이벽 (다)	샤프트실 구획벽 (라)			
일반시설	업무시설, 판매 및 영업시설, 공공용시설중 군사시설·방송국·발전소·전신전화국·촬영소 기타 이와 유사한 것, 통신용시설, 관광휴게 시설, 위락시설, 묘지관련시설중 화장장, 교육연구 및 복지시설, 자동차관련시설 (정비공장 제외)	12/50	초과	3	1	1/2	3	2	2	3	2	1
		12/50	이하	2	1	1/2	2	1 1/2	1 1/2	2	2	1/2
		4/20이하		1	1	1/2	1	1	1	1	1	1/2
주거시설	단독주택 중 다중주택·다가구주택·공관, 공동주택, 숙박시설, 의료시설	12/50	초과	2	1	1/2	2	2	2	3	2	1
		12/50	이하	2	1	1/2	2	1	1	2	2	1/2
		4/20	이하	1	1	1/2	1	1	1	1	1	1/2
산업시설	공장, 창고시설, 분뇨 및 쓰레기처리시설, 자동차관련시설중 정비공장, 위험물 저장 처리시설	12/50	초과	2	1 1/2	1/2	2	1 1/2	1 1/2	3	2	1
		12/50	이하	2	1	1/2	2	1	1	2	2	1/2
		4/20	이하	2	1	1/2	1	1	1	1	1	1/2

2. 미국

미국의 내화성능기준은 각 주별로 채택되고 있는 빌딩코드의 규정에 따르게 된다. 현재 미국의 빌딩코드는 크게 두개로 대별된다. 첫 번째는 전미국방화협회인 NFPA(National Fire Protection Association)에서 제정하여 적용되고 있는 NFPA 5000이 있으며, 두 번째는 종래 미국에서 사용되고 있던 3개의 빌딩코드를 통합한 IBC가 있다. IBC는 현재 미국 내의 일부 주에서 활용되어 사용되고 있으며, NFPA 5000은 미국뿐만 아니라 전 세계의 화재코드로써 활용되고 있는 상황이다. 두 가지 빌딩코드의 내화구조의 성능기준은 크게 차이가 없으나 우리나라와는 시스템적으로 큰 차이를 보이고 있다. 다음은 IBC를 기본으로 내화성능을 결정하는 방법을 설명한다. 첫째는 우리나라와 마찬가지로 건축하고자 하는 건축물의 용도를 설정하고 두 번째는 건축예정인 건물의 빌딩타입을 결정한다. 빌딩타입은 우리나라와 전혀 다른 시스템으로써 크게 다섯 가지 타입으로 분류된다. 철골, 콘크리트와 같은 재료로 구성되는 건축물은 I, II로 대별되고, III타입은 I, II에 적용되는 재료에 가연성 재료가 포함되는 빌딩타입이며, 타입 IV는 구조용 목조타입이다. 마지막으로 타입 V는 기존 타입에 포함되지 않는 모든 재료로 구성되는 타입을 포함하고 있다. 여기에는 경량철골에 의한 주택 형식도 포함되고 있다. 각 빌딩타입에는 각기 타입 A, B의 두 종류가 있는데, A타입은 보다 높은 내화성능을 요구하는 형식이고 B타입은 다소 완화된 내화성능이 포함되는 형식이다. 따라서 A타입으로 구성된다면 보다 넓은 면적, 높이가 가능하게 된다.

세 번째로는 해당되는 타입의 A 또는 B를 결정한다. 마지막으로 용도와 타입에 해당되는 층수와 면적을 찾아서 건축하게 된다. 여기서는 UL는 무제한의 의미를 가지고 있다.

표 4-20 IBC의 건축면적 및 허용높이 결정법

		Type of Construction								
		Type I		Type II		Type III		Type IV	Type V	
		A	B	A	B	A	B	HT	A	B
Group	HGT(ft) Hgt(S)	UL	160	65	55	65	55	65	50	40
A-1	S A	UL UL	5 UL	3 15,500	2 8,500	3 14,000	2 8,500	3 15,000	2 11,500	1 5,500
A-2	S A	UL UL	11 UL	3 15,500	2 9,500	3 14,000	2 9,500	3 15,000	2 11,500	1 6,000
A-3	S A	UL UL	11 UL	3 15,500	2 9,500	3 14,000	2 9,500	3 15,000	2 11,500	1 6,000
A-4	S A	UL UL	11 UL	3 15,500	2 9,500	3 14,000	2 9,500	3 15,000	2 11,500	1 6,000
A-5	S A	UL UL	UL UL	UL UL	UL UL	UL UL	UL UL	UL UL	UL UL	UL UL
B	S A	UL UL	11 UL	5 37,500	4 23,000	5 28,500	4 19,000	3 36,000	3 18,000	2 9,000
E	S A	UL UL	5 UL	3 26,500	2 14,500	3 23,500	2 14,500	3 25,500	1 18,500	1 9,500
F-1	S A	UL UL	11 UL	4 25,000	2 15,500	3 19,000	2 12,000	4 33,500	2 14,000	1 8,500

표 4-21 타입에 따른 A, B 구분

TABLE 601
FIRE-RESISTANCE RATION REQUIREMENTS FOR BUILDING ELEMENTS (hours)

Building Element	Type I		Type II		Type III		Type IV	Type V	
	A	B	Ad	B	Ad	B	HT	Ad	B
Structural frame[a] Including columns, girders, trusses	3^b	2^{b1}	1	0	1	0	HT	1	0
Bearing walls Exterior[f] Interior	 3 3^b	 2 2^b	 1 1	 0 0	 2 1	 2 0	 2 1/HT	 1 1	 0 0
Nonbearing walls and partitions Exterior Interiorc	 See Table 602 See Section 602								
Floor construction Including supporting beams and joists	2	2	1	0	1	0	HT	1	0
Roof construction Including supporting beams and joists	$1½^c$	1^c	1^c	0^c	1^c	0	HT	1^c	0

For Sb 1foot = 304.8 mm

a. The structural frane shall be considered to be the columns and the girders, beams, trusses and spandrels having direct connections to the columns and bracing members designed to carry gravity loads. The members of floor or roof panels which have no connection to the columns shall be considered secondary members and not a part of the structural frame.

b. Roof supports : Fire-resistance ratings of structural frame and bearing walls are permitted to be reduced by 1 hour where supporting a roof only.

표 4-22 시공타입 (IBC)

Type of construction	내용	비고
I	건물의 주요구조부가 비가연성 재료로 시공된 형태	
II	건물의 주요구조부가 비가연성 재료로 시공된 형태	
III	외부벽체 : 비가연성 재료로 구성 내부벽체 : IBC에서 허용된 모든 재료	방염처리목재골조는 2시간 이내의 외부벽체에 허용됨
IV	Heavy Timber 시공	
V	상기 이외의 재료로 시공된 타입	경량박판 구조

3. 영국

영국의 내화성능기준은 승인문서B(Approved document B)에 규정되어있으며, 우리나라와는 달리 지하실의 내화성능을 별도로 규정하고 스프링클러의 유무 등에 따라 내화성능이 달라지는 특징이 있다.

표 4-23 영국의 내화성능 기준

용도		최소 내화시간(분)					
		지하깊이		지상높이			
		10이상	10미만	5미만	18미만	30미만	30초과
주거	공동주택	90	60	30[1]	60[2,5]	90[2]	120[2]
	단독주택	관련없음	30[1]	30[1]	60	관련없음	관련없음
주거	병원 등 공공건물[3]	90	60	30[1]	60	90	120[4]
	기타 준주거	90	60	30[1]	60	90	120[4]
사무실	스프링클러 미설치	90	60	30[1]	60	90	허용불가
	스프링클러 설치	90	60	30[1]	30[1]	60	120[4]
상업용	스프링클러 미설치	90	60	60	60	90	허용불가
	스프링클러 설치	60	60	30[1]	60	90	120[4]
다중복합 및 오락용	스프링클러 미설치	90	60	60	60	90	허용불가
	스프링클러 설치	60	60	30[1]	60	60	120[4]
산업용	스프링클러 미설치	120	90	60	90	120	허용불가
	스프링클러 설치	90	60	30[1]	90	60	120[4]
저장용 및 기타 비주거용(위에 언급되지 않은 건물)	스프링클러 미설치	12	9	6	9	12	허용불가
	스프링클러 설치	90	60	30[1]	60	90	120[4]
저장용 및 기타 비주거용(소형 차용 주차장)	자주식 주차장	적용불가	적용불가	15[1,5]	15[1,5]	15[1,5]	60
	기타주차장 형식	60	90	30[1]	60	90	120[4]

비고 1) 경계벽은 내화시간 60분
2) 복층형 건물내 바닥의 내화시간 30분
3) 다층 병원은 최소 60분
4) 주요 구조부가 아닌 부분의 내화시간 90분
5) 피난목적으로 보호되는 부분의 내화시간 30분

제 5 장

내화설계

5.1 내화설계의 정의

1. 내화설계의 개념

내화설계는 건축물의 주요 구조부가 불(火)에 의한 열에 저항하여 본래의 기능을 유지할 수 있도록 설계하는 방법을 의미하고, 주요 구조부가 화재로부터 견딜 수 있는 조건을 제시하고, 구조 설계단면이 고열에서 구조 안전성이 확보되어야 하며, 구조적 안전성 확보가 어려울 경우에는 구조부재의 단면보강 또는 내화피복재 시공 등의 조치를 강구해야 한다.

[불(火)] 연소에 의해 발생되는 빛 또는 화염

2. 내화설계 방법

건축물의 내화설계 방법에는 크게 두 가지가 있다. 첫 번째는 현재 법규적인 방법에 의해서 내화설계를 진행하는 시방적 내화설계법이 있고, 두 번째는 대상 건축물의 화재 위험성을 평가하여 그 위험성에 적합하게 내화설계를 수행하는 성능적 내화설계 또는 공학적 내화설계방법이 있다.

1) 시방적 내화설계(Prescriptive fire design)

시방적 내화설계는 가장 오래 전부터 시행되어오는 내화설계방법으로써 가장 간단하고 보편적으로 시행하는 방법이다. 즉 건축하고자 하는 건축물을 대상으로 해당 국가의 법규 또는 빌딩코드에서 요구되는 사항대로 내화피복 등의 절차를 이행하는 방법이다. 우리나라에서 시행되고 있는 방법이다. 본 시방적 내화설계의 단점은 모든 용도의 건축물은 화재위험성의 차이점에도 불구하고 동일한 내화피복재를 시공해야만 하는 점이다. 예로써 대공간, 옥외노출 주차장, 대형 특수 건축물 등은 화재발생 시의 화재크기가 일반 건축물보다 적지만 동일한 내화피복재를 시공해야만 하므로 경제적으로 큰 손실을 유발할 수 있다.

2) 공학적 내화설계(Performance-based fire design, fire engineering design)

공학적 내화설계는 주로 유럽지역 특히 스웨덴, 영국 등을 중심으로 1960년대부터 개발되기 시작하여 현재 전 세계의 건축법규 및 빌딩코드에 규정되기 시작한 합리적인 내화설계법이다. 현재 우리나라에서는 건축물 피난·방화구조등에 관한 규칙에 공학적 내화설계는 가능하다고만 언급되어있으나 실제 세부적인 지침 등은 마련되지 않은 실정이다.

본 설계법은 대상건축물의 화재 위험성 즉 화재의 크기를 먼저 평가하고 이를 토대로 주요 구조부의 구조 안전성을 열전달해석과 열응력 해석 등으로 평가한 후 내화피복재의 피복 유무를 판단하는 방법으로 진행한다. 따라서 동일한 용도의 건축물이라 하더라도 건축물의 특징, 즉 개구부의 크기, 위치 및 가연물의 종류 및 화재하중 등에 따라 적절한 내화피복의 방법을 결정할 수 있다.

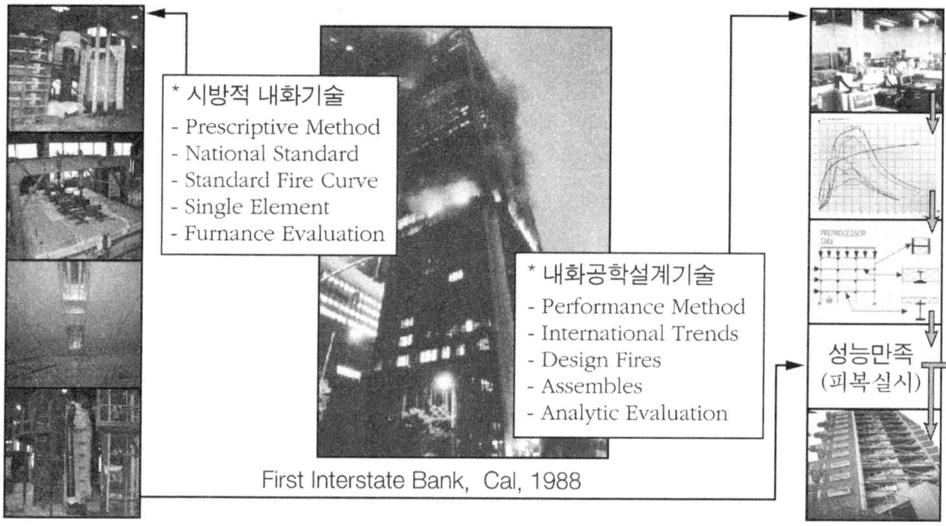

그림 5-1 내화설계의 종류

5.2 내화설계방법

1. 시방적 내화설계 절차

시방적 내화설계는 법규정에서 요구되는 바에 따라 진행되는 방법이다. 따라서 건축물의 요구되는 내화성능기준을 확인한 이후에 각 구조부에 적합한 내화구조의 타입을 결정한다. 내화구조 타입의 결정은 법정내화구조, 인정내화구조 그리고 KS내화구조 등에서 가장 적합한 타입을 결정하면 된다. 현재 KS내화구조는 별도의 절차를 진행해야 내화구조로 적용할 수 있다.

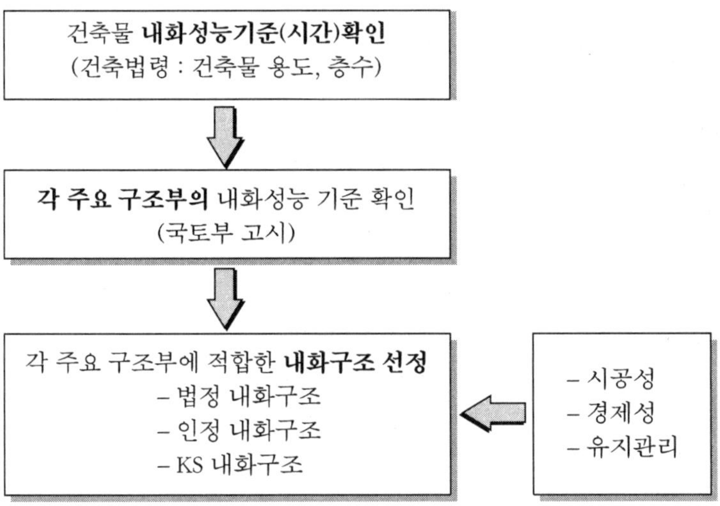

그림 5-2 시방적 내화구조 수행 절차

시방적 내화설계 사례

건축하고자 하는 대상 건축물이 오피스 용도이고 층수가 13층 이상이면 각 해당 주요구조부의 요구 내화시간을 확인할 수 있다. 여기서 내력벽체인 경우는 3시간의 내화성능이 요구되고, 보 및 기둥부재 또한 3시간의 내화성능이 확보되어야 하며 바닥슬래브의 경우는 2시간이다. 따라서 건축물의 피난방화에 관한 규칙에서 규정하는 내화구조의 종류를 시공하거나 인정내화구조에서 원하는 구조의 내화구조를 채택하여 시공하면 된다.

용도구분		용도, 규모(2) 층수/최고높이(m)(3)		벽 외벽 내력벽	벽 외벽 비내력 연소 우려가 있는 부분 (가)	벽 외벽 비내력 연소 우려가 없는 부분 (나)	벽 내벽 내력벽	벽 내벽 비내력 간막이벽 (다)	벽 내벽 비내력 샤프트실 구획벽 (라)	보, 기둥	바닥	지붕
일반시설	업무시설, 판매 및 영업시설, 공공용시설중 군사시설·방송국·발전소·전신전화국·촬영소 기타 이와 유사한 것, 통신용시설, 관광휴게 시설, 위락시설, 묘지관련시설중 화장장, 교육연구 및 복지시설, 자동차 관련시설 (정비공장 제외)	12/50	초과	3	1	1/2	3	2	2	3	2	1
			이하	2	1	1/2	2	1 1/2	1 1/2	2	2	1/2
		4/20이하		1	1	1/2	1	1	1	1	1	1/2
주거시설	단독주택 중 다중주택·다가구주택·공관, 공동주택, 숙박시설, 의료시설	12/50	초과	2	1	1/2	2	2	2	3	2	1
			이하	2	1	1/2	2	1	1	2	2	1/2
		4/20	이하	1	1	1/2	1	1	1	1	1	1/2
산업시설	공장,창고시설,분뇨 및 쓰레기처리시설, 자동차관련시설 중 정비공장, 위험물 저장 처리시설	12/50	초과	2	1 1/2	1/2	2	1 1/2	1 1/2	3	2	1
			이하	2	1	1/2	2	1	1	2	2	1/2
		4/20	이하	2	1	1/2	1	1	1	1	1	1/2

1. 법정 내화 구조
2. 인정 내화 구조
3. KS 내화 구조

그림 5-3 시방적 내화설계 절차의 사례

2. 공학적 내화설계 절차

공학적 내화설계는 신축 또는 현존하는 건축물을 용도변경, 리모델링하고자 할 때 사용될 수 있다. 여기서는 신축하고자 하는 건축물을 대상으로 공학적 내화설계의 절차를 소개하고자 한다. 먼저 해당 건축물의 구조단면과 개구부 조건이 결정된 건축 도면을 대상으로 진행한다. 첫 번째는 해당 건축물에서 화재가 발생한다고 가정하는 시나리오의 설정이다. 본 시나리오의 설정은 가장 큰 화재가 발생할 수 있는 가장 열악한 환경을 주 고려 대상으로 한다. 화재크기의 도출은 주로 해당 건축물 내부의 가연물량과 개구부의 크기 등을 고려하여 산출한다. 화재크기의 산출방법에는 내화성능평가에 사용되는 표준화재크기를 이용하는 방법과 유러코드의 변수 시간온도곡선법 그리고 스웨덴에서 개발된 화재곡선이용법 및 열평형방정식을 이용한 화재곡선도출방법 등이 있다. 두 번째로는 도출된 화재크기를 열원으로 설정하고 화재실을 형성하는 구조부재의 온도를 예측한다. 다음으로는 예측된 온도를 바탕으로 구조물의 안전성 평가를 수행한다. 즉 일정 이상의 온도에서는 구조물의 변형이 심화되어 붕괴 등으로 이어질 수 있으므로 이런 경우에는 내화설계의 절차상 건축도면의 변경 또는 구조부재의 단면 증대 및 내화피복재의 시공 등을 고려할 수 있다.

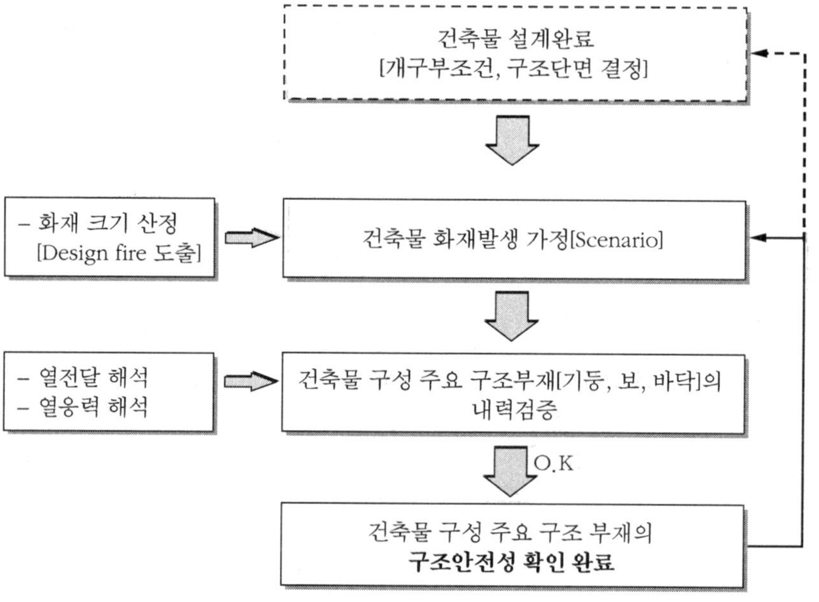

그림 5-4 공학적 내화설계 절차

3. 공학적 내화설계 사례

현재 공학적 내화설계는 우리나라에서 채택되지 않은 설계법이므로 국내의 사례는 없다. 공학적 내화설계를 가장 활발히 적용하는 나라는 현재 뉴질랜드, 호주 등으로 알려지고 있다. 다음은 뉴질랜드의 사례를 중심으로 공학적 내화설계 절차를 간단히 살펴보고자 한다.

본 사례에서 설명하고자 하는 대상 건축물은 뉴질랜드의 오클랜드시에 있는 한 호텔의 증축 부분이다. 뉴질랜드의 건축법에는 시방적 내화설계와 공학적 내화설계를 동시에 사용할 수 있도록 제도화되어 있으나 일반적으로는 공학적 내화설계를 적용하고 있다. 뉴질랜드에서 주로 사용되는 화재크기 도출방법은 유러코드에 규정된 변수 시간온도곡선이다. 변수 시간온도곡선에서의 화재크기 도출에는 개구부의 크기, 화재하중 등의 여러 가지 변수를 포함하고 있다. 화재크기가 도출되면 이를 대상으로 기둥과 보부재의 온도를 계산한다(그림 5-5).

구조물에 작용하고 있는 하중의 크기에 따라 해당 부재가 붕괴되지 않고 견딜 수 있는 한계온도의 범위가 결정된다. 따라서 본 한계온도와 예측으로 산정된 부재의 온도를 상호 비교함으로써 해당 구조부재의 안전성을 확인할 수 있다(그림 5-6).

310UB 부재는 예측된 온도가 703℃였으나, 구조적 붕괴를 유발할 수 있는 온도가 705℃이므로 안전하다고 평가되었다. 460UB의 경우 또한 예측온도는 677℃이었으나, 붕괴될 수 있는 한계온도가 684℃이므로 안전하다고 평가되었다.

Centra Hotel, Auckland

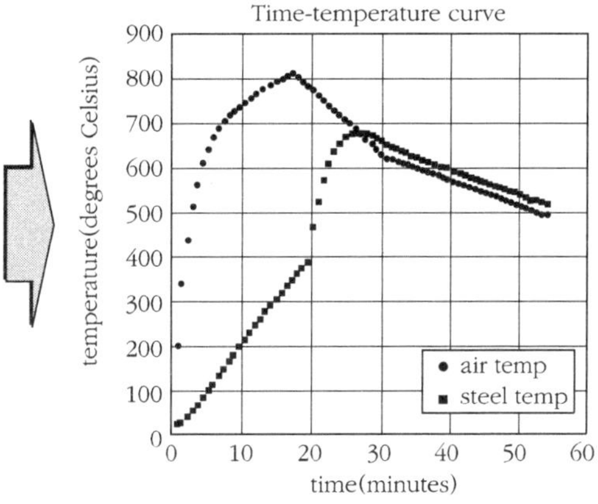

Euro-code, Parametric time-temperature curve

그림 5-5 화재크기 및 강재온도 예측

mark no.	steel section	ratio r_f	limiting temperature (℃)	max. steel temp (℃)
pb1	310 UB 40.4	0.29	705	703
pb2	460 UB 74.6	0.32	684	677
pb3	360 UB 50.7	0.30	698	694
pb4	310 UC 13.7	0.32	684	612

column section	r_f	limiting temperature	section factor
3 sided exposure (one flange excluded)			
310UC137	0.22	753℃	11.0
310UC158	0.25	733℃	9.66
310UC198	0.22	753℃	7.89

그림 5-6 구조안정성 평가

5.3 내화공학 설계법

1. 국가별 법규정 적용 현황

내화공학설계를 법규적으로 가장 먼저 채택한 나라는 뉴질랜드이다. 1991년 모든 법규를 성능적으로 개편하면서 건축법규와 하부 법규를 성능적으로 개정하여 오늘에 이르고 있으며, 전 세계의 성능설계의 모델이 되고 있다.

우리나라는 2006년 6월 건축물의 피난·방화구조 등의 기준에 관한 규칙에"한국건설기술연구원장이 인정한 성능설계에 따라 내화구조의 성능을 검증할 수 있는 구조"라고 규정함으로써 공학적 내화설계의 토대를 마련하였다. 그러나 실제 건축물의 대상으로 내화설계를 하기 위해서는 각종 구조체의 내화설계 지침 등이 마련되어야 한다.

표 5-1 국가별 내화공학설계 법규정 현황

국가	현황(법규정 체계)	비고
한국	- 2006년 6월 "건축물의 피난방화구조 등의 기준에 관한 규칙"산입 : 한국건설기술연구원장이 인정한 성능설계에 따라 내화구조의 성능을 검증할 수 있는 구조로 된 것	2001～2004년 국토부 국책과제수행
뉴질랜드	- 1991년 Building Act (Performance) - 1992년 Building Regulations (Code) - 1992년 Acceptable Solutions	
호주	- 1987년 : NCSE설치(National Committee on Structural Engineering) → 1989년 : "Fire Engineering for Building Structures and Safety"발간 - 1989년 : Warren Centre Project수행 → Fire Safety System Code 발간 - 1996년 : Performance- based Building Code Australia 발간	
영국	- 1991년 : Approved Document B	

표 5-2 국가별 내화공학설계 법규정 현황

국가	현황(법규 체계)	비고
스웨덴	- 1967년 경 : 자연화재(Natural Fire)개념에 근거한 구조 해석적 방법 허용 - 1993년 : 유럽지역과의 조화유지 목적으로 개정추진 - 1994년 : 개정완료	
미국	- 1994년 : ICC(International Code Council)내에 ICC Performance Code Development Committee (Fire Performance, Building Performance의 2개 sub committee로 구성 - 2000년 : 3월 BC초판 발행 - 2001년 : 12월 ICC의 Performance Code for Building and Facilities 발행 - 2002년 : 5월 Building Code 와 Performance Code가 통합된 NFPA5000발간	
캐나다	- 2005년 CNBC개정	
일본	- 1999년 10월 건축기준법 개정	

2. 우리나라의 내화설계기술 수준

공학적 내화설계가 전 세계의 최근 기술 동향화 되면서 법규적으로 많이 채택되고 있다. 그러나 우리나라는 미국, 일본 등과 달리 공학적 내화설계에 대한 체계적이고 종합적인 접근 노력이 미비하였다. 반면 시방적 내화설계는 전통적으로 추구해오던 방법이었으므로 다른 선진국과의 기술적 격차는 많이 해소되었다고 판단된다.

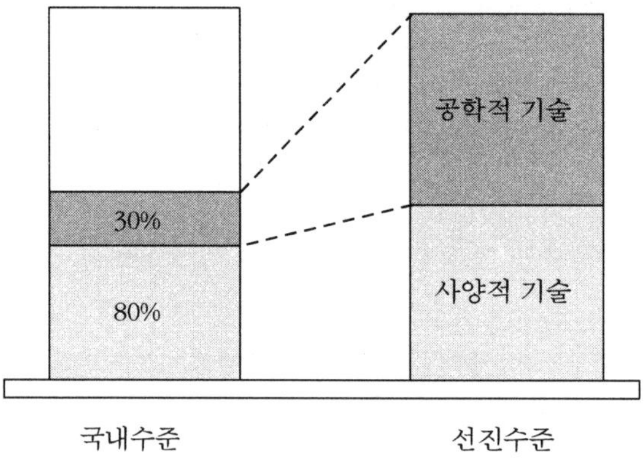

그림 5-7 내화설계의 기술수준

3. 내화공학설계방법의 개념

공학적 내화설계방법에는 고급공학법과 간략법으로 대별된다. 고급 공학법은 화재의 크기예측과 열전달해석 그리고 구조부재의 열응력해석을 통한 안전성 평가로 구성된다(그림 5-8).

간략법은 개구부와 화재하중 등으로 먼저 화재크기를 예측하고 이를 바탕으로 구조부재의 온도해석을 수행한다. 그리고 구조적 안전성 평가는 기존의 실험적 자료 등을 토대로 구축된 한계온도 데이터베이스를 활용하여 한계온도와 도출된 온도를 비교함으로써 수행한다. 즉 한계온도가 도출된 온도보다 높을 경우는 구조적 붕괴가 발생되지 않는 조건이며, 도출온도가 한계온도보다 높은 경우는 구조적으로 붕괴가 발생되는 조건이 된다(그림 5-9).

Advanced Engineering Method	Simple Calculation Method
Design fire - ISO fire curve - Perimeter fire curve - Real fire curve **Heat analysis** - Convection - Radiation - Conduction **Structural analysis based on heat results** - Axial member - Bending member	

그림 5-8 내화공학설계 절차

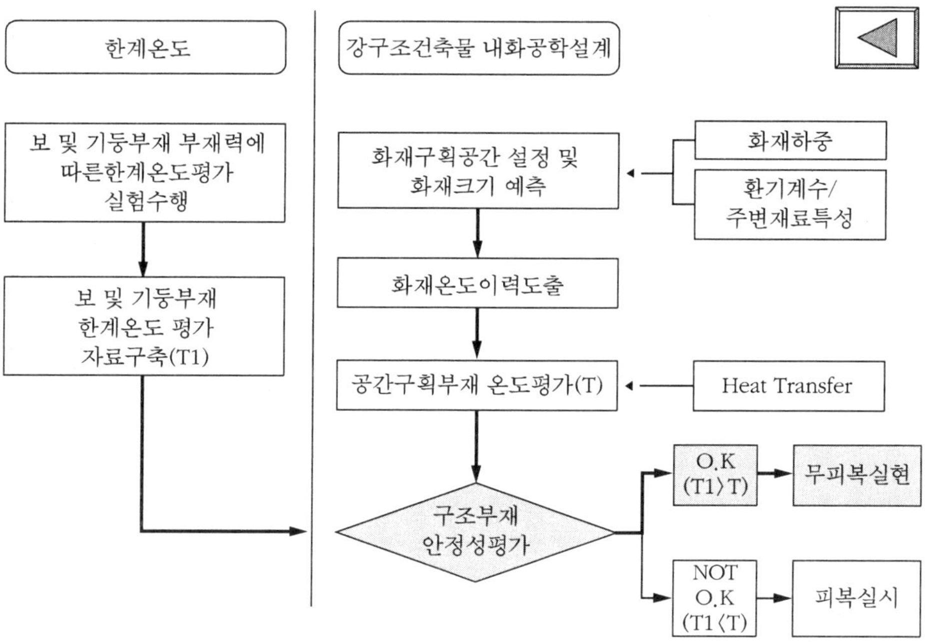

그림 5-9 내화설계방법의 간략법

4. 내화공학설계의 기본 사항

1) 화재한계상태설계(Fire limit state design)

구조물이 안전하게 되는 경우는 저항능력이 하중효과보다 큰 경우에 한한다. 반대로 하중에 의한 효과가 부재의 저항능력보다 크게 되면 해당 구조물은 반드시 붕괴에 이르게 되며, 하중효과와 저항능력이 동일하면 해당부재는 한계에 도달하게 된다. 즉 구조물 또는 부재는 한계상태보다 안전해야만 한다. 이를 수치로 표현하면 다음과 같다.

$$Q_f \subseteq R_f \qquad (5\text{-}1)$$

여기서 하중효과는 하중에 의해 구조물에 발생되는 설계력(축력, 휨모멘트, 전단력)을 의미하고, 구조물의 저항 능력은 공칭 부재력(허용응력 × 단면적)을 나타낸다. 구조물에 작용하는 하중과 구조물의 저항능력은 불확실성을 가지므로 확률론적으로 접근한다.

$$r_f \cdot Q_f \subseteq \phi \cdot R_f \qquad (5\text{-}2)$$

여기서, Q_f : 화재상태에서의 하중효과(설계력 : 축력, 모멘트, 전단력 등)

R_f : 화재상태에서의 저항능력(강도)

r_f : 화재한계설계에서의 하중비

ϕ : 강도저감계수(1)

안전한 구조물에 작용하는 하중이 점차적으로 증가하면 구조물은 한계상태 그리고 점차적으로 파괴상태로 진전된다. 따라서 모든 구조물에 작용하는 하중효과는 구조물의 한계상태보다 작아야만 한다.

한계상태는 강도 한계상태와 사용성 한계상태로 구분한다.

a. 강도 한계상태(strength limit state) : 구조물의 예상 수명내에 발생 가능한 최대하중에 대해서 구조적으로 안전성을 확보하는 것

b. 사용성 한계상태(serviceability limit state), 구조물의 강도가 아닌 성능(performance)과 관계되는 것.

한계상태 설계시에는 하중에 대한 불확실성은 하중계수(Load factor)를 통하여 반영하고, 재료와 시공정도 및 거동특성에 대한 불확실성은 저항계수(강도저감계수 : strength reduction factor)를 통하여 반영한다.

강도저감계수는 신뢰성 지수를 2~3 수준으로 결정하기 위해 설정하고, 미국의 경우 신

뢰성 지수를 2.4로 설정하고 있다(ASCE).
하중조합은 하중의 조건에 따라 다음과 같이 설정한다.

a. 1.4D
b. 1.2D + 1.6L + 0.5(Lr 또는 S)(지붕의 적재하중 또는 적설하중)
c. 1.2D + 1.6(Lr 또는 S) + (0.5L 또는 0.8W)
d. 1.2D + 1.3W + 0.5L + 0.5(Lr 또는 S)

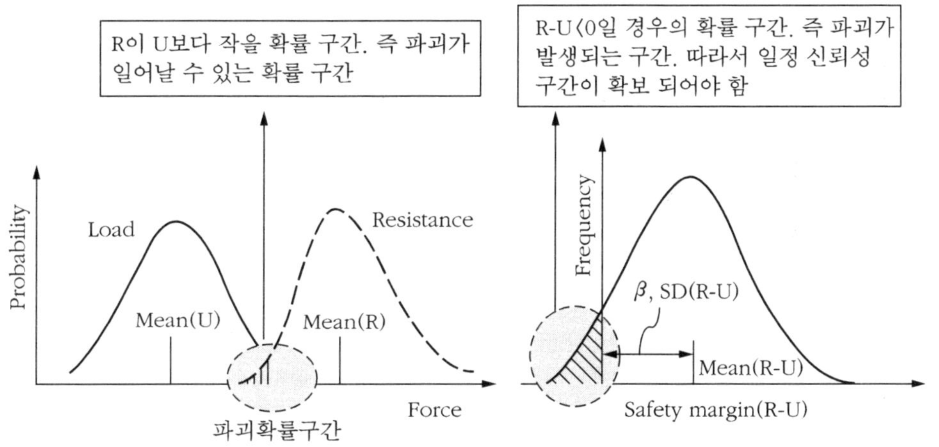

그림 5-10 확률 설계 개념

화재시의 하중계수는 뉴질랜드의 경우, 고정하중은 1.0배, 적재하중은 0.6배를 적용하고 있고, 유러코드에는 고정하중의 1.0배, 적재하중은 0.9배를 사용하고 있다. 강도감소계수는 안전율을 고려하여 1.0을 적용하고 있다.

표 5-3 화재한계설계용 하중계수

국가(코드)	하중계수	
	고정하중	적재하중
New Zealand(SNZ,1992)	G_k	0.6 Q_k
Eurocode(EC1, 1994)	G_k	0.9 Q_k
USA(ASCE,1995)	1.2 G_k	0.5 Q_k

2) 강재단면형상계수(Section factor)

강재의 단면의 모양에 따라 고열에 노출되었을 때 온도의 상승 패턴이 달라지게 된다. 즉 동일한 단면적을 가진 강재이더라도 표면적이 적은 단면과 상대적으로 표면적이 넓은 단면은 온도상승 패턴이 크게 차이가 나게 된다. 즉 표면적이 넓은 단면은 온도환경에 노출되는 면적이 많기 때문에 짧은 시간에 온도가 더 높이 상승하게 된다. 이와 같이 단면적으로 주장과 단면적의 비율에 따른 특징을 강재단면형상계수(section factor)라 하고, 공학적 내화설계에 반드시 필요한 계수값이다.

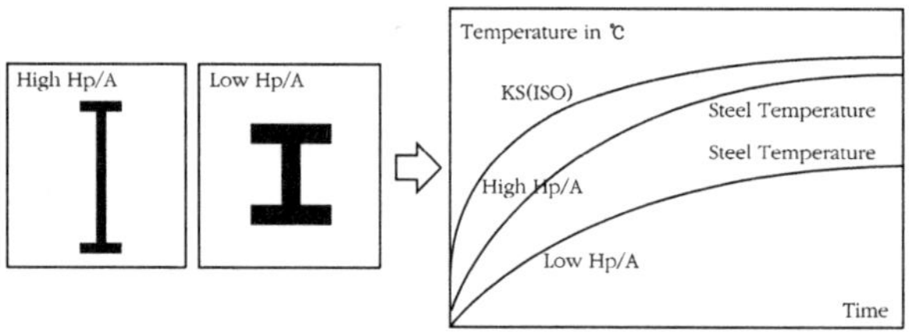

$$S.F = \frac{H_p}{A}\ (m^{-1})$$

H_p : Heated parameter(m)

A : Section area(m^2)

Standard dimension						Section factor (H_p/A)		
						3-side expose	4-side expose	4-side expose
HxB	t1	t2	r	section area (cm^2)	weight per unit (kg/m)	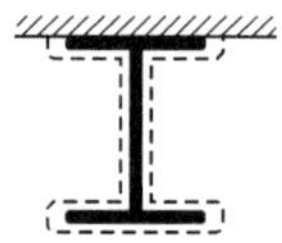		4 sides 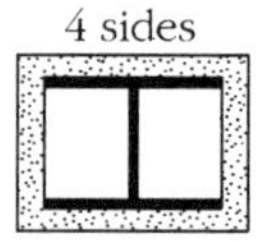
200×200	8	12	13	63.53	49.9	154.9	186.4	125.9
300×300	10	15	18	119.8	94	123.5	148.6	100.7
400×400	13	21	22	218.7	172	90.3	108.6	73.1

그림 5-11 강재단면형상계수

3) 한계온도(Limiting Temperature)

한계온도는 화재의 조건하에서 붕괴시의 부재의 가장 취약한 부위의 온도이다. 취약한 부위란 화재조건에서 가장 높은 온도에 도달될 수 있는 부위를 의미한다. 다음 표는 해당 부재의 일정 하중비에서의 한계온도에 대한 수치를 제공한다.

표 5-4 부재의 한계온도

Description of member	Limiting temperature at a load of :					
	0.7	0.6	0.5	0.4	0.3	0.2
Members in compression, for a slenderness, λ(see note)	℃	℃	℃	℃	℃	℃
≤70	510	540	580	615	655	710
>70but≤180	460	510	545	590	635	635
Members in bending supporting concrete slabs or composite slabs:						
unprotected members, or protected members complying with item (a) or (b) of 2.3	590	620	650	660	725	780
other protected members	540	585	625	655	700	745
Members in bending not supporting concrete slabs:						
unprotected members, or protected members complying with item (a) or (b) of 2.3	520	555	585	620	660	715
other protected members	460	510	545	590	635	690
Members in tension:						
all cases	460	510	545	590	635	690

NOTE : λ is the slenderness, the effective length divided by the radius of gyration.

4) 설계온도(Design temperature)

내화시험에 따른 시험에서 특정한 내화시간동안 도달할 수 있는 취약한 부위의 온도를 나타낸다.

5) 한계온도방법(Limiting temperature method)

설계온도와 한계온도를 비교하여 구조부재의 안전성을 평가하고 내화피복재의 유무를 판단하는 방법이다.

a. 설계온도 < 한계온도 : 내화피복재 필요 없음.

b. 설계온도 > 한계온도 : 내화피복 시공 → 강재단면형상계수에 따른 피복재 결정

표 5-5 설계온도

flange thickness	Design temperature for fire resistance pariod of :			
	30min	60min	90min	120min
mm	℃	℃	℃	℃
≤6.8	810	940	1000	1045
8.6	790	939	1000	1045
9.7	776	938	1000	1045
10.9	767	938	1000	1045
11.8	755	936	1000	1045
12.7	750	936	1000	1045
13.2	746	936	1000	1045
14.8	741	936	1000	1045
17.0	739	935	1000	1045
17.7	736	933	1000	1045
18.8	730	931	1000	1045
19.7	722	929	1000	1045
20.2	719	929	1000	1045
22.1	716	928	1000	1045
23.6	694	920	1000	1045
25.4	688	919	1000	1045
26.8	676	914	1000	1045
27.9	665	908	1000	1045
32.0	625	885	1000	1045
36.6	586	849	1000	1045

6) 하중비(Load ratio)

하중비는 화재의 작용하중에 의해서 발생되는 축력, 모멘트 또는 전단력과 같은 설계력을 상온에서의 공칭강도로 나눈 비율을 의미한다. 즉 하중비가 낮을수록 화재시에 견딜 수 있는 능력이 커지게 된다.

$$r_{load} = \frac{Q_f}{R} \tag{5-3}$$

여기서, Q_f : 화재시 작용하는 설계력

R : 상온에서의 공칭 강도

7) 설계사례

내화설계를 수행할 경우는 방법을 설명하고자 한다. 먼저 내화설계를 필요로 하는 모델의 하중조건을 분석한다. 다음으로는 해당 표를 이용하여 설계온도를 결정하고, 하중비를 계산한 후 한계온도를 선택한다. 한계온도와 설계온도의 크기를 비교함으로써 내화 피복 유무를 판단한다. 내화피복의 필요성이 요구되는 부재에서는 강재단면형상계수를 활용하여 피복재의 두께를 산정한다.

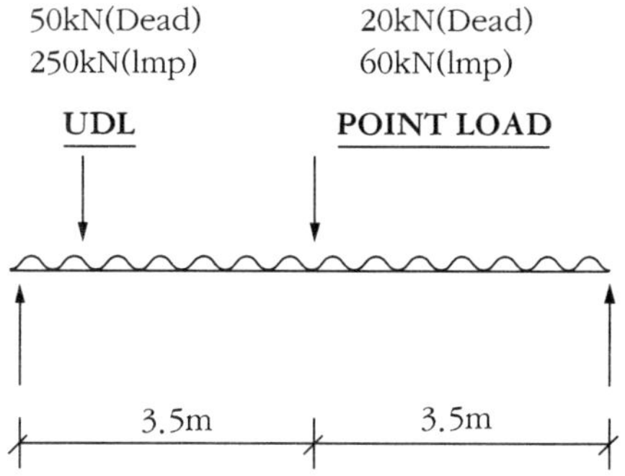

CHECK 533×210×92 UB(GRADE 43) (H-533×210×10.2×15.6)

그림 5-12 하중조건

flange thickness	Design temperature for fire resistance pariod of			
	30min	60min	90min	120min
mm	℃	℃	℃	℃
≤6.8	810	940	1000	1045
8.6	790	939	1000	1045
9.7	776	938	1000	1045
10.9	767	938	1000	1045
11.8	755	936	1000	1045
12.7	750	936	1000	1045
13.2	746	936	1000	1045
14.8	741	936	1000	1045
17.0	739	935	1000	1045
17.7	736	933	1000	1045
18.8	730	931	1000	1045
19.7	722	929	1000	1045
20.2	719	929	1000	1045
22.1	716	928	1000	1045
23.6	694	920	1000	1045
25.4	688	919	1000	1045
26.8	676	914	1000	1045
27.9	665	908	1000	1045
32.0	625	885	1000	1045
36.6	586	849	1000	1045

설계온도 도출(741℃)

Load	γ_f
Dead load	1.00
Imposed loads :	
(a) Permanent	
(1) those specifically allowed for in design e.g. plant, machinery and fixed partions	1.00
(2) in storage building or areas used for storage in other building (including libraries and designated filing areas)	1.00
(b) non-permanent	
(1) in escape stairs and lobbies	1.00
(2) all other areas (imposed snow loads on roofs may be ignored)	0.80
Wind loads	0.33

- 화재시의 부재력(모멘트)계산 : 338kNm
- 상온시의 부재력 계산 : 652 kNm
- 하중비 : 0.52

그림 5-13 설계온도도출 및 하중비 산출

Description of member	Limiting temperature at a load of:					
	0.7	0.6	0.5	0.4	0.3	0.2
Members in compression, for a slenderness, λ(see note)	℃	℃	℃	℃	℃	℃
≤70	510	540	580	615	655	710
>70but≤180	460	510	545	590	635	635
Members in bending supporting concrete slabs or composite slabs: unprotected members, or protected members complying with item (a) or (b) of 2.3	590	620	650	660	725	780
other protected members	540	585	625	655	700	745
Members in bending not supporting concrete slabs: unprotected members, or protected members complying with item (a) or (b) of 2.3	520	555	585	620	660	715
other protected members	460	510	545	590	635	690
Members in tension: all cases	460	510	545	590	635	690
NOTE : λ is the slenderness, the effective length divided by the radius of gyration.						

한계온도 도출 : 644℃ 〈 설계온도(741℃) : 피복

H_p/A up to	Dry thickness in mm to provide fire resistance of					
	30	1hour	$1\frac{1}{2}$ hour	2hour	3hour	4hour
30	10	10	14	18	26	35
50	10	12	17	22	33	43
70	10	13	19	25	37	48
90	10	14	21	27	39	52
110	10	15	22	28	41	54
130	10	16	22	29	42	56
150	10	16	23	30	44	57
170	10	16	23	30	44	59
190	10	16	24	31	45	59
210	10	17	24	31	46	60
230	10	17	24	32	46	61
250	10	17	24	32	47	61
270	10	17	25	32	47	62
290	10	17	25	32	47	62
310	10	17	25	32	48	63

2시간 내화성능의 경우:30mm소요(140Hp/A)

그림 5-14 한계온도 도출 및 내화피복두께 산정

제 6 장

구조형식별 내화설계

6.1 화재시의 구조설계

1. 개론

화재가 발생되었을 경우 기둥, 보 등의 구조부재는 일정 시간이상 내력유지 성능을 확보해야만 인명 및 재산의 피해를 최소화할 수 있다.

단일 구조부재의 구조적 붕괴(structural failure)는 화재가 발생되고 난 이후에 구조물에 작용하고 있는 하중이 구조부재의 하중 지지력(load capacity)을 초과할 때 발생된다. 그러나 단일 구조부재가 연결되어 구조체를 형성할 때에는 한 개 또는 다수의 부재가 내력을 잃더라도 화재에서 구조적 역할을 지속적으로 할 수도 있다. 이는 고온에 의한 열팽창으로 작용으로 연결부재와의 상호작용에 의한 하중의 분산효과가 나타나기 때문이다.

2. 상온 시의 구조 설계

1) 구조설계

구조설계란 외력에 저항하면서 구조물 본래의 기능을 유지할 수 있도록 구조체 단면의 크기를 결정하는 과정이다. 구조설계의 단계는 다음과 같다.

a. 건물의 기능적 요구사항 설정
b. 구조 시스템에 대한 개념적 설계
c. 주요 구조부재의 사이즈 추정
d. 구조체의 하중산정
e. 내부 힘과 응력 산정을 위한 구조해석 수행
f. 추정 사이즈가 적합한 강도와 강성을 가지는지 점검 및 반복 수행

2) 구조설계법의 종류

① 허용응력 설계법(working stress design)

허용응력 설계법은 외력에 의한 부재응력이 구조부재의 허용응력 이하가 되도록 설계하

는 방법이다. 허용응력은 각 구조부재의 항복강도를 기준으로 일정한 안전율로 나누어서 산출한다.

허용응력설계법의 절차는 다음과 같다.

a. 하중산정 (고정하중 + 적재하중)
b. 부재응력 계산(축력, 모멘트, 전단력)
c. 부재응력과 허용응력과의 비교(허용응력 : 항복강도/안전율)
d. 안전성 평가
e. 설계응력 ≤ 허용응력 이면 안전성 O.K.

설계의 사례로써 트러스 등의 인장부재의 경우,

인장응력은 부재에 작용하는 축인장력을 부재 단면적으로 나누어서 구한다. 그리고 허용인장응력과의 비교를 통하여 인장응력이 허용인장응력보다 작으면 해당 부재는 안전하게 구조물을 지지할 수 있다.

부재에 작용하는 인장응력 계산과정

$$f_t^* = N_w / A \tag{6-1}$$

인장력과 허용인장응력과의 비교과정

$$f_t^* \subseteq f_a \tag{6-2}$$

여기서, f_t^* : 인장응력
N_w : 인장력
A : 단면적
f_a : 허용인장응력

② 한계상태 설계법(Limit state design)

외력에 의한 하중효과가 부재의 저항능력보다 적게 되도록 부재를 설계하는 설계법이다. 다음은 한계상태설계법의 과정이다.

a. 하중조합 설정
b. 부재력 계산(축력, 모멘트, 전단력)
c. 부재강도(강도저감계수 × 공칭강도)

d. 재료 강도의 불확실성 고려 (0.7～0.9수준)

e. 안정성 평가

f. 설계내력 ≤ 허용내력 이면 구조적으로 O.K

허용응력설계법과 동일한 인장부재를 사례로 설명하면 다음과 같다.
계산된 부재력(축력)을 저항능력인 공칭축력x강도감소계수와 비교하여 부재력이 적으면 구조적으로 안전한 상태가 된다.

하중효과와 저항능력의 비교

$$N^* \subseteq \phi \cdot N_n \tag{6-3}$$

여기서, N^* : 축력

ϕ : 강도감소계수

$N_n = f_t \cdot A$

3) 재료 특성

구조부재로서 적용 가능한 재료는 강재, 콘크리트 그리고 목재 등이 있다. 휨모멘트와 전단력이 발생되는 보부재에 2점 재하를 하게 되면 그림 6-1과 같이 하부에는 인장력이 발생되고 상부에는 압축력이 발생하게 된다. 즉 부재의 중립축을 기준으로 하단부로 갈수록 인장력이 크게 작용하게 되고, 상단부로 갈수록 압축력이 증대하게 된다.

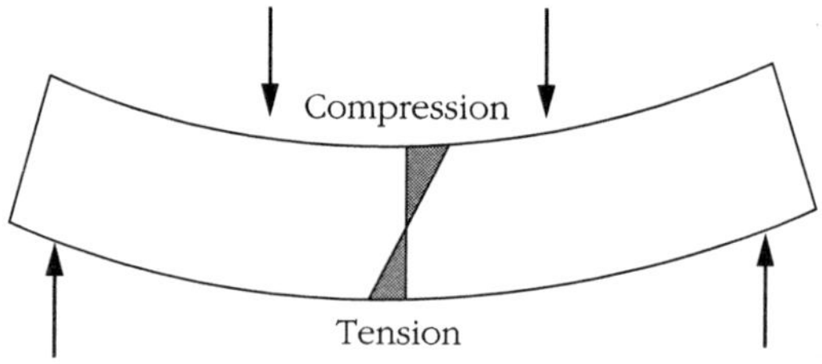

그림 6-1 휨부재의 특징

강재와 콘크리트 그리고 목재의 압축과 인장에 대한 특징은 그림 6-2와 같으며, 강재의 경우는 인장과 압축에 대한 특성이 동일하다. 콘크리트는 압축력에 강한 재료로서 인장력은 압축력의 약 1/10 정도이므로 무시한다. 따라서 콘크리트의 경우는 하부의 인장력 부분에 철근을 배열하여 인장력에 견디도록 설계를 한다. 목재의 경우는 압축에 대해서는 어느 정도 내력을 보이나 인장에 대해서는 크게 저항하지 못함을 알 수 있다. 부재가 점차적으로 많은 힘을 받게 되면 단면의 양단부에서 항복강도에 도달한 이후 점차적으로 중립축 방향의 단면으로 항복강도에 도달되는 특성을 보이면 전단면이 소성화되는 특성을 나타낸다.

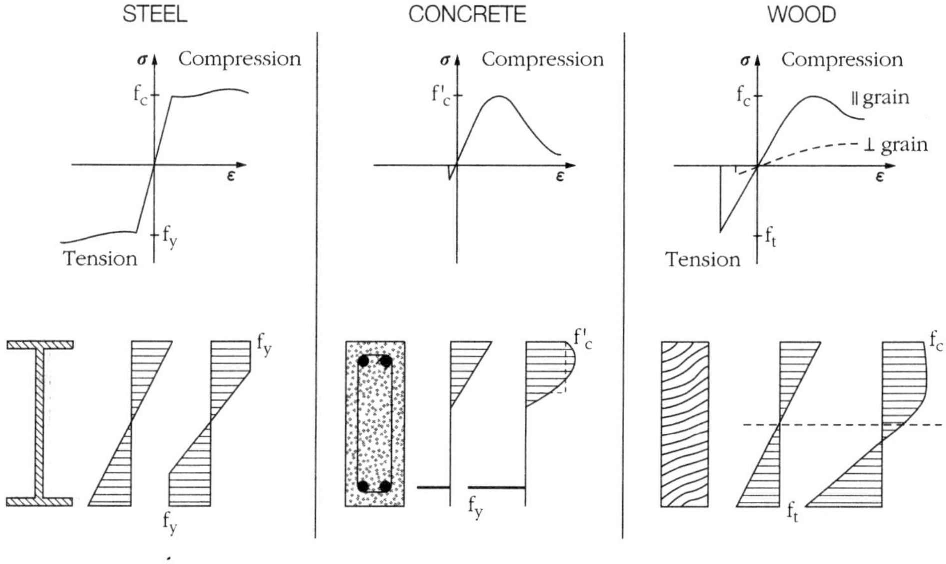

그림 6-2 강재, 콘크리트, 목재의 응력-변형도 관계

3. 고온 시의 구조 설계

1) 고온과 상온 시 구조설계 차이점

화재가 발생되었을 고온에서의 구조설계와 상온에서의 구조설계 차이점은 다음과 같다.

① 작용 하중이 작다.
② 내부 부재력(축력, 모멘트, 전단력)이 열팽창에 의해서 발생된다.
③ 재료의 강도가 온도 상승에 따라 감소된다.
④ 탄화 또는 탈락에 의해 전단면적이 감소된다.

2) 구조 설계식

화재 시의 구조부재가 내력을 유지하기 위해서는 화재 발생 동안 작용하는 하중의 크기가 구조체의 내력보다 적어야 한다.

먼저 화재시의 하중의 효과와 구조체의 저항능력과 비교를 한다.

$$U^*_{fire} \subseteq \phi_f \cdot R_{fire} \tag{6-4}$$

$$U^*_{fire} \subseteq R_{fire} \tag{6-5}$$

여기서, U^*_{fire} : 화재 시 작용하는 하중에 의한 설계력(축력, 모멘트, 전단력)

ϕ_f : 내화설계용 강도저감계수(1)

R_{fire} : 화재 시의 공칭강도(항복강도 × 단면적)

3) 내화설계용 하중

화재가 발생되었을 경우의 하중의 크기는 상온의 크기에 비해서 상대적으로 적게 된다. 여기에는 여러 가지 이유가 있겠지만 가연물량의 감소와 실제 화재가 발생될 시기에는 상온에 비해서 고정하중과 적재하중이 상대적으로 적을 수 있기 때문으로 판단된다. 그리고 고정하중과 적재하중에 대한 감소비율은 각 국가별 자료에 기반하여 설정되고 있다.

뉴질랜드에 적용되고 있는 화재 시의 하중조합의 경우 창고용도와 모든 용도로 대별된다.

창고의 용도

$$L_f = G_k + 0.6Q_k \tag{6-6}$$

모든 용도

$$L_f = G_k + 0.4Q_k \tag{6-7}$$

국가	고정하중	적재하중(창고용)	일반적재하중)
New Zealand (SNZ, 1992)	G_k	0.60 k	0.40 k
Eurocode (EC1, 94)	G_k	0.90 k	0.50 k
USA (ASCE, 95)	1.2 G_k	0.50 k	0.50 k

4) 하중비

화재 시 구조설계 등에 요구되는 하중비는 화재 시의 하중에 의한 설계력을 상온에서의 공칭강도로 나눈 값을 나타낸다. 건축물을 구성하는 주요 구조부재의 하중비는 0.5 이하를 나타낸다.

$$r_{load} = U^{*}_{fire} \ / \ R \tag{6-8}$$

여기서, U^{*}_{fire} : 화재 시 작용하는 하중에 의한 설계내력(축력, 모멘트, 전단력)

R : 상온 시의 공칭강도

따라서 부재의 낮은 하중비는 높은 하중비의 부재에 비해서 높은 내화성능을 보인다.

5) 고온 시의 구조설계

화재와 같은 고열에서의 구조설계의 목적은 붕괴방지이며, 구조설계의 절차는 상온에서의 구조설계와 동일하다. 구조설계에 필요한 변형과 설계내력은 구조해석의 과정을 거쳐서 계산된다. 현재와 같이 고층화되고 복잡한 모양의 건축물의 변형과 내력계산은 수계산이 불가능하며, 유한요소 해석 프로그램 활용 등을 통한 컴퓨터로 진행된다. 고온에서의 구조해석에 사용되는 프로그램으로써 전용 프로그램은 SAFIR(Frassen 등, 2000), VULCAN(Plank,1998) 등이 있으며, 상용 프로그램으로써는 NASTRAN, ANSYS 그리고 ABAQUS 등이 있다.

6) 고온 시의 재료 특성

고온에서의 부재 변형과 응력 등을 계산하기 위해서는 재료의 기계적 특성과 열적 특성에 대한 수치가 필요하다. 재료의 기계적 특성에는 항복강도, 인장강도, 탄성계수 등이 있으며 열적 특성에는 열팽창계수, 열전도율 등이 있다.

고온에서의 기계적 특성 도출은 정상상태시험법과 비정상상태시험법으로 구분된다. 정상상태시험법은 희망하는 온도까지 시편을 승온 시킨 후에 하중을 부가하여 응력과 변형을 도출하는 방법이며, 비정상상태시험방법은 희망하는 온도까지 시편온도를 승온시키면서 동시에 하중을 부가하는 방법이다. 일반적으로 강도와 탄성계수에 대한 시험은 정상상태시험으로 수행되고, 크리프에 대한 특성 도출은 정상상태와 비정상상태 두 가지 방법으로 평가하는 것이 일반적이다. 크리프 특성은 일정한 하중을 부가한 이후 장시간 경과 후에 별도의 추가하중이 없는 상태에서 변형이 증가되는 것을 의미한다.

7) 변형 요소

구조물에서의 총 변형은 응력에 따른 변형 그리고 열팽창에 의한 변형 그리고 크리프에 의한 변형을 더하여 산출한다.

$$\Delta\epsilon = \epsilon - \epsilon_i = \epsilon_\sigma(\sigma,\ T) + \epsilon_{th}(T) + \epsilon_{cr}(\sigma,\ T,\ t) \qquad (6\text{-}9)$$

여기서, ϵ : 시간 t 에서의 변형

ϵ_i : 초기변형

$\epsilon_\sigma(\sigma,\ T)$: 작용 응력과 온도에 의해 발생된 변형

$\epsilon_{th}(T)$: 온도에 의해서 발생된 변형

$\epsilon_{cr}(\sigma,\ T,\ t)$: 작용응력, 온도 및 시간에 의해 발생된 변형된 변형

8) 변형 측정방법

하중에 의한 변형의 측정방법은 고온인장시험에 의한다. 즉 희망하는 온도까지 시편을 승온시킨 후 일정한 하중량으로 변형량을 증가시킨다.

구조용 강재의 상온 및 고온인장시험에 적용되는 재하속도 및 온도한계는 표 6-1과 같다.

표 6-1 고온인장시험 조건

구분	재하속도		온도한계
	항복점까지	항복점부터	
상온	17 N/mm^2 · sec	20 %/min	–
고온	7 N/mm^2 · sec	7.5 %/min	300℃～600℃ = 3℃ 600℃～800℃ = 4℃ 시험온도 도달 후 15분 평형 상태 유지

고온인장시험기 전경

고인인장 Chamber

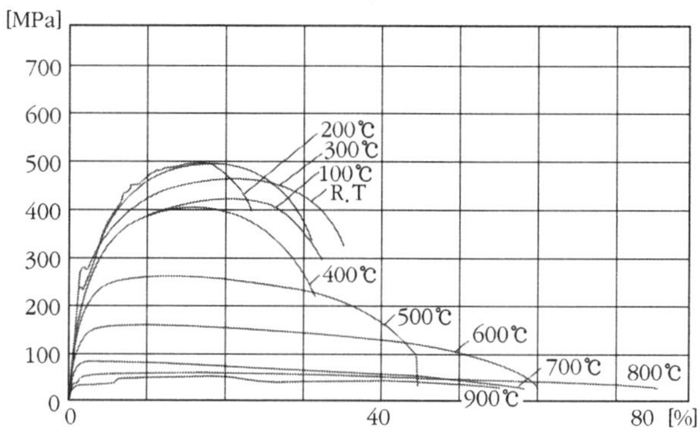

SS 400 응력-변형도 곡선

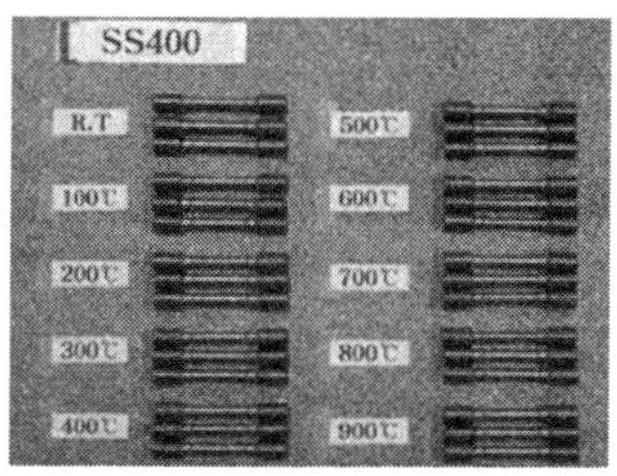

실험 전 시편

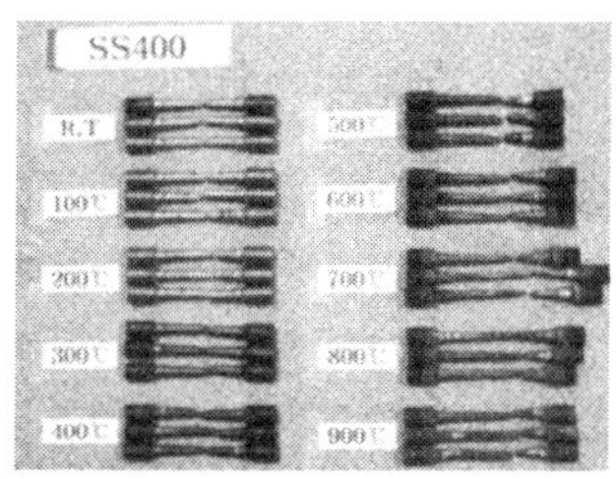

실험 후 시편

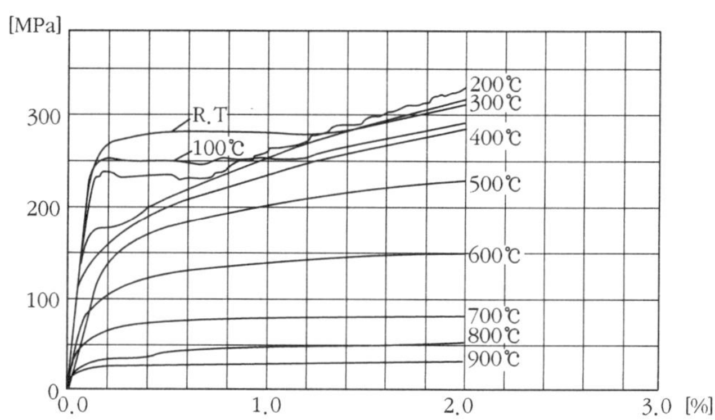

SS 400 응력-변형도 곡선 (2% 구간)

그림 6-3 고온인장시험 장비 및 결과

고온선팽창측정기

고온열전도율측정기

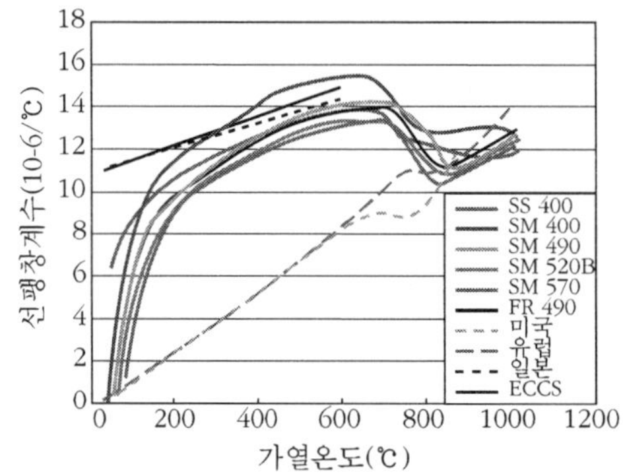

측정결과사례

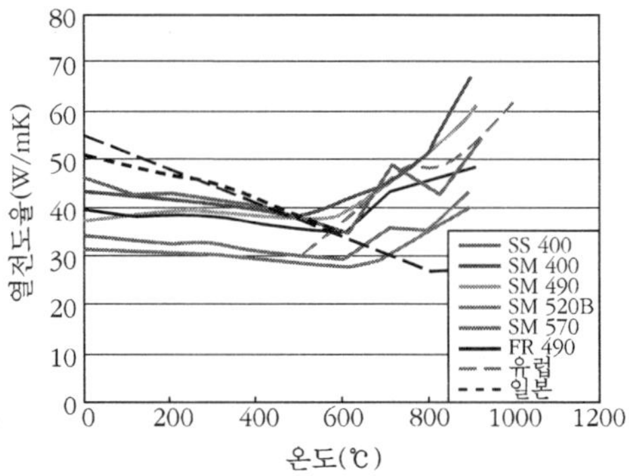

측정결과사례

그림 6-4 고온열특성시험장비 및 결과

9) 화재 시 개별 부재 설계

① 인장부재

화재 시의 인장부재 설계는 상온 설계와 절차는 동일하다. 그러나 상온과는 달리 하중계수값이 줄어들게 되므로 하중효과가 작아진다. 또한 온도가 상승되므로 구조부재의 강도가 감소하게 되고, 목재의 경우는 탄화가 발생되어 단면이 줄어들게 된다. 따라서 구조적 붕괴가 발생되지 않으려면, 다음을 충족시켜야 한다.

$$N^{*}_{fire} \subseteq N_f \tag{6-10}$$

여기서, $N_f = F_{t,f} \cdot A_{fi}$ (6-11)

$F_{t,f}$: 고온에서의 항복강도

A_{fi} : 고온에서의 단면적

② 압축부재

압축부재의 대표적인 부재는 기둥이다. 기둥부재도 인장부재와 마찬가지로 하중 계수값이 줄어들기 때문에 하중효과가 줄어들고, 재료강도가 높은 온도에 의해서 감소하게 된다. 단면적은 목재를 제외하고는 상온과 같은 크기를 유지하는 것으로 가정한다.

$$N^*_{fire} \subseteq N_f \tag{6-12}$$

기둥부재는 세장하기 때문에 재료가 가진 내력에 도달하기 전에 국부적좌굴현상이 발생하여 붕괴할 수 있다. 따라서 기둥부재는 한계세장비와의 관계를 정립하여 단주, 장주로 구분한다. 부재가 한계세장비이하인 경우를 단주라 하며, 비탄성좌굴의 특성이 있으며 압축파괴에 이른다. 장주는 한계세장비 이상의 부재로써 탄성좌굴의 특성이 있으므로 좌굴하중이 단주에 비해서 상대적으로 낮다. 따라서 단주와 장주를 구분하여 부재력을 계산한다.

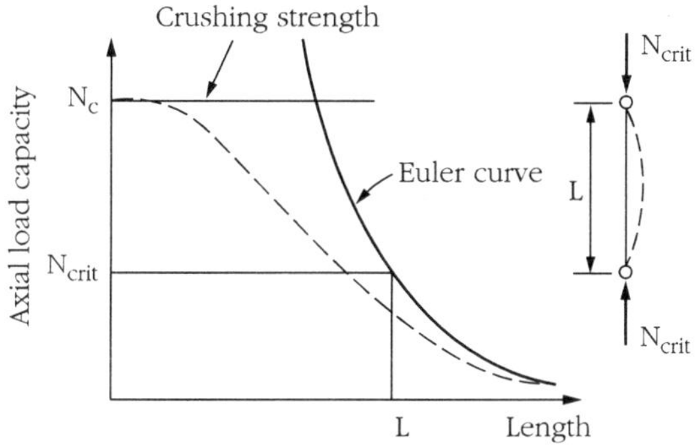

그림 6-5 기둥의 좌굴특성

a. 단주(Short column) : 항복강도, 비탄성좌굴

$$N_{sh} = \left\{1 - 0.4\left(\frac{\lambda}{\lambda_p}\right)^2\right\} F_y \tag{6-13}$$

여기서, F_y : 재료의 항복강도

$\lambda = \dfrac{l_k}{i}$: 세장비

(l_k : 좌굴길이, i : 단면 2차 변경)

λ_p : 한계세장비

b. 장주(Long column) : critical buckling strength, 탄성좌굴

$$N_{lo} = \frac{0.6F_y}{\left(\frac{\lambda}{\lambda_p}\right)} \quad (6\text{-}14)$$

③ 휨부재(보)

보부재는 휨모멘트와 전단력을 저항하는 부재이다. 따라서 하중에 의한 휨모멘트의 크기가 부재의 휨저항보다 적게 설계되면 안전하게 될 것이다.

$$M^*_{fire} \subseteq M_f \quad (6\text{-}15)$$

여기서, $M^*_{fire} = \frac{w_f \cdot L^2}{8}$ (6-16)

$$M_f = f_{b,f} \cdot Z_f \quad (6\text{-}17)$$

$$f_{b,f} = \left(1 - 0.4\left(\frac{\lambda}{\lambda_p}\right)^2\right)F_y \quad (6\text{-}18)$$

상온에서의 휨모멘트와 화재와 같은 상황에서의 휨모멘트의 변화는 그림 6-6과 같다. 즉 상온보다 고온에서는 하중계수값이 줄어들기 때문에 발생되는 모멘트값이 줄어들게 된다.

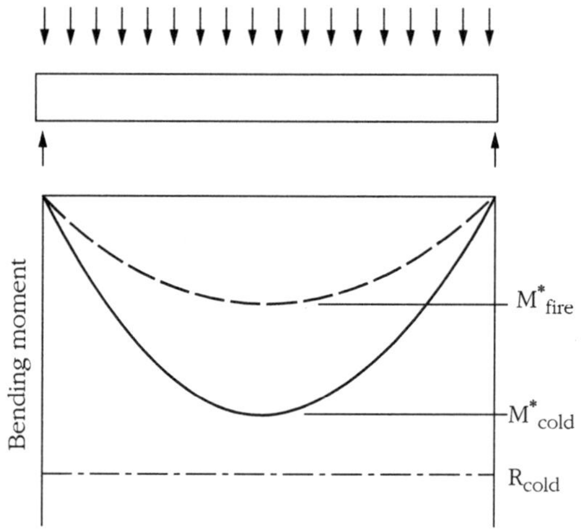

그림 6-6 휨모멘트의 변화

6.2 강구조 내화설계

1. 화재 시 강구조물 거동에 영향을 미치는 주요 요인

고열환경에서 구조물의 거동에 영향을 미치는 요소는 여러 가지가 있으나, 강재 부재의 온도 그리고 해당 부재에 작용하고 있는 하중의 크기가 가장 큰 영향을 미치는 부분이 될 것이다. 기타 부재를 형성하는 재료의 특징 그리고 화재의 크기에 관여되는 개구부의 크기 및 형태에 관련되는 건축물의 형상이 영향을 줄 수 있을 것이다.

2. 강재 온도계산

1) 열 특성

시간경과에 따른 강재의 온도 계산에 소요되는 비열과 열전도율의 수치는 600 J/kgK, 45 W/mK을 사용하고 있으나, 정밀 계산을 하기 위한 비열과 열전도율 수치로서는 온도구간별 실험식을 사용한다.

$$
\begin{aligned}
Cp &= 425+0.773T-1.69\times10^{-3}T-1.69\times10^{-3}T^2+2.22\times10^{-6}T^3 && 20℃ \subseteq T \subset 600℃ \\
&= 666+13002/(738-T) && 600℃ \subseteq T \subset 735℃ \\
&= 545+17820/(T-131) && 735℃ \subseteq T \subset 900℃ \\
&= 650 && 900℃ \subseteq T \subset 1200℃ \\
k &= 54-0.0333T && 20℃ \subseteq T \subset 800℃ \\
&= 27.3 && 800℃ \subseteq T \subset 1200℃
\end{aligned}
$$

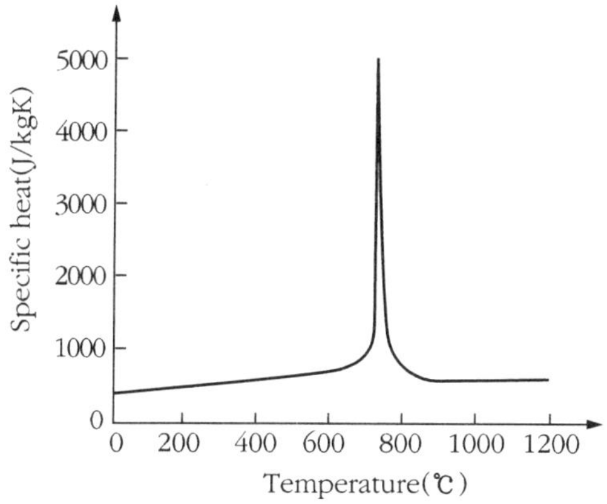

비열

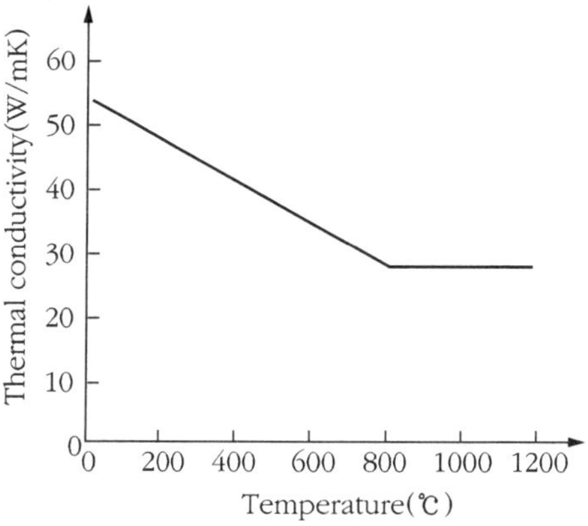

열전도율

그림 6-7 열특성 데이터

2) 강재 온도상승 계산

① 무피복 강재의 온도상승 계산

화재크기에 따른 강재의 온도상승을 계산하기 위해서는 열평형 방정식을 이용한다. 즉 투입된 열량은 강재 온도의 상승에 기여하였다고 가정한다.

$$q''F\Delta t = \rho_s c_s V \Delta T_s \tag{6-19}$$

$$q'' = h_c(T_f - T_s) + \sigma\epsilon(T_f^4 - T_s^4) \tag{6-20}$$

$$\Delta T_s = \frac{F}{V}\frac{1}{\rho_s c_s}\left(h_c(T_f - T_s) + \sigma\epsilon(T_f^4 - T_s^4)\right)\Delta t \tag{6-21}$$

② 피복 재료가 부착된 강재 온도상승 계산

피복재가 부착된 강재의 온도계산은 피복 재료의 두께와 열전도율에 따른 전도현상을 고려해야 한다.

$$q''F\Delta t = \rho_s c_s V \Delta T_s \tag{6-22}$$

$$q'' = \frac{1}{(1/\alpha + d_i/k_i)}(T_f - T_s) \tag{6-23}$$

$$\Delta T_s = \frac{F}{(1/\alpha + d_i/k_i)\rho_s c_s V}(T_f - T_s)\Delta t \tag{6-24}$$

또는

$$\Delta T_s = \frac{k_i F \Delta t}{d_i \rho_s c_s V}(T_f - T_s) \tag{6-25}$$

3) 강재의 온도 계산에 필요한 상수값

① 상수값

열평형방정식을 이용하여 강재의 온도를 계산할 때 필요한 상수값은 열전달계수, 스테판 볼츠만의 상수, 복사율 및 강재의 밀도가 필요하며 각각의 값을 아래에 표시한다.

$$h_c = 25\,\mathrm{W/m^2\,K}$$

$$\sigma = 56.7 \cdot 10^{-12}\,\mathrm{kW/m^2K^{-4}}$$

$$\epsilon = 0.5$$

$$\rho = 7850\,\mathrm{kg/m^3}$$

② 단열 재료의 열 특성

내화피복 재료로 사용되는 스프레이 재료인 미네랄 화이버와 펄라이트 그리고 보드류인 석고보드와 칼슘판 등의 밀도, 열전도율, 비열 등을 표에 제시하였다.

표 6-2 단열재료의 열특성

재료	밀도 (kg/m³)	열전도율 (W/mK)	비열 (J/kg K)	평형 수분량 (%)
Sprays				
Mineral fiber	300	0.12	1200	1
Perlite	350	0.12	1200	15
Boards				
Gypsum board	800	0.20	1700	20
Fiber calcium Silicate	600	0.15	1200	3

3. 강재온도 계산 사례

강재온도계산을 위한 표준화재모델을 한국산업규격으로 했을 경우와 자연화재(natural fire curve)를 사용했을 때의 결과를 그림 6-8～9에 제시하였다.

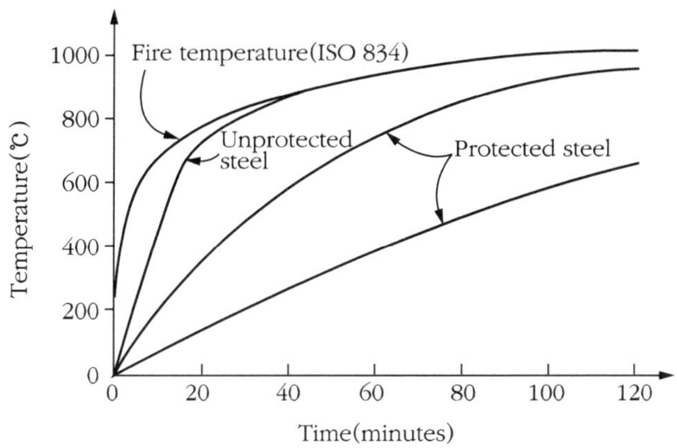

그림 6-8 표준화재곡선에 의한 강재온도의 이력

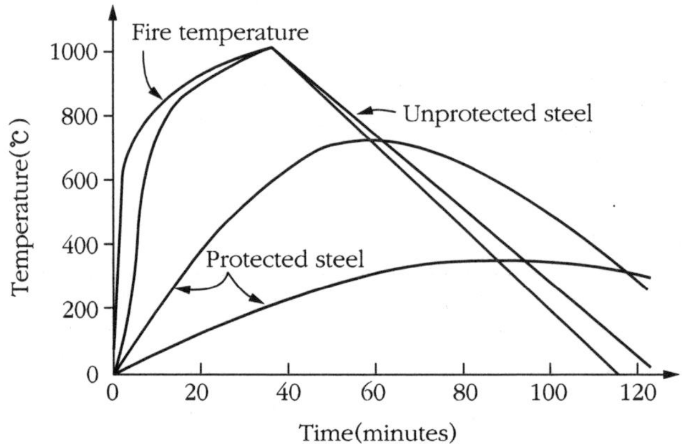

그림 6-9 자연화재곡선에 의한 강재온도 이력

4. 기계적 특성

1) 변형율

변형에는 온도에 따른 열변형과 크리프 변형 그리고 응력-변형에 따른 변형이 있다. 열팽창에 의한 변형은 일반적으로 다음의 실험치를 적용한다.

$$\frac{\Delta L}{L} = 14 \cdot 10^{-6}(T-20) \tag{6-26}$$

크리프 변형과 응력에 따른 변형도는 그림 6-10과 같다.

2) 항복점이 없을 경우의 항복강도 평가방법

스텐인레스 강재, 고강도 강재 및 건축용 내화강재의 경우는 일정한 항복점이 나타나지 않는 특징을 가지고 있다. 이러한 강재의 항복점은 0.2%, 1% 옵셋증명강도(offset proof strength)로 측정하게 된다. 옵셋증명강도는 측정하고자 하는 변형도에서 초기 응력-변형도 곡선의 기울기와 평행한 선을 그을었을 때 응력-변형도 곡선과 만나는 점으로 구한다.

3) 설계수치

온도상승에 따른 구조용 강재, 철근 및 프리스트레스 철근의 항복강도비와 한계온도는 다음 표 6-4와 같다. 항복 강도비는 고온 항복강도에 대한 상온에서의 항복강도의 비율을 나타낸다. 한계온도는 하중비를 변수로 하여 측정할 수 있는 실험식이다.

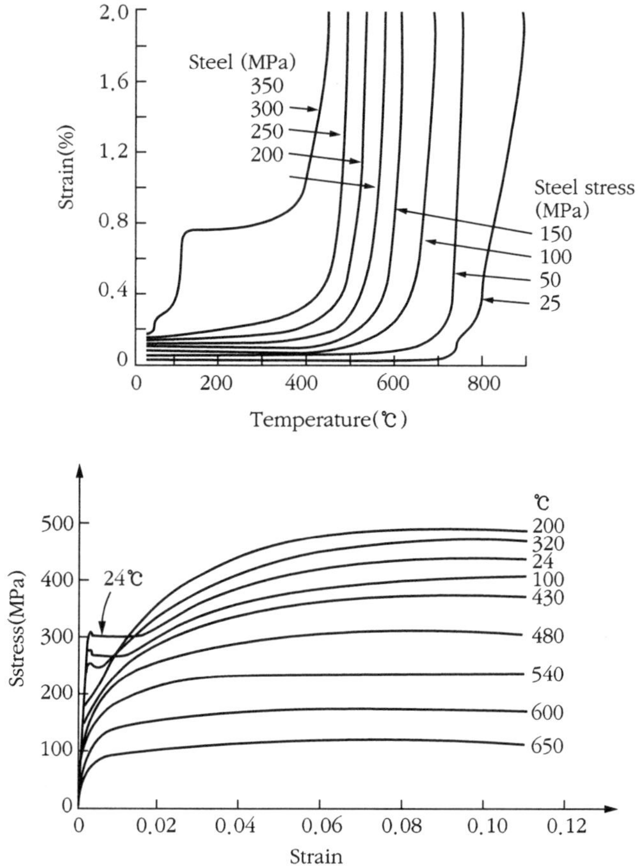

그림 6-10 크리프와 응력에 따른 변형도 특성

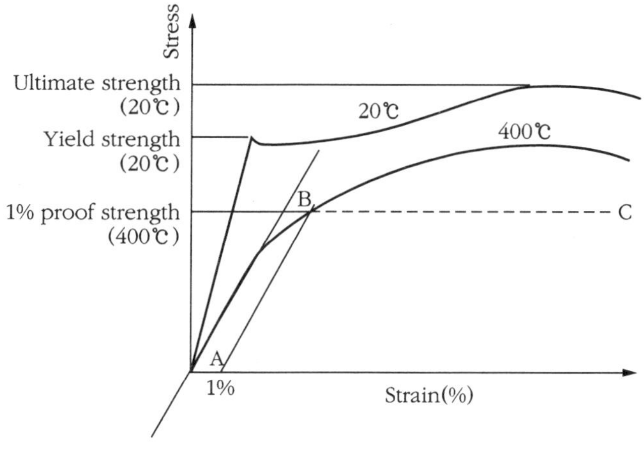

그림 6-11 1% 옵셋증명강도 측정방법

표 6-3 설계 수치

구분	항복강도	한계온도	비고
구조용 강재	$k_{y,t}$ = (905-T)/690	T_{lim} = 905-690 r_{load}	AS 410 NZS3404,
철근	$k_{y,t}$ = (720-T)/470	T_{lim} = 720-470 r_{load}	BS 8119
프리스트레스 철근	$k_{y,t}$ = (700-T)/550	T_{lim} = 700-550 r_{load}	AS 3600, NZS 310

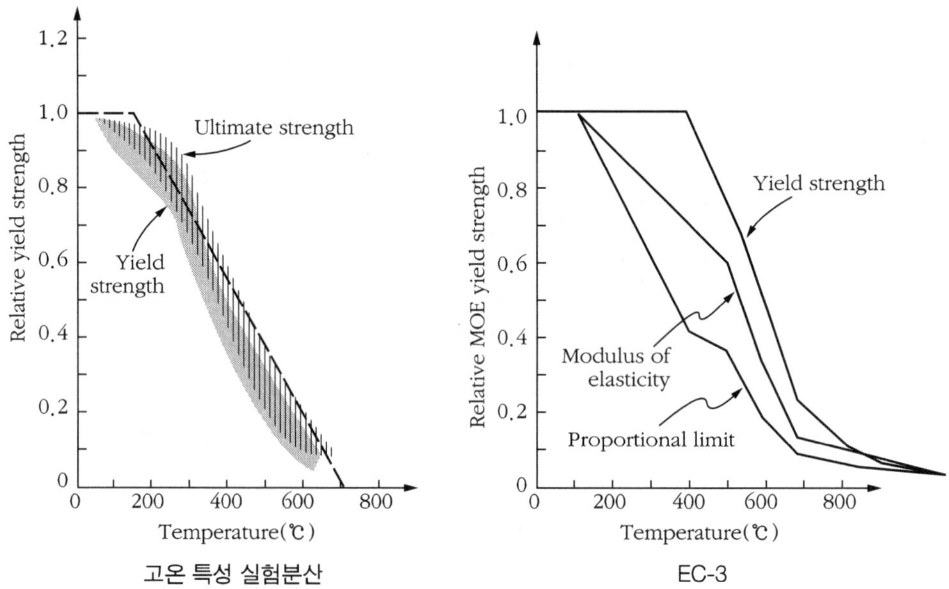

그림 6-12 고온에서의 항복강도, 인장강도 및 탄성계수 특성

5. 구조설계

강구조의 고온에서의 구조설계에는 간략법과 고급법으로 분류될 수 있다. 간략법은 단일부재를 대상으로 화재한계상태설계법을 적용하여 하중효과와 저항능력을 비교하여 하중효과가 적도록 설계하는 것이다.

고급법은 가구의 열응력 해석을 수행하여 변형과 설계력을 검토해서 안전성을 검증하는 방법으로 고온 전용 유한요소프로그램과 상용 유한요소프로그램을 사용한다.

$$U^*_{fire} \subseteq R_{fire}$$

설계내력
(축력, 모멘트 등)

허용(최대)
내력

1) 인장부재

축인장력이 인장내력보다 적도록 설계한다. 인장내력은 전단면이 같은 온도구배라고 가정했을 경우와 전단면의 실제 온도구배를 모두 합산하여 방법으로 계산한다.

$$N^*_{fire} \subseteq N_f$$

설계내력
(축인장력)

허용인장
내력

전단면 등온도구배

$$N_f = A \cdot k_{y,T} \cdot F_y$$

전단면 온도구배

$$N_f = \sum_{i=1,n} A_i \cdot k_{y,Ti} \cdot F_y$$

2) 휨부재

보부재의 휨모멘트 크기가 부재의 저항능력보다 적도록 설계한다. 부재의 모멘트 저항능력의 계산은 인장부재와 동일하게 전단면 등온구배와 전단면 실제 온도를 합산하는 방식으로 이루어진다. 또한 전단면 등온구배에서는 단면의 탄성구간과 전단면의 소성화가 이루어진 구간 등으로 구별하여 계산할 수 있다.

$$N^*_{fire} \subseteq M_f$$

설계내력
(모멘트)

허용모멘트
내력

전단면 등온도구배

$$M_f = Z \cdot k_{y,T} \cdot F_y \quad \text{탄성설계}$$

$$M_f = S \cdot k_{y,T} \cdot F_y \quad \text{소성설계}$$

전단면 온도구배

$$M_f = \sum_{i=1,n} A_i \cdot z_i \cdot k_{y,Ti} \cdot F_y$$

6.3 콘크리트 내화설계

1. 화재 시 콘크리트 구조체 거동

콘크리트는 자갈, 모래, 시멘트와 일부 혼화재로 구성되어 있으며, 수화반응에 의하여 소요강도를 확보하고 있다. 화재와 같은 고열환경에서의 콘크리트는 시멘트 페이스트가 흡열반응을 유발하여 온도상승을 더디게 한다.

철근보강 콘크리트(reinforced concrete)는 단면 외주부에 타설된 피복콘크리트(cover concrete)가 철근의 온도상승을 저지함으로써 화재 시 구조적 안전성을 확보할 수 있다. 따라서 화재와 같은 극한 상황에서의 철근콘크리트 구조물은 반드시 일정 두께 이상의 피복두께를 확보하여야 한다.

화재 시 콘크리트 구조체의 거동 예측을 위한 중요 요소로서는 실제 구조물에 작용하고 있는 작용하중의 크기, 콘크리트와 철근의 상승된 온도 그리고 상승된 온도에서 콘크리트와 철근의 기계적 특성과 열적 특성 등이 있다.

2. 콘크리트 종류별 화재 시 특성

1) 고강도 콘크리트(high strength concrete)

고강도 콘크리트의 제조는 보통 콘크리트에 첨가제(silica fume) 또는 고성능 감수제(water-reducing admixture)를 첨가하여 이루어진다. 결과적으로 함수량을 줄여 고수밀성을 유지하면서 압축강도는 50～120 MPa을 유지한다.

화재와 같은 고열에서의 고강도 콘크리트는 약 400℃에서 일반 콘크리트보다 높은 강도 손실율을 보이며, 폭발성 탈락(explosive spalling)이 발생된다. 이는 고열에 의한 콘크리트 내부 수분의 증발로 유발된 압력이 콘크리트 외부로 유출되지 못하고 축적되다가 압력이 콘크리트의 인장응력을 초과할 때 순간적으로 분출되기 때문이다.

2) 경량콘크리트(lightweight concrete)

비중이 1900kgf/m^3 정도인 경량콘크리트는 일반시멘트와 경량골재(pumice, expanded clay, shale, perlite, vermiculite 등)를 주 재료로 혼합된다. 경량골재는 골재가 다공질로 되어 있으므로 단열효과가 일반콘크리트보다 우수하다. 따라서 고온에서는 경량콘크리트가 일반콘크리트에 비해서 높은 내화성능을 보인다.

3) 섬유보강콘크리트(fibre-reinforced concrete)

콘크리트의 인성(靭性)과 강도증진을 목적으로 화이버(fibre)를 보강한 콘크리트를 섬유보강 콘크리트라 한다. 화이버의 종류에는 스틸화이버, 섬유화이버 등이 있다. 화재 시에는 섬유에 의한 보강으로 콘크리트의 내화성능이 증대되는 특징이 있다.

3. 탈락(spalling)

화재 시 콘크리트 구조물의 거동 예측을 위한 기본 가정은 모든 구조물이 그대로 원형을 유지하는 것이다. 일반콘크리트의 경우는 화재 시 거의 탈락현상이 발생하지 않으나, 고강도콘크리트에서는 시멘트 페이스트의 수분이 증발하여 콘크리트내부에 압력을 형

Cardington Facility

콘크리트 실대 화재실험동

콘크리트 화재실험

슬래브 부분의 철근노출

그림 6-13 영국 철근콘크리트 실대 실험

성하다가 콘크리트의 인장강도보다 높은 압력이 발생되면 균열이 발생되면서 주변의 콘크리트 덩어리와 함께 떨어져나가게 된다. 이를 콘크리트 탈락이라고 한다.

영국의 실대 화재실험장에서 고강도콘크리트를 대상으로 화재 실험을 수행한 결과, 기둥과 바닥 구조체의 탈락현상이 심하여 구조적으로 매우 불안정하다는 것을 검증하였으며, 다음과 같은 결론을 도출하였다. 탈락 방지를 위해서는 부가적인 보강물의 시공이 요구되고 가장 효율성이 높은 방법은 미세 폴리프로필렌 화이버(fine polypropylene fibre)의 시멘트량 대비 0.15~0.3%를 혼입하는 것이다. 미세 폴리프로필렌 화이버 보강 콘크리트의 화재 시 내화성능 향상은 화이버의 녹음에 따른 공극발생으로 수증기가 외부로 쉽게 유출될 수 있기 때문이다.

4. 콘크리트와 철근온도

고온에서의 콘크리트 내부 온도계산 시 철근은 콘크리트의 일부분으로 가정한다. 콘크리트 슬래브의 내부 온도분포의 계산 유한요소를 활용하여 직접계산하거나 계산된 도표를 사용하는 방법이 있다.

철근의 온도가 일정이상 상승되지 않도록 철근을 콘크리트로 피복을 해야 하는데 영국에서는 각 구조별, 요구시간별로 피복두께와 폭을 별도로 적용하고 있다. 즉 요구 시간이 높을수록 피복두께를 점차적으로 증대하고 있다.

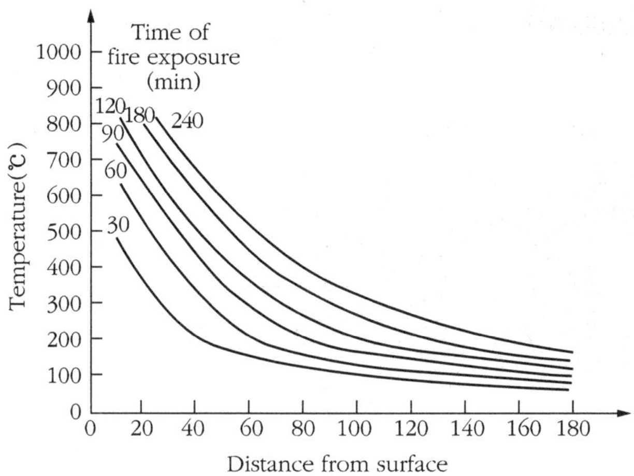

그림 6-14 콘크리트 내부 온도 분포

표 6-4 철근콘크리트의 최소 폭과 최소 피복두께(BSI)

		Beams	Columns	Slabs	Walls
0.5hours	Width Cover	80 20	150 20	75 15	75 15
1.0hours	Width Cover	120 30	200 25	95 20	75 15
1.5hours	Width Cover	150 40	250 30	110 25	100 25
2hours	Width Cover	200 50	300 35	125 25	100 25
3hours	Width Cover	240 70	400 35	150 45	150 25
4hours	Width Cover	280 80	450 35	170 55	180 25

5. 고온에서의 콘크리트 기계적 특성

1) 변형율

콘크리트 구조물에서 화재에 노출되어 변형이 발생되는 과정은 다음과 같다.

$$\Delta\epsilon = \epsilon - \epsilon_i = \epsilon_\sigma(\sigma,\ T) + \epsilon_{th}(T) + \epsilon_{cr}(\sigma,\ T,\ t) + \epsilon_{tr}(\sigma,\ T) \qquad (6\text{-}27)$$

여기서, $\sigma_{tr}(\sigma,\ T)$: transient strain(크리프 변형 중에서 작용응력과 온도에 의해 생되고, 600℃ 이하까지의 변형임)

2) 열팽창율

콘크리트를 구성하는 골재의 종류에 따라 열팽창율은 달라진다.

규산질 골재 콘크리트 $\frac{\Delta L}{L} = 18 \cdot 10^{-6}\, T_c$ (6-28)

칼슘질 골재 콘크리트 $\frac{\Delta L}{L} = 12 \cdot 10^{-6}\, T_c$ (6-29)

경량콘크리트 $\frac{\Delta L}{L} = 8 \cdot 10^{-6}\, T_c$ (6-30)

여기서, ΔL : 늘어난 길이

L : 원래 길이

T_c : 온도(℃)

3) 응력-변형도

하중작용에 의한 콘크리트의 변형관계는 그림 6-15와 같다.

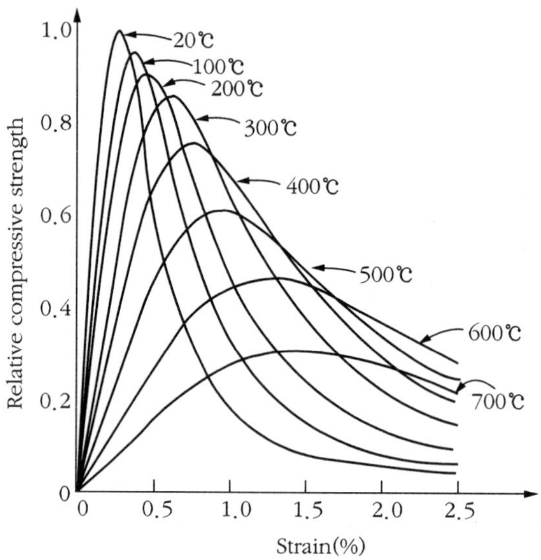

그림 6-15 응력-변형도 관계

4) 설계수치

온도구간에 따른 압축 강도비는 다음과 같다. 즉 350℃ 이하에서는 상온의 압축강도와 동일하며, 350℃ 이상 구간에서는 일정하게 감소하는 경향을 보인다.

$$k_{c,T} = 1.0 \qquad T \subseteq 350℃ \tag{6-31}$$

$$k_{c,T} = (910 - T)/560 \qquad T \supset 350℃ \tag{6-32}$$

탄성 계수비에 대한 수치 또한 150℃ 이하 구간에서는 상온의 탄성 계수값과 동일하나 150℃ 이상에서는 일정하게 감소하는 형태를 보인다.

$$k_{E,T} = 1.0 \qquad T \subseteq 150℃ \tag{6-33}$$

$$k_{E,T} = (700 - T)/550 \qquad T \supset 150℃ \tag{6-34}$$

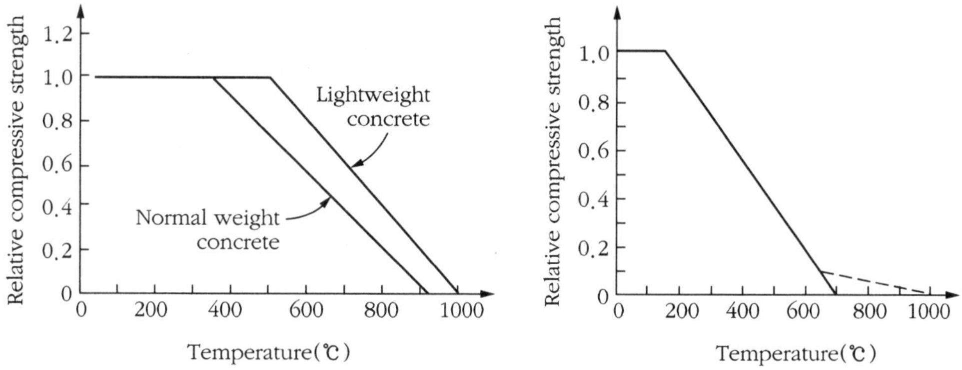

압축강도 저감율　　　　탄성계수 저감율

그림 6-16 압축강도와 탄성계수 저감율

6. 구조설계

콘크리트 구조의 고온에서의 구조설계에는 간략법과 고급법으로 분류될 수 있다. 간략법은 단일부재를 대상으로 화재한계상태설계법을 적용하여 하중효과와 저항능력을 비교하여 하중효과가 적도록 설계하는 것이다.

고급법은 가구의 열응력 해석을 수행하여 변형과 설계력을 검토해서 안전성을 검증하는 방법으로 고온 전용 유한요소프로그램과 상용 유한요소프로그램을 사용한다.

$$U^{*}_{fire} \subseteq R_{fire}$$

설계내력 (축력, 모멘트 등)

허용(최대) 내력

휨부재(슬래브, 단순보)

보부재의 휨모멘트 크기가 부재의 저항능력보다 적도록 설계한다. 부재의 저항능력은 온도에 따라 좌우되며, 부재가 온도가 500℃를 초과한 경우는 내력이 없는 것으로 가정한다. 압축 측의 콘크리트가 500℃를 초과하지 않는다는 전제조건하에 내력을 계산한다.

$$M^{*}_{fire} \subseteq M_{f}$$

설계내력 (모멘트)

허용휨 내력

· 500℃ 이하 Full Strength 확보
· 500℃ 이하 Strength 0

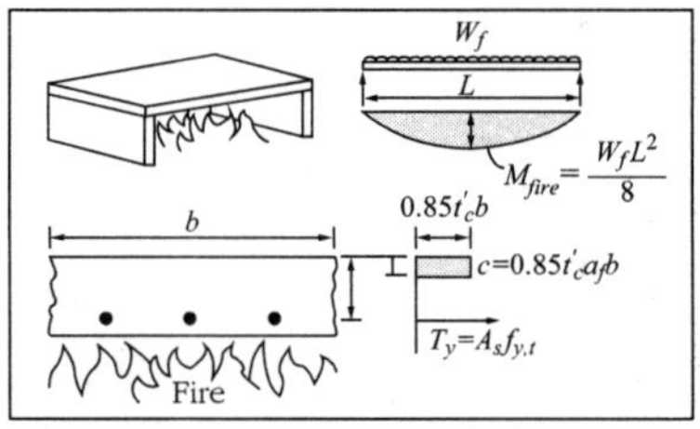

압축측 고온 미도달

$$M_f = A_s \cdot k_{y,T} \cdot F_y \cdot (d - a_f / 2)$$

d = 압축연에서 철근까지 거리

a_f = 응력 블록의 폭

$a_f = A_s \cdot k_{y,T} \cdot F_y / (0.85 f'_c \cdot b)$

제 7 장

선진 내화설계 사례

7.1 화재거동

1. 서론

본 절에서는 화재 연구 및 피해 예측을 위한 컴퓨터 모델링에 사용할 수 있는 화재의 전개 과정과 감쇠구간 등의 주요 사항을 언급한다. 화재의 전개 과정은 매우 급속히 발달하고, 여기에 대해서는 Drydale(1998), Quintiere(1998), Karlsson과 Quintiere(2000) 또는 SFPE 핸드북(1995)에 상세히 기술되어 있어 참고할 필요가 있다.

화재의 대부분은 시간, 속도 그리고 규모 측면에서 매우 다양하나, 일정한 패턴이 있다. 소방 관계자의 소화활동이 없는 경우, 화재의 전개 과정은 다음 그림 7-1과 같다.

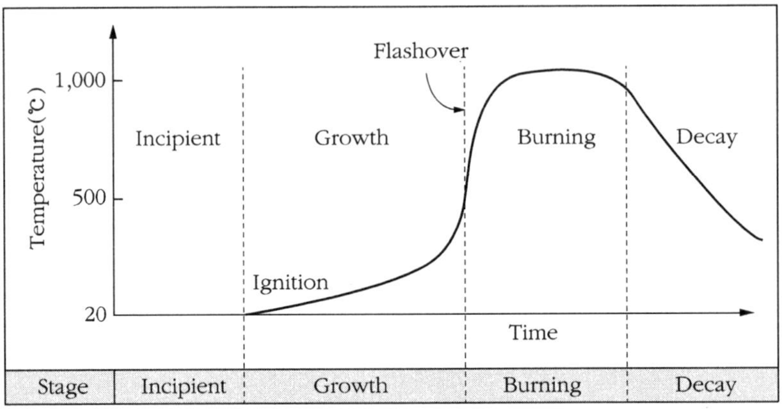

그림 7-1 전형적인 화재 전개 곡선

2. 화재 개시(fire initiation)

화재 개시는 착화 및 지속적인 자기 연소(self-sustaining combustion reaction)과정을 포함한다. 의도적이든 우연에 의한 것이든 착화의 잠재적 원인은 다양하다. 착화의 원인은 일반적으로 매우 작고, 낮은 에너지를 가지고 있으나 가연성 물질에 영향을 미치게 되면 화재를 일으킬 수 있다. 가연물 물질이 착화되기에 다소 떨어진 거리에 있는 경우, 중대 화재로 이어지는 경우는 매우 드물다.

착화는 다음과 같은 세 가지 방법으로 일어난다.

1) 파이럿 착화(Pilot ignition)

화염 또는 전기 스파크와 같은 파이럿(pilot)이 가연성 증기 혼합체에 불꽃을 일으키는 것이다.

2) 자발적 착화(spontaneous ignition) 또는 자동 착화(auto-ignition)

화염 또는 스파크와 같은 파일럿 없이 가연성 증기의 충분히 높은 온도에 의해서 저절로 화염이 전개되는 것. 가연성 증기 혼합체의 연료는 가스, 가연성 액체의 증기 또는 고체 원료의 열분해 과정에서 생성된 증기이다. 열분해 과정은 고체 연료를 가연성 증기로 변화시키는 것을 의미한다.

3) 대량 연료의 자발적 연소(spontaneous combustion in bulk fuels)

이것은 일반적인 화재 발생 패턴은 아니나, 생물학적 과정, 화학적 반응 또는 건조 오일(drying oils)의 산화로 유발되는 대량 고체의 자기 가열로 인하여 발생된다. 이것은 연료 내부의 깊은 곳에서 발생되는 것이 일반적이며, 훈소(smouldering combustion)를 유발한다.

3. 초기 단계(incipient stage)

착화는 연료의 가열보다 먼저 연기를 발생시킨다. 초기 화재의 대부분은 재실자의 연기 냄새의 인식과 연기 감지기 작동으로 인해 착화 이전에 감지될 수 있다. 주변에 사람이 있다면, 화재의 발생을 제지하거나 쉽게 가열을 중단시킬 수 있을 것이다. 이 단계에서는 스프링클러 시스템과 열감지기를 작동시킬 수 있는 열 발생은 일어나지 않는다.

화재의 초기 단계 기간은 초기의 연료상태, 주변 조건, 착화원 등에 좌우되며, 수 초에서 수 일이 걸릴 수도 있다. 가연성 액체가 확산되는 경우, 초기 상태는 사실상 존재하지 않는다. 만일 착화원이 자기-가열 착화(self-heating ignition)인 경우, 초기 단계는 수 시간 또는 수 일 동안 지속될 수 있다. 일부 경우, 특정 화재에서 초기 단계를 경과하여 발전하는 경우는 거의 없다. 예로서 양모직로 구성된 의자에 연기를 일으키는 담배는 양모직 아랫부분에 가연성 패딩을 착화시키지는 않는다.

화재의 초기 단계를 합리적으로 모델링하기 위해서는 고려해야 되는 변수들이 대단히 많다. 열용량계를 사용하여 가구를 시험할 때, 가스버너는 휴지통 화재를 모사하는데 사용되는데, 이는 초기 단계의 효과를 제거하기 위함이다.

복사가 화재의 주요 전달 과정이 아닌 작은 화재는 초기 단계로 간주된다. 이 경우는 약 20kW이하의 화재와 같고, 약 0.2m반경을 가진 화재와 동일한 규모이다. 이 수치들은 명확한 경계선이라기보다는 경험에 의한 것이다. 이 정도 규모 이하의 화재는 화재구획 내에서 자고 있거나, 자기 보호 능력이 없는 사람에게는 위협적이지만 화재실 바깥의 재실자에게는 거의 위협적이지 않다. 컴퓨터 화재 모델링에서 본 초기 단계는 일반적으로 무시되고, 발전 단계는 시간 0에서부터 시작된다. 훈소화재 시나리오가 반드시 고려되어야 하는 경우는 예외로 간주한다.

4. 연소(Combustion)

1) 훈소 연소(smouldering combustion)

훈소 연소는 착화의 후속과정으로 발생될 수 있다. 훈소는 일반적으로 수 시간 또는 며칠 동안 유지, 천천히 진행되는 화재를 의미한다. 훈소 연소는 화염 연소로 진전되지 않고 소멸될 수 있으며, 연기와 유독 가스로 인해 화염 화재보다 인명에 더 치명적일 수 있다. 훈소 화재는 스프링클러와 열감지기를 작동시킬 수 있는 열을 발생시키지 않기 때문에 더 위험할 수도 있다. 훈소 연소는 안정된 탄화물(char)을 형성되는 재료에서만 발생된다.

화염연소(flaming combustion)

훈소연소는 화재의 전개 속도가 빠른 화염연소로 발전할 수 있다. 화염연소는 연료가 가스, 증발되는 액체, 열분해로 가연성 증기를 생성할 수 있는 고형 연료에서 발생된다. 액체와 고형물에서 화염연소가 발생되기 위해서는 주변온도보다 낮은 인화점(flashpoint)을 가진 화염성 액체를 제외하고는 외부 가열이 필요하다. 화염연소가 개시되면 화염으로부터 충분한 열을 제공받아 나머지 연료를 열분해, 증발시킬 수 있다.

연소는 발열성 화학반응이며, 연료는 화염, 열 그리고 연소 부산물을 생성하기 위해서 산화된다. 건축물 화재에서 대부분의 연료는 탄소, 수소 및 산소로 구성되는 화학구조를 가지고 있다. 프로판(C3H_8)과 같은 탄화수소 화합물의 경우, 이산화탄소(CO_2)를 생성하는 완전한 연소 및 물(H_2O)은 다음과 같이 나타낼 수 있다.

$$C_3H_8 + 5O_2 \rightarrow 3CO_2 + 4H_2O$$

화재 시의 불완전 연소는 검정 연기로 나타나는 일산화탄소(CO) 그리고 일부 탄소(C)를 생성한다.

5. 화재 성장 단계(Fire growth stage)

플래쉬오버 이전의 화재 성장 단계에 관한 지식은 본 단계 동안 생성된 열과 연기로 인한 인명 안전에 위협을 주는 것과 동시에 내화공학(fire engineering)측면에서도 매우 중요하다.

성장 단계는 화염으로부터 되돌아오는 복사가 연소시간(burning rate)을 지배할 때 시작하는 것으로 간주된다. 화재구획에서 환기가 일어난다면, 성장속도(growth rate)는 주로 연료의 특성과 방향에 좌우된다. 본 성장 단계에서, 화재는 확산되고, 연소 면적과 열방출율을 증대시킨다. 열방출율은 화재 공간(fire enclosure)과는 무관하고, 주로 화염확산 속도(flame spread rate)에 좌우된다고 간주된다.

화재 성장 단계는 화재가 발달하거나 인접 연료에 확산될 때인 화염연소 개시 이후에 일어난다. 화염연소가 발생되면, 그 화재는 다른 연료로부터 멀어지거나 또는 화재가 관리되거나 또는 소화장비가 작용되는 경우가 아니면 지속적으로 발전하게 된다. 화재는 연료의 표면 면적에 의해서 제한되거나 또는 산소 공급에 의해 제한된 화재가 아닌 경우에는 건물 형태, 가연성의 정도 그리고 연료의 배열 등에 지배되는 속도로 발달하게 된다.

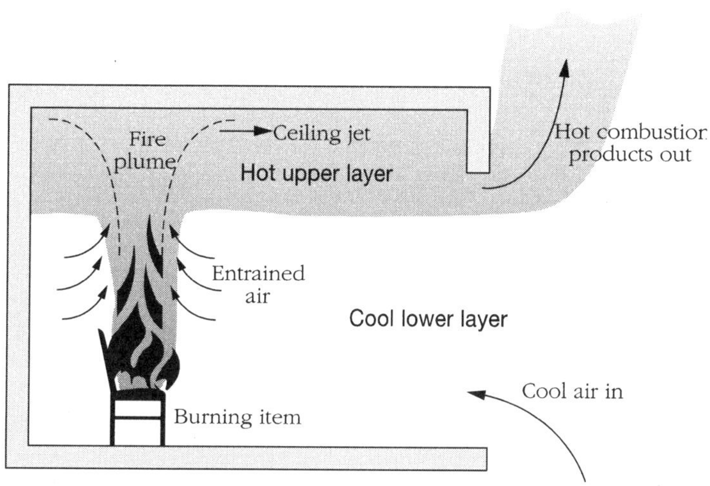

그림 7-2 plume이 있는 two-zone model

성장 단계 동안, 공간내부의 조건은 그림 7-2에 나타난 바와 같이 2층 모델(two-layer model)에 의해서 비슷하게 될 수 있다. 하부 층의 공기는 특히 초기에는 주변 온도와 가깝다. 화재 윗부분의 플룸(plume)은 유입된 공기량에 따라 상부 층에 연기와 고온 가스를 운반하며, 상부 층의 온도는 플룸에 의해 운반된 연소 부산물인 열로 인하여 급격히 상승한다. 플룸이 천장에 도달할 때, 고온 가스는 천장을 따라 이동하게 되고, 화재 발생원으로부터 멀어지게 된다. 이러한 고온 가스의 유동은 천장 제트(ceiling jet)로 알려져 있고, 이것은 열감지기 또는 스프링클러 작동의 원인이 된다.

화재가 관리될 수 있을 정도로 충분히 작은 경우 또는 일정한 양의 물로써 소화할 수 있는 작은 화재일지라도 자동 스프링클러는 플래쉬오버 이전에 잘 작동되도록 설계되어야 한다.

성장 단계의 기간은 수 분 또는 몇 시간이 될 수도 있다. 환기가 잘되고, 소프트한 가구 등이 비치된 전형적인 거실에서, 착화와 플래쉬오버 사이의 시간은 일반적으로 5분 이내이다. 신선한 공기가 유입된다면 훈소 연소는 장시간 지속될 수 있고, 급격히 성장할 수 있으며, 가끔 연기 폭발(smoke explosion) 또는 백드래프(backdraft)를 유발할 수도 있다.

1) **연기폭발**(smoke explosion)

연도 주변에 모여 있는 대량의 고온 가스가 신선한 공기의 유입에 의해서 일시적으로 폭발하는 현상

2) **백드래프**(backdraft)

신선한 공기(산소)의 유입 통로를 거슬러 건축물 화재가 역으로 급속히 이동하는 현상

6. 플래쉬오버(flashover)

화재가 지속적으로 발달하게 됨으로써 화재실의 온도는 상승하게 되고, 노출된 모든 표면은 화염으로부터 복사에 의해 가열된다. 상부 층의 온도가 600℃정도에 도달하고, 바닥이 직접 복사에 20kW/m^2에 도달되면, 모든 가연성 물질의 노출면은 일시적으로 착화하게 되고, 큰 화재로 발전한다. 이러한 현상이 플래쉬오버이다.

플래쉬오버는 작은 부분의 화재에서 해당 구획 전체가 화재로 전이되는 현상으로 간주

될 수 있다. 이 전이 현상은 수 초로 관측되는 아주 짧은 시간 내에 발생된다. 그림 7-3은 목재와 목재섬유보드 벽체로 형성된 구획에서 시간 대비 상부층 온도와 열방출률에 의한 그림이다.

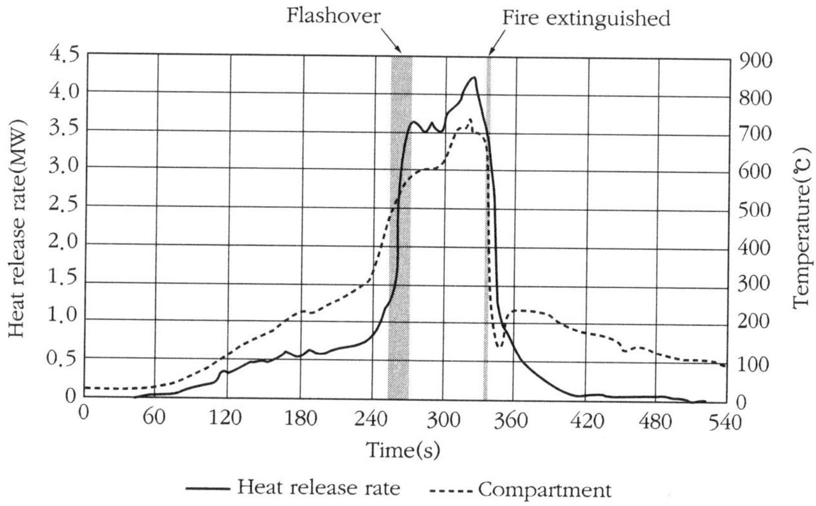

그림 7-3 구획화재의 열방출률과 상부층 온도

플래쉬오버는 본 곡선의 교차된 영역에서 일어난다. 즉 본 영역은 열방출률과 상부층 온도 모두 급격히 상승하는 곳이다. 상부층으로부터의 복사 증가는 해당 구획의 가연성 물질을 착화시킬 뿐만 아니라 모든 타는 물질의 열분해 속도(pyrolysis rate)을 높인다. 플래쉬오버 이전의 화재 성장은 화재 시 소모되는 연료의 연소시간(pyrolysis rate)율에 따라 제한된다. 플래쉬오버 이후 공간내부의 최대 화재 크기는 적용 가능한 환기량에 좌우된다. 이는 대부분의 연료가 공급된 공기에 의해 타는 것보다 열분해 되기 때문이다.

플래쉬오버 이후의 화재는 고온, 일산화탄소와 연기의 집중화 및 산소 부족 등으로 인하여 지속되기 어렵다.

플래쉬오버는 항상 발생되지는 않는다. 플래쉬오버가 발생될 수 있는 높은 온도에 도달되지 않고, 온도의 상승이 매우 더딘 대형 화재구획 또는 화재크기 및 상부 층 온도가 화재에 공급되는 산소 부족으로 제한되는 고밀실화 화재구획 등이 예가 될 수 있다.

7. 최성기(fully-developed fire)

최성기 화재(타는 단계 : burning stage)는 재산보호, 구조 능력 및 다른 재산으로 화재의 확산이 우려될 때 매우 중요하다.

플래쉬오버가 발생되었다면, 그 화재는 매우 높은 열방출률 및 고온으로 특징화된 최고로 발달된 단계이다. 이러한 단계 동안 화재는 화재실 개구부에 의해서 지배되는 연소율과 환기에 좌우된다. 최성기에서의 개구부를 통한 전형적인 가스 유동은 그림 7-4와 같다.

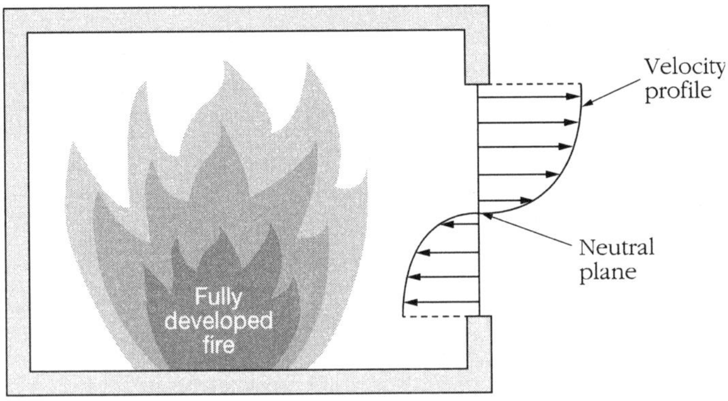

그림 7-4 최성기 화재의 개구부를 통한 가스 유동

최성기 화재에서, 환기 지배란 연료의 열분해 속도가 공기 공급량에 의해서 탈 수 있는 것보다 빠르게 되는 것을 의미한다. 즉 이는 아직 타지 않은 가스가 외부의 대기(大氣)로 나갈 때 개구부로부터 화염이 발생되는 결과가 된다.

외부 화염은 환기-지배형 화재의 표시이며, 성장 상태에서 일반적으로 발생되지 않는다.

최성기 상태의 기간은 연료의 전체 양과 가용할 수 있는 환기량에 좌우된다.

연료의 본질과 배열 방향 그리고 벽체, 지붕의 열적 특성은 최성기 화재의 크기와 성장에 영향을 미친다.

그림 7-5는 다양한 화재하중과 환기조건을 가진 화재실에서의 목재 클립(wood crib)에 의해 최성기화 된 화재의 전형적인 시간-온도 곡선이다. 여기서 낮은 환기량은 높은 환기량 보다 길고, 더 낮은 온도의 화재를 유발한다는 것을 알 수 있다. 가용할 연료가 많을수록, 화재가 더 오래 지속된다. 이런 곡선들은 실제 발생되는 한 사례이다. 일부의 연구에서는 매우 유사한 결과를 보이고 있으나, 또 다른 연구에서는 전혀 다른 시간-온도의 곡선을 나타내기도 한다.

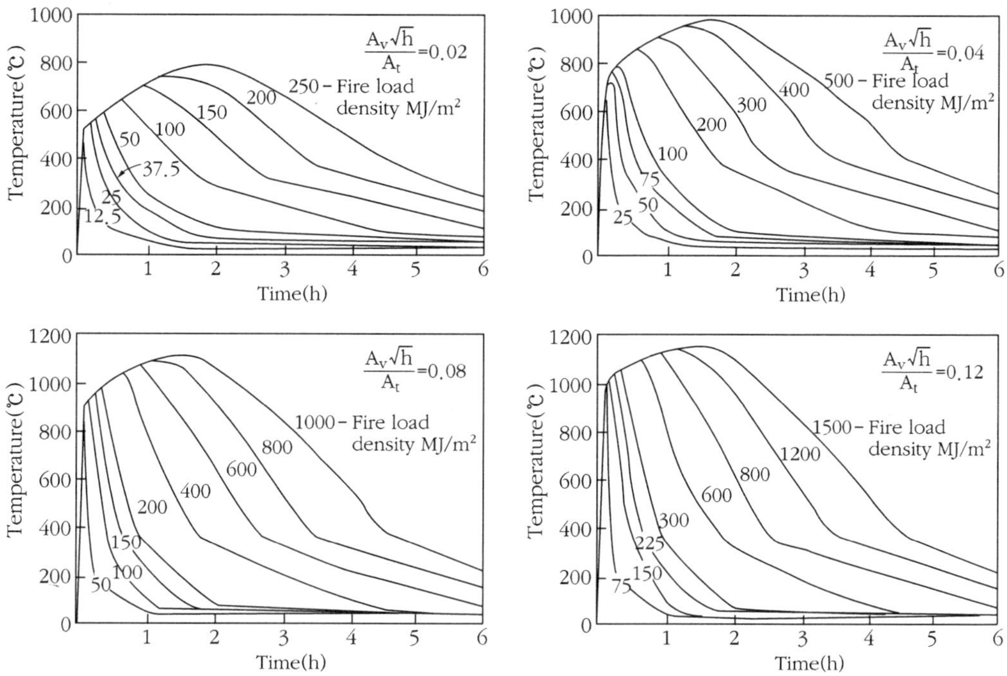

그림 7-5 다양한 화재하중과 개구부 조건에 의한 시간-온도 곡선

플래쉬오버 이후의 연료 열방출률은 대기 중에서 탈 때의 열방출률과 동일하지 않다. 여기에는 다음과 같은 두 가지 이유가 있다. 첫 번째, 대부분의 타는 물질(burning objects)들은 실제적으로 구획 내에서 탈 수 있는 것보다 더 많은 연료(fuel)를 방출한다. 즉 화재는 환기에 좌우된다. 제한된 구획 내에서 탈 수 있는 것보다 타는 물질로부터 연료가 더 많이 방출될 때, 초과된 연료는 외부의 창문이나 개구부에서 가시적인 화염을 내며 타게 될 것이다. 구획 내에서 타지 않는 초과 연료의 측정은 매우 어렵고, 단지 몇 건의 사례만 있을 뿐이다.

일반적으로 구획내부에서의 연소시간(burning rate)은 고온의 벽체 재료와 고온 가스로부터 타는 물질에 전달되는 추가적인 복사열 때문에 공기 중에서 연소되는 것보다 훨씬 더 빠르다. 목재 클립의 경우, 구획에서 타는 클립의 대량 손실속도(mass loss rate)는 공기 중에서 타는 동일 클립보다 약 33% 빠르게 된다. 전체가 복사 환경인 풀 화재(pool fire) 경우, 공기 중에서 타는 경우보다 약 100% 높게 나타날 수 있다. 이와 같이 복사가 지배하는 화재구획은 풀 화재와 목재클립에 대해서 COMPF2 컴퓨터 모델에 고려되어 있으나(Babrauskas, 1979), 존 모델에는 명확하게 포함되어 있지 않다.

모든 화재발달 과정에는 에너지 평형이 존재한다. 구획의 연료 연소에 의해서 방출되는 에너지는 주변 구조체에 전도를 통한 에너지, 개구부를 통해서 복사되는 에너지, 연기, 고온 가스의 대류에 의해서 운반되는 에너지 그리고 개구부를 통해서 밖으로 분출되는 연소 부산물의 에너지의 합과 같다. 이러한 에너지 평형은 플래쉬오버 화재 이후의 화재온도를 계산하기 위하여 COMPF 2와 같은 컴퓨터 프로그램에 적용되었다.

8. 감쇠기(decay stage)

최성기 이후, 화재의 크기는 연료가 타버렸기 때문에 점차적으로 감소된다. 최대 연소속도를 유지할 수 없도록 연료의 공급이 감소되었다면, 화재는 감쇠 단계에 있다고 한다. 감쇠 단계는 일반적으로 연료의 80%가 타버렸을 때로 정의한다.

감쇠 단계 동안, 화재는 환기 지배형 화재에서 남아있는 연료의 연소를 위해서 충분한 공기보다 더 많은 연료 공급에 지배되는 연료 지배형 화재로 되돌아온다. 화재는 가용할 연료가 모두 탈 때까지 지속적으로 감소하고, 그리고 꺼지게 될 것이다.

녹거나 풀화재를 형성하는 플라스틱이 포함된 화재의 경우, 예상되는 감쇠기는 매우 짧다. 그러나 궁극적으로 모두 타버리고, 탄화물을 형성하는 셀룰로오스 연료의 감쇠 단계는 꽤 길다. 감쇠단계는 구조 요소의 요구되는 내화시간을 결정할 때 그리고 드물게는 인명안전을 제기하는 논쟁에서 중요한 사항이다.

9. 간섭(intervention)

위에서 언급한 화재 발달 단계는 자동 또는 수동 시스템에 의한 소화 등의 간섭을 배제한 것이다. 임의 단계에서의 소화수에 의한 간섭은 충분한 냉각력만 적용된다면 화재는 관리되거나 소화될 것이다.

작은 화재일수록 물은 적게 필요하며, 소화기 등은 매우 작은 화재를 끌 수 있다. 스프링클러는 성장 단계의 화재를 진화할 수 있으나, 플래쉬오버 이후는 가능하지 않다.

소방대는 일반적으로 대량의 물을 공급할 수 있으며, 이는 플래쉬오버 이전 또는 플래쉬오버 이후의 작은 화재도 진화할 수 있다. 그러나 소방대는 충분히 냉각시킬 수 있는 능력한계와 화재 부분에 물을 직접 주수하기 어렵기 때문에 일부 최성기 화재의 초기 진화에 어려움을 겪을 수 있다. 이러한 경우, 소방대는 가능한 많은 물을 주수함으로써 열방출률을 감소시켜 대부분의 가연물질이 타 버릴때까지 화재의 확산을 방지할 수 있다. 이렇게 함으로서 화재는 감쇠구간에서 소화될 것이다.

인접 건물의 노출면에 주수되는 소방수(消防水)는 복사 열전달에 의한 화재 확산의 가능성을 줄일 수 있다.

7.2 플래쉬오버 이전 화재

1. 서론

본 절은 플래쉬오버 이전 화재를 정량화하는 단순 방법을 제공하는데 그 목적이 있으며, 상세한 내용은 Drydale(1998), Quintiere(2000) 또는 SFPE 핸드북을 참고하기 바란다. 인명안전을 위한 설계는 플래쉬오버 이전 화재와 열과 연기의 거동을 예측할 수 있어야 한다. 플래쉬오버 이전의 화재 성장은 실제 화재와 컴퓨터 화재성장 모델을 사용하여 예측할 수 있으며, 이 두 가지 방법의 조합이 가장 좋은 결과를 제공할 수 있을 것이다. 컴퓨터 모델은 연소 속도, 플래쉬오버 관한 시간, 화재 온도, 감지기 반응 및 연기와 유독 가스의 생성과 같은 변수를 예측하는데 사용된다.

2. 연료의 비열값(calorific value of fuels)

화재하중은 가연성 물질의 본질적 습윤량으로 정미 비열값이 결정되어야 한다. 습윤 재료의 정미 비열값 h_a(MJ/kg)은 식 7.1과 같다.

$$h_a = h_n(1-0.01m_c) - 0.025m_c \tag{7.1}$$

여기서, h_n : ISO 1716에 의해서 결정된 정미 오븐 건조된 비열값(MJ/kg).

m_c: 무게에 의한 백분율인 습윤율(식 7.2)

$$m_c = (100 \times m_d)/(100 + m_d) \tag{7.2}$$

여기서, m_d: 건조 무게의 백분율인 습윤량

액체, 가스 및 고체류의 비열값(h_n)은 표 7.1과 같다.

표 7-1 가연성 재료의 비열(CIB 1986)

Material	MJ/kg	Material	MJ/kg
Solids(dry)		Polyvinylchloride	16−17
Anthracite	31−36	Ureaformaldehyde	14−15
Asphalt	40−42	Ureaformaldehyde foam	12−15
Bitumen	41−43	Foam rubber	34−40
Cellulose	15−18	Rubber isoprene	44−45
Charcoal	34−35	Rubber tire	31−33
Clothes	17−21	Silk	17−21
Coal, Coke	28−34	Straw	15−16
Coke	26−31	Wood	17−20
Cotton	16−20	Wool	21−26
Grian	16−18	Particle board	17−18
Grease	40−42	(chipboard and hardboard)	
Kitchen refuse	8−21		
Leather	18−20	Liquids	
Linoleum	19−21	Gasoline	43−44
Paper, Cardboard	13−21	Diesel oil	40−42
Paraffin wax	46−47	Linseed oil	38−40
Plastics :		Methanol	19−20
ABS	34−40	Paraffin oil	40−42
Acrylic	27−29	Spirits	26−28
Celluloid	17−20	Tar	37−39
Epoxy	33−34	Benzene	40.1
Melamine resin	16−19	Benzyl alcohol	26.9
Phenolformaldehyde	27−30	Ethyl alcohol	26.9
Polyester	30−31	Isopropyl alcohol	31.4
Polyester, fibre-reinforced	20−22		
Polyethylene	43−44	Gases	
Polystyrene	39−40	Acetylene	48.2
Petroleum	40−42	Butane	45.7
Polyisocyanurate foam	22−26	Carbon monoxide	10.1
Polycarbonate	28−30	Hydrogen	119.7
Polypropylene	42−43	Propane	45.8
Polytetrafluorethylene	5.0	Methane	50.0
Polyurethane	22−24	Ethanol	26.8
Polyurethane foam	23−28		

3. 설계화재(design fires)

수많은 가정들이 모델링 과정에서 고려되는데, 가장 중요한 사항은 설계화재곡선이며, 이는 화재 성장관련 컴퓨터 프로그램의 입력자료로 필요하다.

대부분의 화재성장 모델은 시간에 따라 변화되는 특정 열방출률로써 설계화재를 입력해야 되며, 본 설계화재는 대기 중에서 자유 연소되는 것으로 가정되는 연료의 열방출률이다. 화재의 실제 성장률을 모델링하는 것은 매우 어렵고, 연구의 대상이다. 화재 성장률은 연소 물질에 관한 함수뿐만 아니라 착화원의 위치와 크기, 물질의 방향 그리고 벽체와 창과 같이 다른 물질과의 인접성 등에 연관된 확률 등에도 좌우된다. 그럼에도 불구하고, 공학자는 성장률을 결정할 때 본인의 판단에 근거해야 된다. 건축물의 화재의 대부분은 작은 규모이거나, 보고되지 않는 경우가 많다. 그러나 설계목적상 최악의 화재 사례를 적용하는 것은 사려 깊은 일이다.

1) 액체 연료(liquid fuels)

풀 화재(pool fire)와 같이 대기 중에서 연소하는 액체 연료는 정상상태 조건에 도달된

표 7-2 일부 액체와 고체 연료의 연소 속도

	Density kg/m^3	Regression rate mm/hr	Mass loss kg/hr	Surface burning rate kg/s per m^2 (surface)	Sprcific surface m^2(surface) / m^2(Floor)	Total burning rate kg/s per m^2 (floor)	calorific value MJ/kg	Heat release rate MW/m^2 (floor)
Liquids								
LPG(mostly C_3H_8)	585	609	356	0.099	1.0	0.099	46.0	4.55
LPG(mostly CH_4)	415	677	281	0.078	1.0	0.078	50.0	3.90
Petrol	740	268	198	0.055	1.0	0.055	43.7	2.40
Aviation fuel JP-5	810	240	194	0.054	1.0	0.054	43.0	2.32
Liquid hydrogen	70	874	61	0.017	1.0	0.017	120.0	2.04
Kerosene	820	171	140	0.039	1.0	0.039	43.2	1.68
Heeavy fuel oil	970	130	126	0.035	1.0	0.035	39.7	1.39
Ethanol	974	68	54	0.015	1.0	0.015	26.8	0.40
Methanol	976	77	61	0.017	1.0	0.017	20.0	0.34
Wood								
Flat wood	550	40	–	0.0056	1.0	0.0056	16	0.09
1m cube	550	40	–	0.0056	6.0	0.0323	16	0.53
100mm in crib	550	40	–	0.0056	14	0.078	16	1.24
Furniture	550	40	–	0.0056	20	0.11	16	1.8
25mm in crib	550	40	–	0.0056	47	0.26	16	4.2
Softboard	300	108	–	0.0090	1.0	0.0090	16	0.14
Plastics								
PMMA	–	–	–	–	1.0	0.054	24.0	1.34
Polyethylene	–	–	–	–	1.0	0.031	43.0	1.36
Polystyrene	–	–	–	–	1.0	0.035	39.9	1.40

다면 일정한 속도로 연소하는 경향이 있다. 연소속도는 풀의 표면에 있는 연료를 증발시킬 수 있는 화염과 연소 부산물의 열에 좌우된다. 일부 액체 연료의 전형적인 연소 속도는 표 7-2에 나타나 있다. 이러한 수치는 대기에서 연소되고, 직경 2m 이상인 풀에서 유효하다.

2) 고체연료(solid fuels)

표 7-2는 노출면에 대해서 40mm/시간의 실험결과에 근거한 목재의 연소속도를 나타내고 있다. 이것은 표준 내화시험으로 도출된 실험결과이다. 또한 고형 목재 슬래브와 특정 표면적 영역(바닥면적(m^2) 당 표면적(m^2)의 목재 제품의 자료도 제시하고 있고, 세 가지 플라스틱의 자료 또한 제시되어 있다.

3) 연소 물질(Burning objects)

연소물질에 대한 설계화재의 자료는 몇 군데서 구할 수 있다. 가구에 대한 열방출률은 가구 열량계로 측정되었고, Babrauskas(1988), Nelson(1990)등의 자료가 있다. 가구에 대한 열방출률의 사례는 그림 7-6에 제시되어 있다.

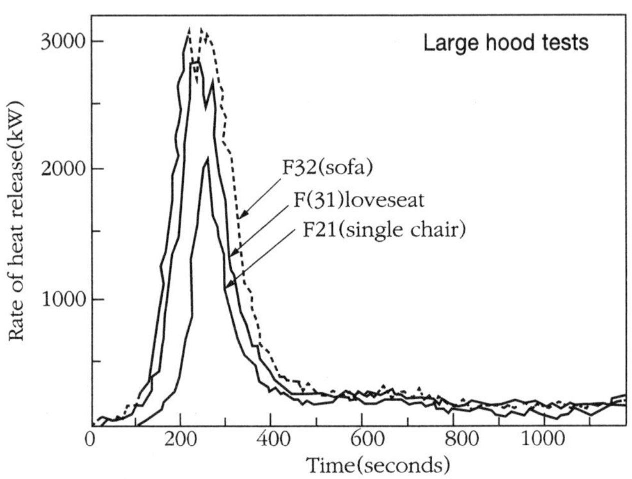

그림 7-6 가구의 열방출률

4) t^2 화재(t^2 fires)

특정 설계화재의 성장속도를 예측하기 위한 방법이 있으나, 그 중 대표적인 것이 t^2 화재성장속도이다. 처음에는 화재 감지기 작동을 예측하기 위하여 1970년대 개발되었는데, NFPA-72의 부속서에 느림, 중간 그리고 빠름 등의 세 가지 화재 성장 범주가 규정에 포함되었을 때 비로소 활발한 적용이 이루어졌다. 이것은 화재가 1.05MW에 도달하기까지의 시간에 의해서 결정되는 매우 단순한 것이었다. 느림 화재의 경우는 600초(10분) 소요되는 것으로 정의되었고, 중간 화재는 300초(5분) 그리고 빠름 화재는 150초 이내를 의미하였다.

t^2 화재성장은 일정한 방사화염속도(radial flame speed)이고, 원형적 반복형태로(circular pattern) 화재가 확산되는 곳에서의 면적당 일정한 열방출률을 가진 연소 물질로 간주될 수 있다. 대다수의 대표적 연료는 t^2 화재 성장을 명확하게 나타낼 수도 있고, 그렇지 않은 경우도 있다. 그렇지만 t^2 근사값이 합리적인 설계 결정을 하기에는 충분하다고 판단하고 있다. 성장 단계의 스케일인 매우 느림에서 매우 빠름은 화재 성장률 범위를 나타낸다. 성장 단계의 선택은 연료의 형태와 배열에 좌우된다. t^2 성장속도는 가끔 초기 가정의 범위를 초과한 경우에는 잘 적용되고, 일부 경우에는 30MW정도의 큰 화재와 같은 경우에도 적용되었다는 것을 유의해야 한다. 그러나 여기에는 다소의 의문점이 제기되기도 한다.

t^2 화재용 열방출률은 다음과 같다.

$$Q = [t/k]^2 \tag{7.3}$$

여기서, t : 시간(초)

k : 성장시간(초)

표 7-3 설계화재용 성장 시간

화재성장속도 (Fire growth rate)	성장시간 (Growth time) k (s)	화재크기 (Fire intensity coefficient) α (MW/s^2)	대표 화재 (Typical real fire)
느림(Slow)	600	0.00293	- 고밀도 목재류
중간(Medium)	300	0.0117	- 책상과 같은 고형 목재가구 - 일부 플라스틱이 포함된 가구
빠름(Fast)	150	0.0466	- 높이 적층된 목재 펠리트 - 펠리트 위의 나무 상자
매우 빠름 (Ultrafast)	75	0.1874	- 천으로 장식된 가구(Upholstered furniture) - 높이 적층된 플라스틱 재료 - 벽장 같은 얇은 목재가구

차원적으로 올바르기 위해서는 k는 $s/MW^{1/2}$이어야 하나, 공학 목적을 위하여 k의 수치 단위는 1.055MW의 열에 도달하는 화재에 대한 초 단위의 시간이다. 표 7-3에 제시된 4개의 다양한 성장 시간에 대한 열방출률은 그림 7-7에 나타나 있다.

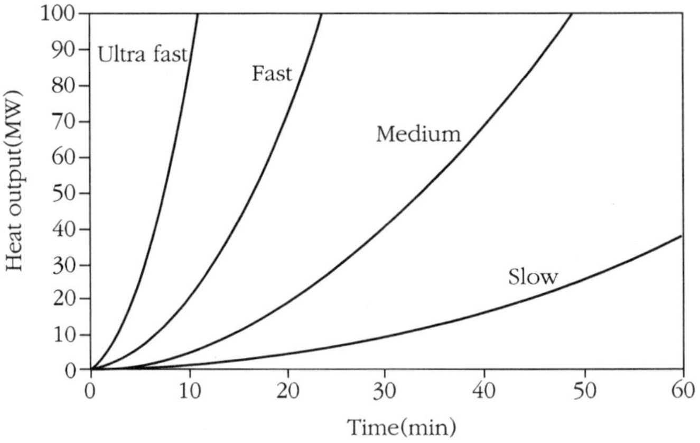

그림 7-7 t^2 화재의 열방출률

동일한 결과를 나타내는 다른 수식은 다음과 같이 t^2에 대한 열방출률 Q(MW)를 나타낸다.

$$Q = \alpha t^2 \tag{7.4}$$

여기서 α는 화재크기상수(MW/s^2), α의 크기는 표 7-3에 제시되어 있다.
α와 k는 다음의 관계에 있다.

$$\alpha = 1.055/k^2 \tag{7.5}$$

화재는 연료가 모두 연소될 때까지 또는 특정 물질의 예상되는 열방출률의 최고치에 도달할 때까지 t^2에 따라 성장하는 것으로 간주된다. 이 때 해당 열방출률에서의 연소 기간은 계산될 수 있으며, FPEtool 패키지의 한 모듈인 FORMULA는 이러한 계산에 사용될 수 있다. 일부 화재성장속도와 최고 열방출률은 Nelson(1990)에 의해서 제시되었으며, 계산시 화재 성장은 환기량에 제한되는 것이 아니라는 가정하에 이루어졌다.

5) 계산(Calculations)

그림 7-8에 대한 화재 계산이 제시되어 있다.

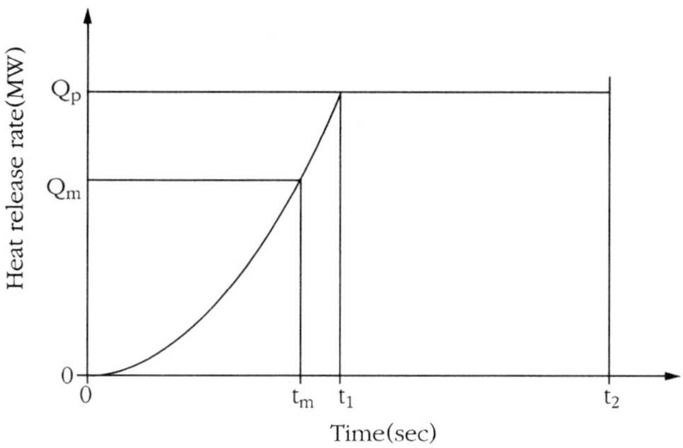

그림 7-8 열방출률의 계산

최고 열방출률 Q_p(MW)에 도달하는 시간 t_1(초)는 t^2화재에 대한 식 7.3을 사용하여 다음 식 7.6과 같이 제시된다.

$$t_1 = k\sqrt{Q_p} \tag{7.6}$$

시간 t_1에 대한 에너지 방출은 다음 식 7.7로 주어진다.

$$E_1 = \frac{t_1 Q_p}{3} \tag{7.7}$$

만일 연료의 전체 에너지 E(MW)가 t_1동안 방출되지 않으면, 정상 연소상태에서의 에너지 방출율 E_2(MW)는 다음 식 7.8과 같이 주어진다.

$$E_2 = E - E_1 \tag{7.8}$$

그리고 정상연소상태의 기간은 다음 식 7.9와 같다.

$$t_2 = t_1 - E_2 / Q_p \tag{7.9}$$

만일 연료가 최고 열방출률에 도달할 수 있는 충분한 에너지가 없을 경우, 모든 연료는 다음 식 7.10의 t_m(초) 시간에 소모될 것이다.

$$t_m = (3Ek^2)^{1/3} \tag{7.10}$$

그리고 시간 t_m에서의 연소율을 다음 식 7.11과 같다.

$$Q_m = (t_m / k)^2 \tag{7.11}$$

그림 7-9는 사무실 가구에서 발생된 화재에 대한 세 가지 열방출률 곡선을 보여주고 있다. 가구는 20MJ/kg의 비열, 무게 160kg이며, 전체 에너지 양은 3200MJ이다. $4.5m^2$ 면적이므로 $2.0MW/m^2$로 최고 열방출률은 9MW로 간주된다. 곡선은 느림, 보통 그리고 빠른 화재성장을 나타낸다. 빠르고 느린 화재에 대한 계산은 다음과 같다.

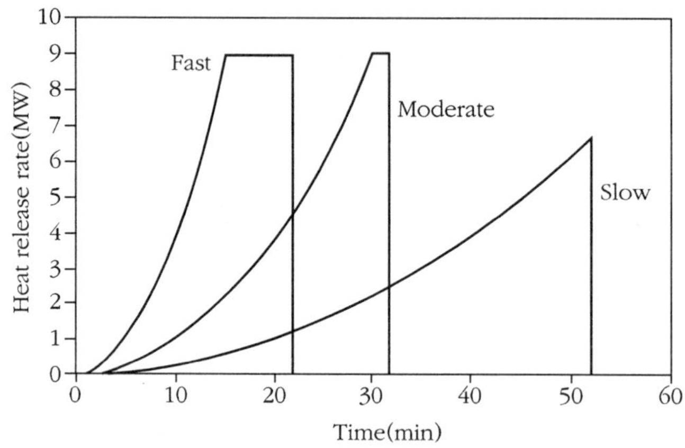

그림 7-9 화재하중 3200MJ에 대한 열방출률

예제

무게, 비열 그리고 최고 연소율을 알고 있는 연료를 대상으로 대기 중에서 연소하는 모든 연료에 대한 열방출률을 계산하시오.

감쇠 상태가 없는 정상 상태인 t^2성장 기간을 가정한다.

가구의 질량 $M = 160\text{kg}$ 비열 $h_a = 20\text{MJ/kg}$

연료의 총 에너지량 $E = Mh_a = 3200\text{MJ}$ 최고 열방출률 $Q_p = 9.0\text{MW}$

빠른 화재 $k = 150\text{초}/\text{MW}^{1/2}$

최고 방출률에 도달하는 시간 $t_1 = k\sqrt{Q_p} = 150\sqrt{9} = 450\text{초}$ (7.5분)

최고 방출률에 도달했을 때 방출된 에너지량 $E_1 = \dfrac{t_1 Q_p}{3} = \dfrac{450 \cdot 9}{3} = 1350\text{MJ}$

$E_1 < E$이므로 정상상태,

따라서 정상상태에서의 에너지 방출은 $E_2 = E - E_1 = 3200 - 1350 = 1850\text{MJ}$

정상상태의 기간은 $t_s = \frac{E_2}{Q_p} = \frac{1850}{9} = 206\text{초}$ (3.4 분)

느린 화재 $k = 600\text{초}/\text{MW}^{1/2}$

최고 방출률에 도달하는 시간 $t_1 = k\sqrt{Q_p} = 600\sqrt{9} = 1800\text{초}$ (30분)

최고 방출률에 도달했을 때 방출된 에너지량 $E_1 = \frac{t_1 Q_p}{3} = \frac{1800 \cdot 9}{3} = 5400\,\text{MJ}$

$E_1 > E$ 이므로 화재는 정상상태에 도달하지 않는다.

모든 연료가 연소하는데 걸리는 시간은

$t_m = (3Ek^2)^{1/3} = (3 \cdot 3200 \cdot 600^2)^{1/3} = 1512\text{초}$ (25분)

모든 연료가 연소될 때의 연소속도(burning rate) $Q_m = \left(\frac{t_m}{k}\right)^2 = \left(\frac{1512}{600}\right)^2 = 6.3\,\text{MW}$

만일 실내의 각 연료에 대한 설계화재가 가능하다면 한 연료에서 다른 연료로의 화재 확산시간을 예측함으로써 한 개의 열방출률곡선으로 합산할 수 있을 것이다.

4. 실내화재(room fires)

화재성장 컴퓨터 모델은 실내에서의 화재거동을 계산하는데 사용된다(Karlsson and Quintiere, 2000). 입력되는 열방출률은 환기의 제약 없이 대기 중에서 연소될 때의 연료의 설계화재이다.

화재성장 모델에 의해서 계산될 수 있는 실내의 실제 열방출률은 환기가 제한되지 않는다면 입력된 곡선에 따르지만, 자유 연소를 유발할 만큼 창문이 충분히 크지 않다면 설계화재의 열방출률 보다 작을 것이다. 식 7.6에서 7.9를 사용하여 수 계산도 가능하다. Q_p는 실내 모든 연료에 대한 전체 최고의 열방출률 또는 7.3장에서 계산되는 환기 지배된 열방출률 중 작은 값이어야 한다. 대부분 실내에서는 환기 지배 열방출률이 지배한다.

7.4장에서 다루는 화재 성장모델은 온도, 고온 가스층의 깊이, 연기의 체적, 가스와 연소 부산물의 농도 등을 예측한다. 실내에서의 화재 성장은 개구부가 없는 실내에서 ASET을 사용하여 계산하거나, 출입구와 창문이 있는 실내에 대해서는 FIRESIMULATOR를 사용한다. 더욱 복잡한 컴퓨터 화재성장 모델은 상부의 고온 가스층으로부터의 복사 등을 계산함으로써 연소율을 정밀하게 계산할 수 있다.

이러한 정보들은 액티브 시스템 또는 재실자의 피난에 도움이 되는 시간을 계산할 때 매우 유용하다.

5. 감지기 및 스프링클러 반응(detector and sprinkler response)

1) 작동시간(active time)

7.4장에서 언급되는 컴퓨터 모델은 열 감지기와 스프링클러와 같은 열에 반응하는 장비의 작동 시간을 예측하는데 사용된다.

열감지기의 작동시간은 재실자에게 화재 발생을 알려주는 경보에 감지기가 연동되어 있다는 가정하에서 피난 계산의 일부분으로 사용될 수 있으며, 자동 스프링클러 시스템의 작동은 화재를 소화하거나 크기를 제한할 수 있다. 스프링클러 작동 후의 일정한 연소속도를 가정하는 것은 안전측인 가정이다.

일반적으로 연기 감지기는 열 감지형 장치보다 훨씬 빠르게 작동한다. 그러므로 인명의 안전 측면에서 유리하다. 그러나 연기 감지기 작동은 화재 성장 모델에 의해서 예측하는 것이 매우 어렵다. 그림 7-10은 SPRINKLER/DECTECTOR RESPONSE라는 모델을 사용하여 계산한 연기 감지기, 열 감지기 스프링클러의 전형적인 반응시간과의 비교를 나타내고 있다.

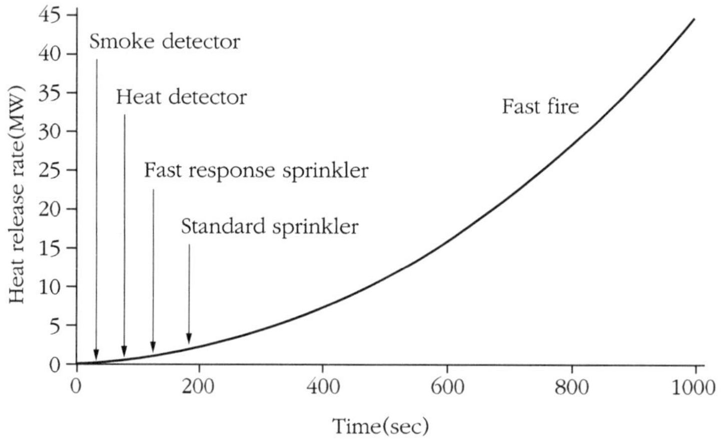

그림 7-10 빠른 화재에 대한 열방출률에 제시된 전형적인 감지작동 시간의 사례

2) 인명안전(Life safety)

대부분이 인명피해는 화재의 플래쉬오버 이전상태에서 발생한다. 주요 인명안전 목적은 피난하도록 하는 것이다. 피난 시간의 계산은 화재성장과 연기발생 속도에 관한 지식을 요구하고 있다. 이러한 정보는 화재의 감지 시간과 연속적인 재실자 인식 그리고 어떻게 할 수 없는 상태가 되기 전에 피난할 수 있는 시간에 영향을 미친다.

7.3 플래쉬오버 이후 화재

1. 서론

플래쉬오버 이후의 화재에 대한 설계 목적은 건축물 성능을 만족하기 위해서 요구되는 구조적 붕괴를 방지하고, 화재를 제한하기 위함이다.

화재의 플래쉬오버 이후 상태의 화재구획 내에 있는 모든 가연성 물질은 타버리고, 열방출률은 연료의 표면적 또는 가용할 수 있는 공기의 공급량에 좌우된다.

본 절은 화재하중, 환기조건 등을 알 고 있을 때 화재구획 내에서의 플래쉬오버 이후 화재의 크기를 평가하는 방법을 제시하고, 건축물 요소의 내화성능을 평가할 수 있는 간단한 방법을 설명한다.

2. 방화구획과 화재구획(Firecells and Fire compartments)

건축물은 화재의 확산을 저지할 수 있는 방벽으로 둘러 쌓인 방화구획(firecell)으로 구분되도록 뉴질랜드의 건축코드에 규정되어 있고, 호주의 건축코드는 화재구획(fire compartment)이라고 명칭하고 있다.

만일 방화구획과 화재구획 내부의 칸막이가 없다면, 전체 방화구획을 점유하는 화재의 크기 계산은 가능하다. 칸막이가 없는(100m^{2}를 초과하는 바닥면적) 대규모 노출 방화구획의 경우, 화재는 그 어떤 순간에도 그 방화구획을 최고 온도로 상승시키지 않고 이동하는 화재로써 방화구획을 통과할 것이다. 이동하는 화재의 예상 온도 평가 방법은 있지만(Clifton, 1996), 일반적으로 방화구획 전체를 한 개의 공간으로 간주하는 것이 안전측으로 고려된다.

방화구획 또는 화재구획은 임시적이거나 영구적인 벽으로 구획된 다수의 방으로 구성된 경우도 있다. 이 경우, 한 방에서의 화재발생은 충분한 화재 경과이후에 벽체의 파괴 또는 벽체의 약한 부분, 숨겨진 공간 등을 통하여 다른 방으로 점진적으로 확산될 수도 있다. 만일 해당 벽체가 충분한 내화성능을 확보하고 있다면, 각 방의 특색을 고려하는 별개의 화재크기 계산이 필요할 것이다.

3. 화재(fires)

1) 화재하중(fire loads)

설계화재하중(design fire load)의 수치는 건축물 생애 동안 예상되는 최고의 화재하중에 가깝다. 그 설계화재하중은 고정되거나 이동될 수 있는 화재하중의 총합계이다.

만일 특정 건물에 대한 화재하중이 고객이 제공해준 정보로 결정되었다면, 설계하중은 건축물의 생애 또는 50년 동안에 10% 초과하여 발생될 수 있는 확률(475년 재현주기)보다 적은 하중이라는 의미이다(이것은 구조설계용인 바람과 지진하중의 정의와 일치한다).

만일 화재하중이 특정용도 건물의 조사를 통하여 결정되었다면, 설계화재하중은 조사된 하중의 80% 값을 가진다.

뉴질랜드의 화재하중 조사의 결과는 BRANZ (Narayanan)에서 구할 수 있다. 유해 범주(hazard category) 1, 2, 3에 대한 설계 수치는 승인된 문서(Approved document)의 2.2.2절에 400, 800 및 1200MJ/m^2로 제시되어 있다.

방화구획 내의 전체 화재하중 E(MJ)는 가연성 물질이 탈 때 방출되는 모든 에너지의 합이며, 다음 식 7.12와 같다.

$$E = \sum k_c M h_a \tag{7.12}$$

여기서 M : 화재하중의 질량(kg)

h_a : 연료의 정미 비열 (MJ/kg)

k_c : 고려되는 시간에서 탈 수 있는 화재하중의 비율

화재하중 에너지 밀도 e_f(MJ/m^2)는 식 7.13과 같다.

여기서, 방화구획의 바닥면적 (m^2)

2) 화재 지속시간과 온도(Fire duration and temperatures)

그림 7-5는 다양한 연료하중과 환기조건에 따른 방화구획에서의 플래쉬오버 이후 화재의 대표적인 온도 곡선을 나타내고 있다. 이런 곡선은 작은 구획에서 셀룰로오스성 연료의 열방출률 자료에 근거한 열평형 계산으로 도출되었다. 그림에 제시된 곡선은 예상되는 시간-온도 곡선에 대한 구조체의 반응을 계산함으로써 내화공학설계에 사용될 수 있다.

COMPF2 컴퓨터 프로그램은 플래쉬오버 이후 화재의 온도와 열류(heat flux)를 계산할 수 있다.

화재 위험성 t_e는 화재의 지속시간과 동일하지는 않다. 화재 지속시간 평가는 그림 7-5에 제시된 시간-온도 곡선을 사용하거나, 다음의 근사 계산을 사용한다.

환기 지배형 화재의 경우, 연소율은 개구부를 통해 유입되는 공기의 질량에 좌우된다. 이것은 Kawagoe가 플래쉬오버 이후 화재의 실험 결과를 분석할 때 관측된 것이다. 그의 경험식은 다음과 같이 플래쉬오버 이후의 환기에 대한 베르누이 방정식을 적용함으로써 유도할 수도 있다.

$$\dot{m}_a = 0.5 A_v \sqrt{h} \tag{7.14}$$

여기서, $\dot{m}_a$: 화재구획으로 유입되는 공기의 유동속도(mass flow rate ; kg/s)

A_v : 벽체 개구부의 전체 면적(m^2)

h : 개구부의 높이(m)

다양한 높이의 개구부에 대해서는 전체 면적과 가중치된 평균 높이가 고려되어야 한다. 화재구획 내의 열방출률은 대부분이 연료가 3.0MJ/kg인 공기 소모량 당 일정한 에너지 방출을 한다고 가정함으로써 평가된다. 그래서 화재구획 내의 환기 지배형 열방출률 Q_ν(MW)는 다음 식 7.15와 같다.

$$Q_\nu = 1.5 A_\nu \sqrt{h} \tag{7.15}$$

이것은 개구부 밖에 일어나는 화염속의 타지 않았든 가스의 연소로 인한 추가적인 열방출을 포함하지 않는다.

Kawagoe는 다음과 같은 목재 클립의 환기 지배형 연소율 $\dot{m}_a$의 경험식 7.16을 도출하였다.

$$\dot{m}_a = 0.092 A_\nu \sqrt{h} \tag{7.16}$$

여기서, A_v : 벽체 개구부의 전체 면적(m^2)

h : 개구부의 높이(m)

식 7.16은 $\dot{m}_a = 5.5 A_\nu \sqrt{h}$ (kg/분)으로 사용된다.
대응되는 열방출률 Q_ν는 다음 식 7.17과 같다.

$$Q_\nu = \dot{m} h_a \tag{7.17}$$

여기서, h_a : 목재의 비열

만일 h_a가 16MJ/kg이라면, 식 7.17은 식 7.4와 동일하게 된다.
만일 연료가 표 7.2를 사용하여 계산된 열방출을 확보하기에 불충분한 표면적인 경우, 연소속도는 열방출률 Q_ν보다 적을 수 있다.
만일 질량 M인 목재 등가 연료하중(fuel load)을 알고 있다면, 연소 기간의 지속시간 t_b (초)는 다음 식 7.18과 같이 계산된다.

$$t_b = \frac{M}{\dot{m}} \tag{7.18}$$

식 7.18은 화재 확산계산을 위한 최성기 화재의 연소 기간을 평가하는 것이고, 반면 식 7.20은 내화성능 평가에 더 적합하다. 식 7.18은 벽체의 개구부가 포함된다는 것과 식 7.20은 지붕의 개구부를 포함한다는 것에 유의해야 된다.

3) Thomas의 플래쉬오버 상관관계(Thomas's flashover correlation)

토마스의 플래쉬오버 상관관계(식 7.19)는 화재가 플래쉬오버를 유발할 수 있는 충분한 열방출률 Q_{fo}(MW)을 생성할 수 있는 환기조건이 되는 지를 확인하는데 사용될 수 있다.

$$Q_{fo} = 0.0078 A_t + 0.378 A_\nu \sqrt{h} \tag{7.19}$$

여기서, A_t : 방화구획의 전체 내부 표면적

만일 Q_ν이 Q_{fo}보다 적다면, 플래쉬오버가 발생되지 않을 것이다.

예제

형태, 화재하중 및 개구부 크기가 주어진 화재구획에 대해서, 환기 지배형 연소속도와 연소 지속시간을 계산하시오. 플래쉬오버가 발생되는 지의 여부를 토마스 플래쉬오버 상관관계를 이용하여 체크하시오.

- 화재구획의 길이 $L_f = 6\text{m}$
- 화재구획의 폭 $W_f = 3\text{m}$
- 바닥면적 $A_f = L_f \times W_f = 6 \times 3 = 18\text{m}^2 = 6\text{m}$
- 화재구획의 높이 $H = 2.5\text{m}$
- 창의 높이 $h = 1.8\text{m}$
- 창의 폭 $w = 2.4\text{m}$
- 창의 면적 $A_\nu = hw = 1.8 \times 2.4 = 4.32\text{m}^2$
- 전체 내부 표면적 $A_f = 2[A_f + H(L_f + W_f)] = 2[18 + 2.5(6+3)] = 81.0\text{m}^2$
- 화재하중에너지 밀도 $e_f = 1000\,\text{MJ/m}^2$
- 전체 화재하중 $E = e_f A_f = 18{,}000\,\text{MJ}$
- 목재 연료의 비열 $h_a = 16\text{MJ/kg}$
- 연료의 질량 $M = E/h_a = 18{,}000/16 = 1125\,\text{kg}$
- 환기 지배형 연소율 $\dot{m} = 0.092\,A_v\sqrt{h} = 0.092 \times 4.32 \times \sqrt{1.8} = 0.533\,\text{kg/s}$
- 열방출률 $Q_\nu = \dot{m}h_a = 0.5333 \times 16 = 8.5\,\text{MW}$
- 연소 지속시간 $t_b = M/\dot{m} = 1125/0.5333 = 2110\,s\,(35.2\text{분})$
- 토마스 플래쉬오버 상관관계

$$Q_{fo} = 0.0078A_t + 0.378A_\nu\sqrt{h} = 0.0078 \times 81 + 0.378 \times 4.32 \times \sqrt{1.8} = 2.8\,\text{MW}$$

플래쉬오버는 발생됨. 그 이유는 $Q_\nu > Q_{fo}$

4. 화재 위험성(fire severity)

본 절은 화재 위험성 계산을 위해서 "등가 화재 위험성" 개념 사용을 권장한다. 정확한 평가, 실제 시간 온도 곡선은 유럽코드의 변수 화재곡선을 사용하여 예측할 수도 있다. 등가화재 위험성은 화재의 완전한 지속시간과 동일하지는 않다는 점을 유의해야 한다.

1) 화재의 등가 시간(equivalent time of fire exposure)

플래쉬오버 이후의 화재 위험성은 완전 전소되는 화재구획내에서의 피복된 구조부재의 최고 온도를 재현할 수 있는 표준화재에서의 등가의 시간이다. 등가 시간법은 단열재로 피복된 구조부재용으로 개발되었으며, 여기서 강재 온도는 화재의 온도보다 지연된다. 본 방법은 RC구조물에도 적용가능하나, 목재의 경우는 다소 정확성이 떨어지지만 적용, 가능한 것으로 간주된다. 본 방법은 무피복 강재의 경우, 정확성은 떨어지고, 강재의 온도는 화재의 온도와 거의 같이 증가된다.

등가 화재 위험성 t_e에 대한 유럽코드의 권장 경험식은 다음 식 7.20과 같다.

$$t_e = e_f k_b w_f \tag{7.20}$$

여기서, e_f : 화재하중(MJ/m^2)

k_b : 표 5.1에 제시된 전환계수

w_f : 다음에 주어진 환기계수

표 7-4의 k_b 값은 유럽코드 값보다 1.3배 증가되어 있으며, k_b 값 0.09는 벽체와 천장에 방화석고보드를 설치한 화재구획에 대한 값이고, 마감재료를 알 수 없는 곳의 계산에 사용되어야 한다. 이 값은 표 7-5에 제시된 바와 같이 C/ASI의 2000에 사용되었다.
계산된 화재 위험성 t_e는 단일 부재 또는 조합체의 요구되는 내화성능을 평가할 때 사용될 수 있다.

표 7-4 다양한 화재구획 마감재료에 대한 전환 계수

$\sqrt{\lambda \rho c}\,(J/m^2 K s^{0.5})$	건설재료	k_b
400	초경량단열재료	0.10
700	석고천장, 벽체 및 목재 바닥	0.09
1100	경량콘크리트 천장 및 바닥, 석고벽체	0.08
1700	일반콘크리트 천장, 바닥, 석고벽체	0.065
2500	얇은 강판 지붕	0.045

$\lambda =$ 열전도율 (W/m K), $\rho =$ 밀도 (kg/m^3), $c =$ 비열 (J/kgK)

표 7-5 등가 화재 위험성(t_e)(분)

A_v/A_f	Fuel load 400MJ/m²					Fuel load 800MJ/m²					Fuel load 1200MJ/m²				
	A_h/A_f					A_h/A_f					A_h/A_f				
	0.00	0.05	0.10	0.15	0.20	0.00	0.05	0.10	0.15	0.20	0.00	0.05	0.10	0.15	0.20
0.05	90	60	50	40	40	180	120	100	80	80	240	180	140	140	120
0.06	80	50	50	40	40	160	110	90	80	80	240	160	140	120	110
0.07	70	50	40	40	40	150	100	80	80	70	220	160	140	120	110
0.08	70	50	40	40	30	140	90	80	70	70	220	140	120	110	100
0.09	60	40	40	30	30	140	90	80	70	70	200	140	110	110	100
0.10	60	40	40	30	30	120	80	70	70	70	180	140	110	100	100
0.11	60	40	30	30	30	110	80	70	70	60	160	120	110	100	100
0.12	50	40	30	30	30	100	70	70	60	60	160	110	100	100	90
0.13	50	40	30	30	30	100	70	70	60	60	160	110	100	90	90
0.14	50	30	30	30	30	90	70	60	60	60	140	100	100	90	90
0.15	40	30	30	30	30	80	70	60	60	60	120	100	90	90	90
0.16	40	30	30	30	30	80	70	60	60	60	110	100	90	90	90
0.17	40	30	30	30	30	80	60	60	60	60	110	90	90	90	90
1.18	40	30	30	30	30	70	60	60	60	60	110	90	90	90	80
0.19	30	30	30	30	30	70	60	60	60	60	110	90	90	80	80
0.20	30	30	30	30	30	70	60	60	60	60	100	90	80	80	80
0.25	30	30	30	30	30	60	60	60	60	50	90	80	80	80	80

2) 환기계수(Ventilation factor)

환기계수 w_f는 다음 식 7.21과 같다.

$$w_f = \left[\frac{6.0}{H}\right]^{0.3}\left(0.62 + \frac{90(0.4-\alpha_\nu)^4}{1+b_\nu\alpha_h}\right) > 0.5 \tag{7.21}$$

여기서, $\alpha_\nu = A_\nu/A_f \quad 0.025 \le \alpha_\nu \le 0.25$

$\alpha_h = A_h/A_f \quad \alpha_h \le 0.20$

$b_\nu = 12.5(1+10\alpha_\nu - \alpha_\nu^2)$

A_f : 화재구획의 바닥면적(m²)

A_ν : 수직 창과 문 개구부의 면적(m²)

A_h : 지붕의 수평 개구부 면적(m²)

H : 화재구획의 높이 (m)

3) 일람표(tabulated values)

식 7.20으로부터 t_e의 값은 허용 해결방안인 C/AS1 (BIA, 2000)에 명시되어 있으며, 표 7-5와 같다. 이 표는 높이 3미터, k_b 0.09 그리고 화재하중에너지 밀도(MJ/m^2)인 화재구획의 천장에 대한 값이다.

4) 열방출률(Rate of heat release)

등가시간으로 시사되는 열방출률은 다음 식 7.22와 같다.

$$Q_e = E/60t_e \tag{7.22}$$

이 값은 실제 화재의 최고 열방출률 또는 실제 평균값과 상당히 다를 수 있으나, 화재 시나리오 간 비교자료로 사용될 수 있다.

예제

다음과 같은 건축물 조건, 창문 크기 및 화재하중의 콘크리트 화재구획에 대해서, 등가화재위험성을 계산하시오.

- 화재구획의 길이 $L_f = 5\text{m}$
- 화재구획의 폭 $W_f = 5\text{m}$
- 바닥면적 $A_f = L_f \times W_f = 5 \times 5 = 25\,\text{m}^2$
- 화재구획의 높이 $H = 3\text{m}$
- 화재하중에너지 밀도 $e_f = 800\text{MJ/m}^2$
- 전환계수 $k_b = 0.07$ 분 m^2/MJ
- 창 개구부 높이 $h = 2.0\text{m}$ 폭 $w = 3.0\text{m}$
- 개구부의 면적 $A_\nu = hw = 6\,m^2$, 천장 개구부 없음 $A_h = 0$

$$\alpha_\nu = \frac{A_\nu}{A_f} = 0.24 \qquad \alpha_h = \frac{A_h}{A_f} = 0$$

$$b_\nu = 12.5(1 + 10\alpha_\nu - \alpha_\nu^2) = 41.8$$

- 환기계수 $w_f = \left(\frac{60}{11}\right)^{0.3}\left[0.62 + \frac{90(0.4-\alpha_\nu)^4}{1 + b_\nu \alpha_h}\right] = 0.836$
- 평균 화재 위험성 $t_e = e_f k_b w_f = 46.8$분
- 총 연료하중 $E = A_f e_f = 20{,}000\,\text{MJ}$

등가 열방출속도 $Q_e = \frac{E}{t_e} = 427\,\text{MJ/분} = 7.1\,\text{MW}$

5) 단층 건축물(Single storey buildings)

대부분 단층 건축물 지붕의 내화성능은 거의 갖추지 못하였기 때문에 화재 발생 시 지붕재료가 붕괴되거나 타버린다. 이 경우의 화재는 구획화재보다는 공기 노출 화재(open-air fire)의 성격을 띠게 된다.

주변 구조체에 옮겨 붙은 공기 노출화재의 위험성은 열이 대기로 노출되기 때문에 구획화재의 위험성보다 작다.

화재의 지속시간 동안 지붕이 그대로 남아 있다고 가정하는 등가 위험성 공식을 사용하는 것이 안전측이다. 채광창이 화재 시 쉽게 타거나 녹을 수 있는 플라스틱이나 유사 재료로 되어 있고, 표 7-5 또는 식 7.20을 사용할 경우, 수평 지붕 통풍구로 간주되어야 한다.

예제

폴리우레탄 플라스틱 30 톤을 보관하는 20m×40m×4m 높이의 창고이고, 창고의 한 쪽벽에서 천장까지 닿는 길이 10m 의 개구부가 있으며, 지붕의 10 %는 천창이다.

- 바닥면적 $A_f = L_f \times W_f = 20 \times 40 = 900\,\mathrm{m}^2$
- 지붕 높이 $H = 4.0\mathrm{m}$
- 벽체 개구부 면적 $A_\nu = hw = 10 \times 4 = 40\,\mathrm{m}^2$
- 벽체 개구부 높이 $h = 4.0\mathrm{m}$
- 지붕 개구부의 면적 $A_h = A_f \times 10\% = 80\,\mathrm{m}^2$

$$\alpha_\nu = \frac{A_\nu}{A_f} = \frac{40}{800} = 0.05$$

$$\alpha_h = \frac{A_h}{A_f} = \frac{80}{800} = 0.1$$

$$b_\nu = 12.5(1 + 10\alpha_\nu - \alpha_\nu^2) = 18.7$$

- 환기계수 $w_f = \left(\frac{60}{11}\right)^{0.3}\left[0.62 + \frac{90(0.4-\alpha_\nu)^4}{1+b_\nu\alpha_h}\right] = 01.23\mathrm{m}^{-0.3}$
- 연료 질량 $M = 30{,}000\mathrm{kg}$
- 폴리에틸렌의 비열 $h_a = 44\,\mathrm{MJ/kg}$
- 전체 연료하중 $E = h_a M = 44 \times 30{,}000 = 1.32 \times 10^6\,\mathrm{MJ}$
- 연료하중 에너지 밀도 $e_f = E/A_f = 1650\,\mathrm{MJ/m}^2$
- 전환 계수 $k_b = 0.045$
- 등가화재위험성 $t_e = e_f k_b w_f = 91$ 분

만일 지붕이 그대로 유지된다면, 등가 열방출률 $Q_e = E/60t_e = 242\text{MW}$

지붕이 내화등급된 것이 아니라서 화재 노출 30분 이내에 붕괴된다고 가정하라. 그리고 대기 노출 화재로써 연소 지속시간과 연소율을 계산하시오.

폴리에틸렌의 표면 열방출률은 표 7-5로부터 $q_f = 1.36\text{MW/m}^2$임을 알 수 있고, 폴리에틸렌의 노출면적은 바닥면적과 같다고 가정한다.

- 열방출률 $Q = q_f \times A_f = 1.36 \times 800 = 1088\,\text{MW}$
- 연소 지속시간은 $t_b = E/Q = 1213\text{초} = 20.2\text{분}$

5. 화재 저항성(Fire resistance)

1) 서론

화재 저항성 설계를 하는 이유는 건축물의 특정 성능을 만족시키기 위하여 건축물의 모든 요소가 화재의 확산과 붕괴를 방지하기 위함이다. 화재 저항성은 건축물 요소가 화재에 저장할 수 있는 능력의 한 수단이며, 해당 구조 부재가 표준화재곡선에 노출되었을 경우 일정한 기준을 만족하기 위한 시간으로 정량화된다. 조합체가 실지 화재에 노출된 경우에서의 화재 저항성은 꼭 시간일 필요는 없다. 구조적 화재 저항성은 구조 요소의 내력적 능력 또는 온도를 사용하여 정량화될 수 있다. 건축물 요소의 화재 저항성은 화재의 크기, 재료, 형태, 부재의 지지조건, 주변 구조체와의 결합조건 및 작용 하중 등 많은 요소에 좌우된다.

화재 저항성 등급(FRR;Fire Resistance Rating) 또는 화재 저항성 수준(FRL ; Fire Resistance Level)은 시험 등으로 평가된 화재 저항성이다.

화재 저항성은 다음과 같은 목적이 있다.

a) 모든 재실자가 대피할 때까지 피난 경로가 되는 안전통로로의 화재 확산을 방지해야 됨.

b) 대피 경로로의 화재 확산을 방지하여 소방 관계자를 보호하고, 화재구획에서의 구조체 붕괴를 방지해야 됨.

c) 화재구획 내의 다른 방으로 확산 또는 다른 화재구획으로 확산을 방지해야 됨.

d) 구조물 임의 부분에서의 붕괴 방지

e) 외부 벽체의 붕괴와 단열 파괴를 통한 인접 건물로의 확산을 방지해야 됨.

f) 화재 이후의 수리 및 재사용이 가능해야 됨.

2) 요구 기준(failure criteria)

화재 저항성에 대한 세 가지 요구 기준은 안전성(stability), 건전성(integrity) 및 단열성(insulation)이다. 안전성 기준을 충족시키기 위해서는 구조 요소는 하중 지지 기능을 발휘해야 하고, 시험 동안 구조적 붕괴없이 작용된 하중을 견뎌야 한다. 대부분의 시험표준은 하중 지지용 처짐과 처짐률 제한을 가지고 있으며, 이에 따라 가열로에 손상을 줄 수 있는 시험체의 실제 붕괴 전에 시험을 중단할 수 있다.

건전성과 단열성 기준은 화재 확산을 방지하기 위하여 화재를 제한할 수 있는 방벽의 능력을 시험하는 것이다. 건전성 기준을 충족시키기 위해서는 연기와 고온 가스를 통과시킬 수 있는 균열과 같은 틈이 없어야 한다. 단열 기준을 충족시키기 위해서는 시험체의 낮은 온도 부분의 평균온도 상승이 140℃ 그리고 한 곳에서의 온도 상승이 최고 180℃를 초과해서는 안 된다. 이러한 온도에서는 방벽의 다른 부분으로 화재가 확산할 수 없다.

모든 화재 등급된 건축 요소는 다음 표 7-6에 제시된 세 가지 기준의 한 개 또는 이상을 만족해야만 한다. 유리가 열 복사 저항이 거의 없고, 단열 기준을 충족하지 못하기 때문에 화재저항 유리는 건전성 기준만 충족하면 된다.

표 7-6 건축물 요소의 요구 기준

	Stability	Integrity	Insulation
Partition		○	○
Load bearing wall	○	○	○
Floor/ceiling	○	○	○
Beam	○		
Column	○		
Fire resistant glazing		○	

요구되는 화재 저항성은 안전성/건전성/단열성(이와 같은 순서로)으로 표현된다. 예로써, 일반적인 내력 벽체는 특정한 화재저항성 60/60/60으로 나타낸다. 이것은 각각 한 시간 등급의 안전성, 건전성 및 단열성이 요구된다는 의미이다. 만일 동일한 벽체가 비내력이라면, 특정 화재 저항성은 -/60/60일 것이다. 유리 패널로 구성된 방화문은 특정 등급 -/30/-으로 표현된다. 이는 30분의 건전성만이 요구된다는 의미이다.

3) 표준시험(standard test)

실험적으로 화재 저항성을 시험할 경우, 대형 크기에 의한 표준 화재 저항성 시험을 적용한다. 호주와 뉴질랜드에서 사용되는 표준은 AS 1530 4장이며, 이는 ISO 834, BS 476의 20~22장 그리고 ASTM E119과 유사하다. AS 1530 4장 또는 ISO 834에 따라 시험할 때, 다음과 같은 온도(T)를 가지는 화재곡선이 사용된다(식 7.23).

$$T = 345\log_{10}(8t+1) + T_o \tag{7.23}$$

여기서, t : 시간(분)

T_o : 주변 온도(℃)

화재 저항성의 파괴는 다음의 기준으로 평가된다.

안전성 파괴 : 하중 지지력 상실

건전성 파괴 : 화염 또는 고온 가스의 통과

단열성 파괴 ; 비노출면의 140℃ 평균온도 상승 또는 국부적 180℃ 최고온도 상승

계산에 의한 화재 저항성 결정 시에도 표 7-6과 같은 기준이 적용된다.

4) 등가 시간에 의한 설계(design based on equivalent time)

본 절에서의 화재 저항성 설계는 표준화재시험 또는 그런 시험에 근거한 계산 결과와의 비교를 위해서 표준화재에 노출된 등가시간으로 도출된 등가화재 위험성(equivalent fire severity)으로 수행한다.

설계는 다음 식 7.24와 같이 진행한다.

$$t_r \geq t_{ed} \tag{7.24}$$

여기서, t_r : 아래와 같은 화재 저항성 등급(분)

t_{ed}: 다음 식 7.25와 같은 설계화재저항성(분)

$$t_{ed} = k_s t_e \tag{7.25}$$

여기서, t_e : 등가화재 위험성

k_s : 스프링클러가 설치된 건축물은 0.5, 나머지 건축물은 1.0

k_s는 논란이 많고, 지속적으로 연구되어야 하는 부분이며, 높은 k_s수치는 고층 건축물에 고려되어야 한다.

6. 화재 저항성의 결정(Determination of fire resistance)

화재 저항성 t_r은 다음에 의해서 결정될 수 있다.

a) AS 1530 4장 또는 동등한 규격에 의한 실험

b) 계산에 의함(단, 건정성은 제외)

c) 내삽 및 외삽 그리고 실험 또는 해석 결과로 부터의 유추

d) 시험결과에 의한 인증 일람표 참고

e) 범용 화재 저항성 일람표 참고

모든 경우에 있어서, 화재 저항성은 표준화재에 노출된 시간으로 측정된다.

1) 계산에 의한 화재 저항성(Fire resistance by calculation)

구조적 내화설계는 급속히 발전하는 분야이다. 현재로서 신뢰할 만한 참고문헌이 부족하나, 설계 지침과 텍스트 등은 개발되고 있다. 계산에 의한 내화설계는 해당 시스템이 의도한 대로 작동된다는 것과 적용된 피복재료가 제 위치에 존재하고 있다는 것을 증명하기 위해 시험을 통하여 보완되어야만 한다.

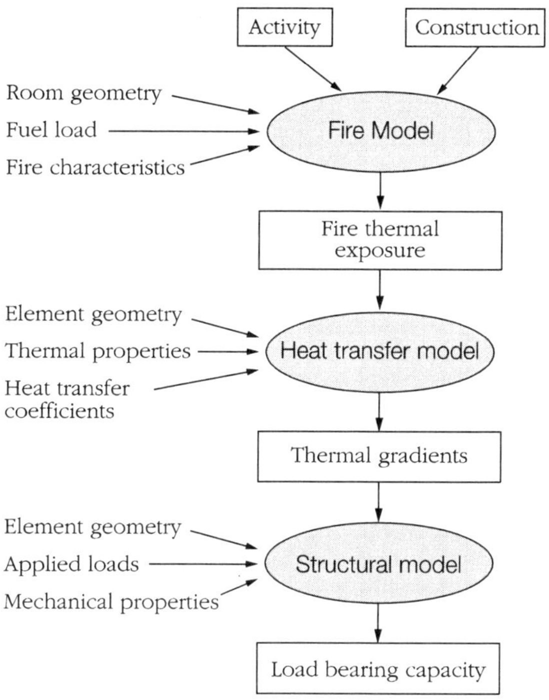

그림 7-11 화재 저항성을 계산하는 흐름도

그림 7-11은 계산을 통한 화재 저항성을 결정하는 전반적인 과정을 보여주는 흐름도이다. 여기에는 화재 모델, 열전달 모델 그리고 구조 모델 등의 주요 세 가지 요소로 구성되어 있다.

화재모델은 표준화재, 평가되거나 측정된 실제 화재 등을 포함하는 임의의 시간과 온도에 관한 곡선이다. 화재 온도는 방의 형태, 환기 및 화재 하중에 영향을 받는다. 만일 시간 등가 공식이 사용된다면 화재 위험성이 이미 표준화재에 대한 노출의 등가시간으로 제시된 공식에 포함되어 있기 때문에 화재모델을 사용할 필요가 없다.

열전달 모델은 화재에 노출된 부재의 온도 구배를 계산하는데 사용된다. 열전달 계산은 구조부재의 형태, 재료의 열적 특성, 경계 조건에서의 열전달 계수 등을 필요로 하며, 표면으로 향하는 열전달은 대류와 복사의 조합이다. 고체를 통과하는 열전달은 전도로 진행되며, 공극을 통한 열전달은 복사와 대류의 조합이다. 일부 열특성은 온도에 따라 달라지고, 열전달 계수 등은 잘 알려져 있지 않은 점 등이 어려움이다. 정확한 결과는 유한요소 컴퓨터 프로그램을 활용하여 얻을 수 있다.

구조모델은 화재 조건에서의 구조 해석 과정이다. 본 과정은 본질적으로 비-화재 조건과 동일하다. 단 다음과 같은 사항은 화재 설계에서 추가되어야 한다.

- 화재 시 구조체에 작용하는 하중
- 다음을 유발하는 구조부재에서의 온도 상승
  · 열팽창 및 변형
  · 내부 부재력과 구속
  · 기계적 특성의 감소
  · 하중이동 경로와 파괴 메커니즘의 변경
  · 부재력의 재분배
  · 탄화와 스폴링(spalling)에 의한 단면적 감소

화재에 노출된 구조 부재의 성능을 계산하기 위한 단순 모델은 7.4절에 서술되어 있다. 대부분은 강재, 콘크리트에 대한 설계코드로부터 인용하였으며, 수 계산 방법은 단순한 부재에는 적용이 가능하지만, 가구 또는 대형 구조체의 해석에는 복잡한 컴퓨터 모델이 필요하다. 실제 건축물은 단순한 기둥, 보의 조합체보다 훨씬 복잡하므로 전체 건축물의 화재 저항성 평가는 각 구조부재의 화재 저항성과 건축물 내부에서의 각 위치에 대한 것도 고려되어야만 한다. 컴퓨터에 의한 구조해석 모델은 열팽창, 하중 부가 및 하중 제거 그리고 대 변형 및 온도에 따른 재료의 비선형 효과 등을 고려할 수 있어야만 한다.

실제 건축물에서의 대부분 부재는 시험된 부재와는 크기, 형태, 조인트 등에서 차이가 있다.

2) 하중과 강도 감소 계수(Loads and strength reduction factors)

내화설계에서 고려되는 하중은 다음 중의 한 개이다.

a) NZS 4203, AS 1170의 일반 용도에 대한 하중 또는

b) 특정 용도에서 화재 발생 시 예상되는 하중값

어떠한 경우라도 하중 조합은 화재조건에 대한 NZS 4203, AS 1170에 규정된 바와 같아야 한다. 조합하중의 결과는 그 규정이 요구하는 전체 설계하중(즉 고정하중 + 전체 적재하중)보다 적을 수 있다.

비화재 설계에 대한 하중조합은

$$1.2\,G + 1.6\,Q \text{ (NZS 4203)} \quad 1.25\,G + 1.5\,Q \text{ (AS 1170)}$$

여기서, G : 고정하중

Q : 적재하중

화재조건의 하중조합은 다음과 같다.

$$G + 0.6\,Q \quad \text{또는} \quad G + 0.4\,Q \text{(NZS 4203)}$$

$$1.1\,G + 0.6\,Q \quad \text{또는} \quad 1.1\,G + 0.4\,Q \text{ (AS 1170)}$$

0.6은 창고용도에 대한 계수이고, 0.4는 다른 용도에 대한 것이다.

재료에 관련된 강도 감소계수 (ϕ)는 재료 코드에 규정되어 있으며, 일반적으로 상온 설계에서 $\phi < 1$이고, 화재 조건에서는 $\phi = 1$이다.

3) 범용 일람표(Generic Listings)

범용 일람표는 특허 제품 또는 계산 방법에 관련되지 않는 것들을 의미한다. 예로써 강재에 콘크리트가 충전된 것 또는 RC부재에 대한 최소 두께 또는 피복 요구사항 등이 포함된다.

4) 인증 일람표(Proprietary Listings)

인증 증빙은 제조자 또는 판매자에 의해서 시험된 인증 시스템의 결과물이다. 여기에는

경량 가구벽체와 바닥 시스템 그리고 구조 가구의 피복두께 등이 있다. 이런 인증은 대부분 직접 사용이 가능하지만, 모든 하중조건과 복잡한 구조 거동이 예측되는 곳에 사용되는 것은 아니다. 따라서 상세한 정보는 개별 인증업체와 협의를 거쳐야 한다.
뉴질랜드의 경우, 유일한 승인 내화등급 구조 시스템은 MP9로 알려진 서류이다. 이와 유사한 서류는 미국과 캐나다의 Underwriters Laboratories이며, 호주에는 이와 같은 서류가 없다.

7. 구조용 강재(structural steel)

1) 서론

구조용 강재의 화재 성능에 관한 연구는 지속적으로 많은 성과를 내고 있다. 구조용 강재에 관한 뉴질랜드의 연구는 주로 HERA에 의해서 이루어지고, 또한 Clifton과 Feeney 그리고 Buchanan이 주도하고 있다. 화재 시 강구조 건축물의 구조적 거동 연구는 지난 몇 년 동안 급격히 발전해 왔으며, 이 결과는 설계에 적용되고 있다. 주요 이슈는 실제 건축물에서의 대형 규모의 화재 시험에 의한 결과를 토대로 단일 부재에서 구조 시스템과 건물 전체를 대상으로 바뀌고 있다는 점이다.

2) 구조용 부재의 피복(protection of structural steelwork)

화재에 노출된 강재의 둘레가 상대적으로 작은 무피복 구조용 강재 부재는 중(重)부재에 비해서 급격한 온도의 상승과 강도의 손실이 발생될 수 있다.
화재에 노출되었을 때 구조용 강재의 온도 상승속도를 감소시키기 위해서 다음과 같은 방법이 사용된다.

· 시멘트 기반재료의 스프레이 방식
· 보드 시스템(석고보드, 나트륨 실리케이트 등)
· 콘크리트 채움(전체적, 부분적)
· 내화페인트
· 중공 단면의 물채움
· 부재에 직접적인 물 분사

모든 부재에 대해서, 피복이든 무피복이든, 온도의 상승 속도는 단면형상계수(section factor), 즉 $H_p/A(m^{-1})$에 좌우된다. 여기서, H_p는 가열된 둘레이고, A는 강재의 단면적이다. 그림 7-12에서 나타난 바와 같이 낮은 H_p/A비를 가진 부재의 온도 상승은 높은 H_p/A비를 가진 부재에 비해서 완만한 상승 경향을 보인다. 일반 참고문헌에는 질량에 대한 표면적을 사용하고 있다(m^2/ton). NZS 3404에는 두 가지 모두 사용되고 있지만, AS 4100에는 질량에 대한 표면적을 사용하고 있다.

설계자는 특정 단열재료가 강구조 부재의 대변형을 유발할 수 있는 화재에서도 그 성능을 발휘하고 제 위치에 남아 있다는 것을 증명하기 위해서 내화시험을 거쳤다는 것을 보증해야만 한다.

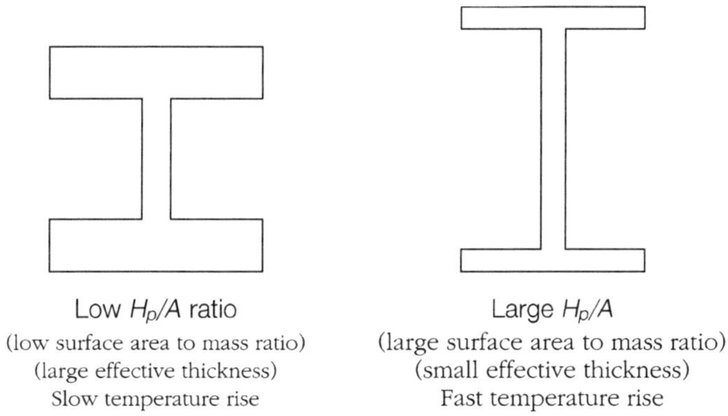

그림 7-12 온도 상승에 대한 H_p/A의 효과

3) 권장되는 설계방법(recommended design methods)

화재 노출 시 구조용 강재의 권장되는 설계방법은 강구조 설계코드인 NZS 3404 : 1992 및 AS 4100 : 1990에 규정되어 있으며, 규정들의 내용은 거의 동일하다. 강구조 코드는 설계자들이 내화시험에 의하거나, 규정된 계산방법 또는 합리적인 방법을 적용하여 계산하는 것을 허용하고 있다.

4) 간략 설계방법(simple design method)

NZS 3404 및 AS 4100에 규정된 간략 설계방법은 고려되는 조건하에서의 강재 부재의 한계온도 결정에 기반을 두고 있다. 그리고 그 부재가 표준화재 저항성 시험에서 한계온도에 도달하는 시간을 결정하는 것이다. 온도에 따른 항복강도와 탄성계수의 변동은 그림 7-13에 제시되어 있다. 이러한 곡선은 일반적인 구조용 강재에 적용된다.

5) 구조용 강재의 한계온도 결정(determination of limiting steel temperature)

한계온도는 강재의 강도 및 부재에 작용하는 하중을 고려하면서 강구조 부재가 항복할 것으로 예상되는 온도이다. 한계온도는 다음 식 7.26의 T_1(℃)식으로 계산할 수 있다.

$$T_1 = 905 - 690 r_f \tag{7.26}$$

여기서 r_f는 상온에서의 해당 부재의 설계력에 대한 화재 시 설계하중하에서의 부재에 작용하는 설계력에 대한 비율이다. 본 식은 그림 7-23의 점선으로부터 도출되었다.

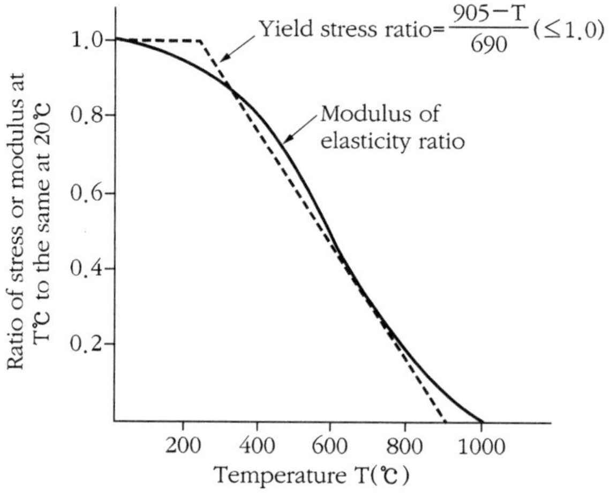

그림 7-13 온도에 따른 강재의 기계적 특성 변동

6) 한계온도에 도달하는 시간의 결정(Determination of time to reach limiting temperature)

NZS 3404 및 AS 4100는 시험에 근거하여 한계온도에 도달되는 시간을 규정하고 있다. 이러한 시험이 없을 경우에는 경량, 건조 단열재로 피복된 강구조 부재의 한계온도 도달 시간 예측에는 다음의 ECCS식(식 7.27)이 사용될 수 있다.

$$t = 40(T_1 - 140)\left[\frac{\lambda}{d}\frac{H_p}{A}\right]^{-0.77} \tag{7.27}$$

여기서, H_p : 구조용 강재 단면의 가열된 둘레 (m)

A : 구조용 강재 단면의 단면적 (m^2)

λ : 단열재의 열전도율(W/mK)

d : 단열재의 두께(m)

이 식은 t 30분에서 240분 그리고 T_1 400℃에서 800℃, H_p/A 10에서 300 그리고, d/λ 0.1에서 0.3m^{2}K/w의 범위에만 적용가능하다.
밀도와 열전도율 값은 표 7-7과 같다.

표 7-7 화재조건에서의 단열재 특성

재료	밀도(kg/m^3)	열전도율 (W/mK)	비열(J/kgK)	평형 습윤량(%)
Sprayed mineral fibre	300	0.12	1200	1
Perlite or vermiculite plaster	670	0.18	1200	3
Fibre silicate sheet	600	0.15	1200	3
Gypsum plaster	800	0.20	1700	20
Mineral wool slab	150	0.20	1200	2

습윤 단열재에 대해서, 지연 시간은 t_v(분)은 위 식으로부터 계산된 시간 t에 더하여 계산한다.

$$t_v = \frac{m_d \rho d^2}{5\lambda} \tag{7.28}$$

여기서, m_d: 습윤량(%)

ρ : 단열재의 밀도(kg/m^3)

중(重) 단열재의 경우, 열적 능력이 우수하기 때문에 강재의 온도 상승을 감소시킬 수 있으므로 ECCS에서는 다른 수식을 제안하지만, 수식 7.28을 사용하는 것이 보다 안전측이다.
무피복 구조용 강재에 대해서, AS 4100 및 NZS 3404의 근사식 7.29~30을 사용할 수 있다.

· 3면 노출인 경우

$$t = -5.2 + 0.0221\,T_1 + \frac{3.40\,T_1}{H_p/A} \tag{7.29}$$

· 4면 노출인 경우,

$$t = -4.7 + 0.0263\,T_1 + \frac{1.67\,T_1}{H_p/A} \tag{7.30}$$

위 두식은 H_p/A 15에서 275m^{-1}, T_1 400℃에서 800℃의 범위에서 유효하다. 400 ℃ 이하의 온도에서는 직선적 보간이 가능하다.

예제

스팬, 하중, 항복강도, 단면 특성 및 H_p/A 등이 제시된 강재의 단순보에 대해서, 두께와 특징을 알고 있는 스프레이식 단열재로 피복되거나, 무피복인 보를 대상으로 표준화재에 노출될 때 파괴에 도달되는 시간을 계산하시오. 프리캐스트 콘크리트 슬래브는 화재 노출 시 플랜지의 상부를 보호한다.

- 보의 스팬 $L = 8.5\text{m}$
- 보의 크기 410 UB 54
- 고정하중 $G = 12.0\text{kN/m}$ (자중포함)
- 적재하중 $Q = 10.0\text{kN/m}$
- 설계 단면계수 $Z_e = 2060 \times 10^3 \text{mm}^3$
- H_p/A 비 $H_p/A = 192\text{m}^{-1}$ (3면 노출)

① 상온계산(cold calculation)

- 강도감소계수 $\phi = 0.9$
- 항복강도 $f_y = 300\,\text{MPa}$
- 설계하중(상온) $W_c^* = 1.2\,G + 1.6\,Q = 30.4\,\text{kN/m}$
- 휨모멘트 (Bending moment) $M_c^* = \dfrac{W_c L^2}{8} = 275\text{kNm}$
- 휨강도 (Bending strength) $M_s = Z_e f_y = 318\text{kNm}$ (보는 횡구속으로 가정함)
- 설계강도(Design strength) $\phi M_s = 286\text{kNm}$

따라서 설계는 OK $\phi M_s > M_c^*$

② 고온계산(fire calculation)

- 설계하중(화재) $W_f = G + 0.4 = 16.0\,\text{kN/m}$
- 휨모멘트 $M_f^* = \dfrac{W_f L^2}{8} = 145\text{kNm}$
- 상온 시 능력에 대한 설계력의 비율 $r_f = \dfrac{M_f^*}{M_s} = 0.454$
- 강재의 한계온도 $T_1 = 905 - 690 r_f = 591℃$

③ 무피복 강재

3면 노출에 대한 수식을 이용하여

- 저항 시간 $t_r = -5.2 + 0.0221\,T_1 + \dfrac{3.40\,T_1}{H_p/A} = 18$분

이 저항시간이 등가 화재 위험성보다 커다면 설계는 OK임.

④ 피복강재

강재보는 박스형 피복재로써 20 mm 석고보드가 사용되었다.

- H_p/A 비 $H_p/A = 143\text{m}^{-1}$ (3면 박스노출)
- 단열재 두께 $d = 0.020\text{m}$
- 열전도율 $\lambda = 0.20\,\text{W/mK}$
- 저항 시간 $t_r = 40(T_1 - 140)\left[\dfrac{\lambda}{d}\dfrac{H_p}{A}\right]^{-0.77} = 67$분
- 단열재의 습윤량 $m_d = 20\%$
- 단열재 밀도 $\rho = 800\,\text{kg/m}^3$
- 단열재의 지연 시간 $t_v = \dfrac{m_d \rho d^2}{5\lambda} = 6.4$분
- 전체 시간 $t_t = t_r + t_v = 73$분

전체 시간이 등가 화재 위험성보다 크다면 본 설계는 OK이다.

8. 철근콘크리트 및 조적조(reinforced concrete and masonry)

1) 서론

RC 및 조적조는 화재에 대한 저항성이 우수한 구조이다. 콘크리트는 비연소성이고 콘크리트 내부에 묻히는 철근 또는 프리스트레싱 철근의 경우 피복만 된다면 화재 동안 제 위치에 그대로 있을 수 있다. 화재 저항성 수준은 강재에 보호된 피복두께에 좌우된다.

뉴질랜드 콘크리트 설계코드인 NZS 3101:1995 및 호주 콘크리트 설계코드 AS 3600:1994는 화재 시 철근보강, 프리스트레싱 철근보강의 범용 인증 사례들을 제시하고 있으며, NZS 3101 및 AS 3600는 Wade가 제안한 계산방법을 채택하고 있다. 콘크리트와 콘크리트 보강 블록조의 범용 내화등급은 MP9 및 호주의 빌딩코드에 제시되어 있다. 북미의 가장 유용한 자료는 Gustaferro와 Martin 그리고 Fleischmann에 의해 작성되었으며, 영국의 자료는 구조기술자 협회(Institution of Structural Engineers)에 의해서 작성되었다.

2) 권장된 설계방법(Recommended design methods)

피복두께, 치수 등의 범용적 요구사항이 NZS 3101에 규정된 것에 합당하다면 화재에 대한 특수한 설계는 필요하지 않다. 특수한 설계가 요구되는 곳에 권장되는 설계방법은 NZS 3101에 규정되어 있으며, 이는 AS 3600과 동일하다. 두 코드에 정의되어 있는 내화설계는 시험에 의하거나, 시험결과를 토대로 한 보간, 또는 인정되는 방법에 의한 계산 등 어떤 것이든 허용하고 있다.

권장된 계산방법은 외국의 실용적 사례를 토대로 한 Wade에 의해 제안된 것이다. 단순보와 슬래브에 적용된 방법은 아래와 같다.

3) 온도 및 재료 특성(Temperature and material properties)

표준화재에 노출된 슬래브와 벽체의 다양한 부분에 대한 온도는 그림 7-14에 제시되어 있다. 콘크리트 내부의 철근은 그 주변의 콘크리트 온도와 동일한 것으로 간주될 수 있다. 다양한 피복두께를 가진 여러 철근에 대해서는, 각 철근의 중심으로부터 가장 가까운 표면까지의 거리의 가중치 평균값이 사용된다.

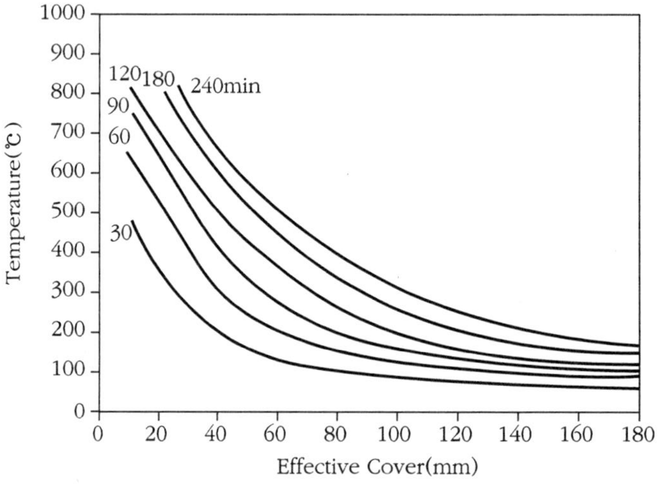

그림 7-14 화재에 노출된 슬래브 내부의 온도변화

표준화재에 노출된 철근보강 콘크리트 보 내부의 온도는 그림 7-15에 제시되어 있다.

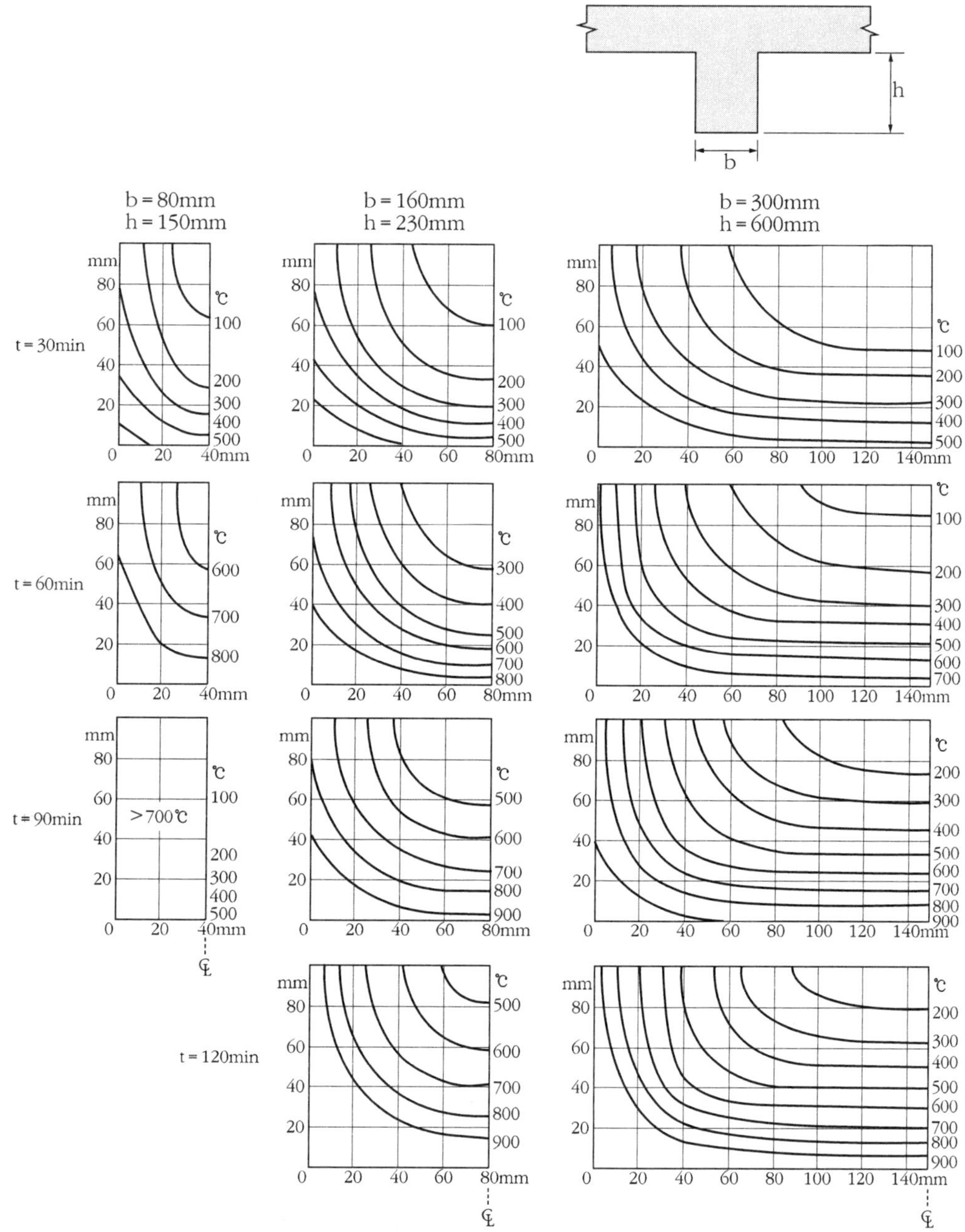

그림 7-15 표준화재에 노출된 콘크리트 보 내부의 온도

일반 보강철근 및 프리스트레싱 스트랜드의 고온 시 특성과 콘크리트의 특성은 그림 7-16(a)에 제시되어 있고, 방정식은 다음 식 7.31과 같다.

$$\text{보강 철근} \quad k_{y,T} = (720 - T)/470$$

$$\text{프리스트레싱 철근} \quad k_{y,T} = (700 - T)/550 \tag{7.31}$$

여기서, $k_{y,T}$는 상온의 항복강도에 대한 고온에서의 항복강도에 대한 비이다.

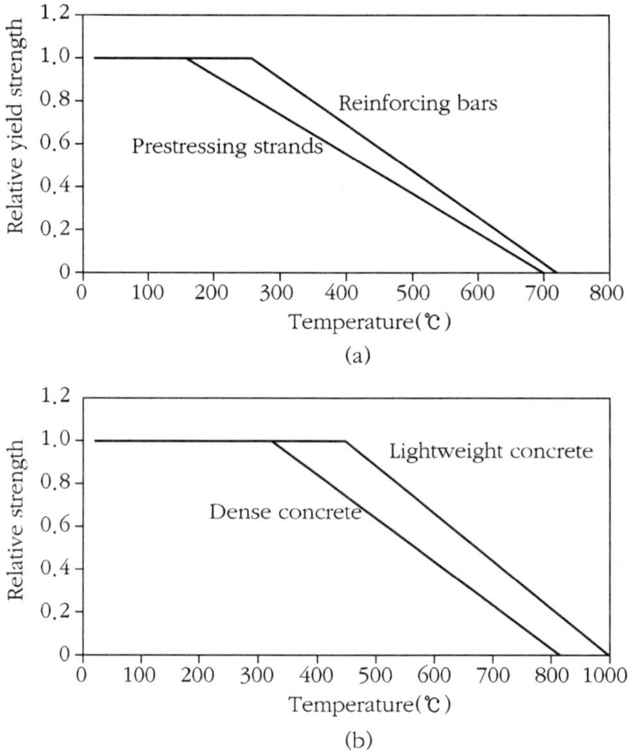

그림 7-16 (a) 고온에서의 철근 특성, (b) 고온에서의 콘크리트 특성

4) 구조계산(Structural calculation)

상기 정보는 특정 화재 시 작용하는 하중에 의해서 유발되는 실제 모멘트와 비교하기 위하여 특정 표준화재 시간 이후의 보 또는 슬래브의 휨 능력을 계산하는데 사용될 수 있다.

압축영역이 열에 영향을 받지 않는 단순 지지 T보와 슬래브에 대해서, 강재의 강도 감소는 고려되어야 한다. 콘크리트 압축블럭 영역이 가열된 곳인 연속 보와 같은 상황에서는 가열된 온도의 효과는 500℃보다 높은 온도의 콘크리트는 무시하고, 나머지 콘크리트는 상온상태로 가정함으로써 고려될 수 있다.

휨 연속성과 축 구속은 일부의 조건하에서 RC부재의 내화성을 매우 크게 향상시킨다.

예제

RC 보 (그림 7-17 참조)

스팬, 하중, 형태 그리고 철근에 대한 정보를 알고 있는 단순 보에 대해서, 표준화재 90분 이후의 휨 능력을 점검하시오.

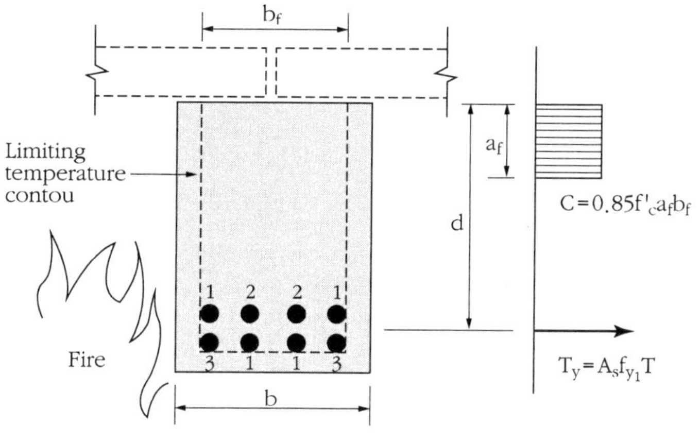

그림 7-17 고온 시 콘크리트의 부모멘트 영역의 압축블럭 계산

① 주어진 조건

- 보의 스팬	$L=15.0\text{m}$
- 보의 폭	$b=400\text{mm}$
- 보의 깊이	$h=800\text{mm}$
- 하부 피복두께	$c_\nu=25\text{mm}$
- 철근 직경	$D_b=32\text{mm}$
- 철근 수	$n=8$(4개 철근이 두 줄로 배열)
- 고정하중(자중 제외)	$G_1=6.0\text{kN/m}$
- 적재하	$Q=12.5\text{kN/m}$
- 콘크리트 밀도	$\rho=24\text{kN/m}^3$
- 콘크리트 압축강도	$f_c'=30\text{MPa}$
- 강재 항복강도	$f_y=300\text{MPa}$

② 계산

- 철근 한 개의 면적 $A_{s1}=\pi r^2=804\text{mm}^2$

- 전체 철근 면적 $A_s = n\pi r^2 = 6432\text{mm}^2$
- 유효 깊이 $d = h - c_\nu - 1.5D_b = 800 - 25 - 48 = 727\text{mm}$
- 자중 $G_2 = \rho bh = 24 \times 0.4 \times 0.8 = 7.7\text{kN/m}$
- 전체 고정하중 $G = G_1 + G_2 = 6.0 + 7.7 = 13.7\text{kN/m}$

③ 상온계산

- 강도감소계수 $\phi = 0.85$
- 응력블럭깊이 $a = A_s f_y / 0.85 f' b = 6432 \times 300 / (0.85 \times 30 \times 400) = 189\text{mm}$
- 내부 수평팔(lever arm) $jd = d - a/2 = 727 - 189/2 = 36.4\text{kN/m}$
- 설계하중 $w_c = 1.2G + 1.6Q = 1.2 \times 13.7 + 1.6 \times 12.5 = 36.4\text{kN/m}$
- 휨모멘트 $M_c^* = w_c L^2 / 8 = 36.4 \times 15^2 / 8 = 1024\text{kNm}$
- 휨응력 $M_n = A_s f_y jd = 6432 \times 300 \times 632 / 10^6 = 1220\text{kNm}$

$\phi M_n = 0.85 \times 1220 = 1037\text{kNm}$

$M_c^* < \phi M_n$ 그러므로 설계는 OK

④ 고온계산

- 설계하중(화재) $w_f = G + 0.4Q = 13.7 + 0.4 \times 12.5 = 18.7\text{kN/m}$
- 휨모멘트 $M_f^* = w_c L^2 / 8 = 18.7 \times 15^2 / 8 = 526\text{kNm}$
- 화재지속시간 $t = 90$분
- 500℃ 등온도 깊이 $c_f = 33\text{mm}$

(보의 측면에서 일차원 열전달을 가정한 그림 7-14 또는 7-15로부터)

- 감소된 폭 $b_f = b - 2c_f = 400 - 2 \times 33 = 334\text{mm}$

그림 7-15의 등온도로부터의 강재 온도 철근 그룹 (1): 450 ℃

철근 그룹 (2): < 200 ℃

철근 그룹 (3): 580 ℃

고온 시 감소된 철근의 항복강도 $f_{y,T1} = (1.53 - 450/470)300 = 172\,\text{MPa}$

$f_{y,T2} = 300mr\,MPa$

$f_{y,T1} = (1.53 - 580/470)300 = 89\,\text{MPa}$

$A_s f_{y,T} = (4A_{s1} f_{y,T1} + 2A_{s1} f_{y,T2} + 2A_{s1} f_{y,T3})$

$= (4 \times 172 + 2 \times 300 + 2 \times 89)/1000 = 1179\text{kN}$

500 ℃를 초과하는 콘크리트에 대해서는 압축강도가 0으로 가정한다. 그리고 500 ℃이하의 콘크리트는 완전한 상온 압축강도를 가진다고 가정한다. 화재조건에서는 $\phi = 0$을 사용한다.

- 응력블록깊이 $a_f = A_s f_{y,T} / 0.85 f'_{c,T} b_f = 1179 \times 1000 / (0.85 \times 30 \times 334) = 138\text{mm}$
- 내부 수평팔(lever arm) $jd_f = d - a_f/2 = 727 - 138/2 = 658\text{kN/m}$

- 휨강도 $M_{nf} = A_s f_{y,T} j d_f = 1179 \times 1000 \times 658 / 10^6 = 776\text{kNm}$

$M_f^* < M_{nf}$ 그러므로 설계는 OK

9. 구조용 목재(structural timber)

1) 서론

목재는 타기 때문에 화재 시 매우 약한 거동을 나타낼 것으로 잘못알고 있는 것이 현실이다. 그러나 목구조는 탄화 이후 건전한 화재 저항성을 나타내는 중(重)목재를 사용하거나 석고보드와 같은 재료로 경목재를 보호함으로써 화재에 저항할 수 있는 설계가 가능하다.

MP의 서류와 제조사들의 관련 문헌에는 경량목재 벽체와 바닥 시스템에 대한 인증사례가 제시되어 있다. 중목재의 경우, 표준화재에서의 목재 보, 기둥 그리고 바닥의 탄화속도에 근거한 계산방법을 NZS 3603, AS 1720에 규정하고 있다.

2) 권장 설계 방법(recommended design method)

화재에 노출된 구조용 목재의 권장 설계방법은 목재설계코드 NZS 3603 및 AS 1710에 규정되어 있으며, 동 목재 코드는 설계자가 시험에 의하거나, 규정된 표준 시험으로 부터의 보간, 간략 계산방법 그리고 요구되는 화재 저항성 기간 동안 탄화 방지용 보호재의 사용을 허용하고 있다.

3) 중목재(Heavy timber)

중목재에 대해서, NZS 3603, AS 1720의 계산법이 권장된다. 박판 겹침 목재는 단단한 목재와 같이 거동한다.

이러한 방법은 표준화재에 노출된 목재의 표면 탄화속도가 일정하다는데 기초하고 있다. 뉴질랜드 코드에서 공칭 탄화속도는 분당 0.65mm이다. 최소 90mm 두께의 목재의 부재에 대해서, 탄화된 부분 내부는 온도에 영향을 받지 않는다고 가정한다. 구조적 계산은 단기하중이고, 강도감소계수$\phi = 1$이라고 가정하고, 잔존 단면적이 저항하고 있을 때의 하중에 좌우된다. 작은 부재에 대해서는 그림 7-18에 나타난 바와 같이 단면 모서리에 대한 탄화의 허용오차가 발생된다. 보와 기둥의 횡방향 안전성은 감소된 단면적을 고려함으로써 검증된다.

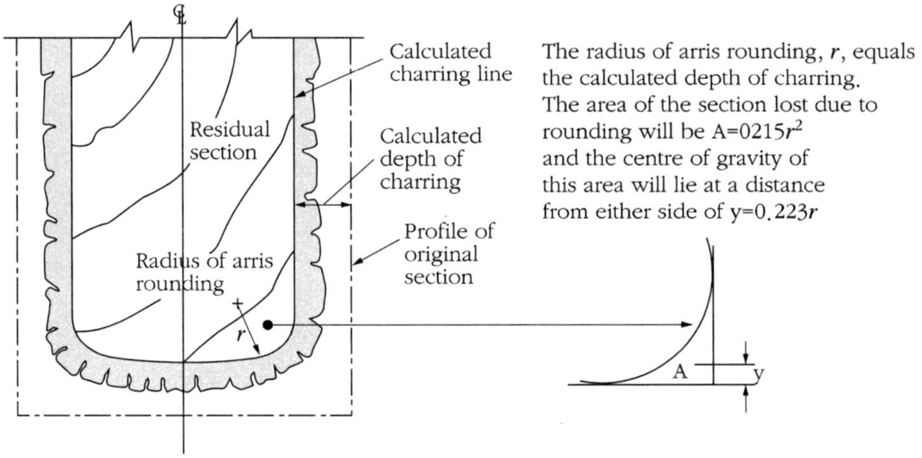

그림 7-18 화재에 노출된 중목재의 탄화

AS 1720.4:1900은 탄화속도 β(mm/분) 계산용 식 7.32를 규정하고 있다.

$$\beta = 0.4 + (280/\rho)^2 \tag{7.32}$$

여기서, ρ는 함수량 12%(kg/m^3)에서의 목재 밀도이다.

4) 접합부(Connections)

화재에 노출된 목재 시스템의 가장 취약한 부분은 접합부이다. 금속 화스너(fastner)는 목재내부에 결합되어 있거나 겹층된 목재의 층 또는 석고보드와 같은 내화성 재료에 의해서 보호되어야 한다.

예제

[예제]
스팬, 크기 및 하중을 알고 있는 집성목재 보에 대해서 표준화재 60분 이후의 휨능력을 점검하시오. 탄화속도는 NZS 3603을 사용하시오. 보는 횡방향 구속으로 가정하고 그 보는 그림 7-19와 같다.

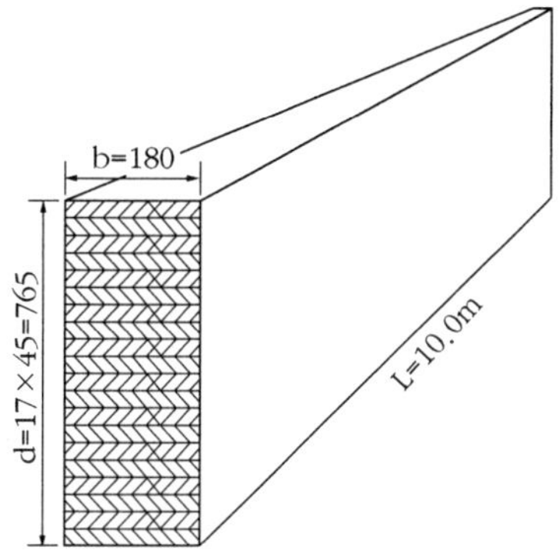

그림 7-19 예제의 집성목재 보

- 보 스팬 $L = 10.0\text{m}$
- 보 폭 $b = 180\text{mm}$
- 박층 두께 $t_1 = 45\text{mm}$
- 박층 숫자 $n = 17$
- 보 깊이 $d = nt_1 = 765\text{mm}$
- 보 면적 $A = bd = 138000\text{mm}^2$
- 고정하중(자중제외) $G_1 = 4.0\text{kN/m}$
- 적재하중 $Q = 6.0\text{kN/m}$
- 목재의 밀도 $\rho = 6\text{kN/m}^3$
- 자중 $G_2 = A\rho = 0.69\text{kN/m}$
- 전체 고정하중 $G = G_1 + G_2 = 4.69\text{kN/m}$
- 단면계수 $Z = bd^2/6 = 17.6 \times 10^6\text{mm}^3$

유의 : 본 예제용으로 k계수는 1.0으로 가정한다.

상온계산

- 특징 응력 $f_b = 17.7\text{MPa}$
- 하중계수의 기간 $k_1 = 0.8$(보통 밀도의 하중)
- 강도감소계수 $\phi = 0.8$
- 설계하중(상온) $W_c = 1.2G + 1.6Q = 15.2\text{kN/m}$
- 휨모멘트 $M_c = W_c L^2/8 = 190\text{kNm}$
- 휨강도 $M_n = k_1 f_b Z = 249\text{kNm}$

  $\phi M_n = 199\text{kNm}$

설계는 OK($\phi M_n > M_c$)

화재계산(3면 탄화, 모서리 회전부 무시)

- 화재 지속시간 $t = 60$분
- 탄화 두께 $c = 0.65t = 39mm$
- 감소 치수 $b_f = b - 2c = 102mm \quad d_f = d - c = 726mm$
- 단면계수 $Z = b_f d_f^2/6 = 8.96 \times 10^6 mm^3$
- 수정 계수 $\phi = 1.0 \quad k_1 = 1.0$(단기하중)
- 설계하중(화재) $W_f = G + 0.4Q = 7.09kN/m$
- 휨모멘트 $M_f = W_f L^2/8 = 88.6kNm$
- 휨강도 $M_{nf} = k_1 f_b Z = 168kNm$

  $\phi M_{nf} = 168kNm$

설계는 OK($\phi M_{nf} > M_f$)

본 계산에서 AS 1720.4에 규정된 강도 0인 목재층은 무시한다.

화재계산(모서리 회전부 포함)

- 단면계수 $Z = \frac{1}{6}[(b-2c)(d-c)^2 - 1.29c^2(d-c)] = 8.72 \times 10^6 mm^3$
- 휨강도 $M_{nf} = k_1 f_b Z = 164kNm$

  $\phi M_{nf} = 164kNm$

설계는 OK($\phi M_{nf} > M_f$)

7.4 컴퓨터에 의한 화재모델

1. 서론

본 절의 목적은 화재 모델링을 하기 위해 컴퓨터를 사용하는 것의 장점과 단점, 제한 그리고 컴퓨터에 의한 화재 모델링의 간략한 설명을 제공함에 있다.

인명안전을 위한 건축물 설계는 착화에서부터 실내 전체가 확산되는 화재의 성장을 예측하는 능력이 필요하다. 화재 과학이나 관련 기술로 개발된 첨단 기술은 화재안전 기술자들의 목적을 효과적으로 달성하는데 기여하였고, 다수의 연구기관은 개인용 컴퓨터용 화재 시뮬레이션 컴퓨터 모델을 개발하였다.

2. 주의사항(warning)

컴퓨터에 의한 화재 모델링은 개발 초기단계이므로 화재 충격에 관한 컴퓨터 프로그램은 주의해서 사용해야만 되고, 화재 거동에 관한 전문가만이 활용해야만 한다. 컴퓨터 화재 모델은 실제 화재 거동을 대변하는 것은 아니다.

모든 컴퓨터 모델에 대해서, 결과는 실제 가능한 지를 검토해야 한다. 단순 수(手) 계산은 도출되는 결과가 실제 상황에 대한 입력 자료와 일관성이 있는 지 검토하는 데 사용되어야 하고, 모든 컴퓨터 모델은 완전하게 투명(transparent)해야 한다. 이것은 입력자료, 계산의 기본원리, 공식 및 수학적 모델은 다른 사람으로부터 교차 점검과 사용이 가능해야 한다.

모든 컴퓨터 모델은 그들이 만들어진 수학적 모델의 적용 범위에서만 사용되어야 한다. 내화공학에 사용되는 대부분의 공식은 작은 공간을 대상으로 한 시험결과에서 유도되었기 때문에 더 넓은 공간에 적용할 때에는 해당 모델이 적용이 가능하다는 것과 결과의 신뢰성을 보증해야 한다. 컴퓨터 화재모델로 도출된 결과는 입력 데이터의 미소한 변화에도 매우 민감할 수 있으며, 이는 정확한 결과의 도출을 어렵게 할 수도 있다. 민감성 해석(sensitivity analysis)은 컴퓨터 모델에서 어떤 변수가 가장 중요한 지를 확인하기 위한 한 부분으로 수행될 수도 있다.

플래쉬오버 이전 상황에서, 대부분의 화재모델은 사용자에게 연료형태, 환기, 성장속도 및 최대 연소속도로부터 도출된 설계화재의 입력과 평가에 필요한 상당한 경험과 판단을 요구한다. 일부 화재모델은 연료의 표면적과 환기조건이 매우 중요한 플래쉬오버 이후의 단계도 가능한 것도 있다. 그러나 플래쉬오버 이후의 해석 결과는 일반적으로 플래쉬오버 이전 결과보다 다소 정확성이 떨어진다. 모델은 화재의 성장을 이해하지 못하고, 단지 사용자가 지정하는 시간의 함수인 열방출률에 전적으로 좌우된다. 그렇기 때문에 모델의 결과는 입력되는 화재 정보에 전적으로 민감할 수 밖에 없고, 적용하는 사람은 본 한계를 명확히 인지해야만 한다.

컴퓨터 화재모델은 해석용이지 설계용은 아니다. 모델은 화재 시나리오에 대한 효과적인 조사방법의 도구이다.

3. 모델의 범주(categories of models)

피난설계, 스프링클러 설계, 연기 관리 및 구조 성능에 관한 컴퓨터 팩케이지는 많이 있다. 본 절은 화재성장에 중점을 둔 일부 모델을 설명하고자 한다. 화재 시뮬레이션 컴퓨터 프로그램은 화재성장 단계를 모델링하는데 사용할 수 있다. 그러나 화재의 성장속도와 불꽃 연소 단계로 접어드는 시간의 관점에서 화재초기 또는 훈소 화재의 크기 예측은 불가능하다.

화재 모델은 확률론적과 결정론적 두 가지 범주로 나누어진다.

1) 확률론적 모델(probabilistic models)

확률적인 모델은 화재에 관련된 과학적 원리에 직접적으로 사용되는 것은 불가하다. 그러나 화재 성장이 한 단계서 다른 단계로 진행되는 경우, 전이에 관한 예측은 가능하다. 화재의 단계는 화재의 본질로 요약되는 각각의 단계를 설명하는 것이다. 시간 의존형 확률은 화재의 한 단계에서 다른 단계로 변화되는 가능성의 결과로 간주한다. 이것은 매우 광범위한 경험적 자료와 화재 통계자료로부터 결정된다.

2) 결정론적 모델(determistic models)

결정론적 모델은 화재의 성장을 예측하기 위한 화재 환경에 관련된 물리, 화학을 사용하며, 필드 모델과 존 모델로 구분된다.

① 필드모델(field models)

필드모델에서 화재구획은 해당 구획 전체를 수많은 컴퓨터 공간으로 나눈다. 일반적으로 컴퓨터 유동 역학(CFD : Computer Fluid Dynamic)모델은 각 공간의 질량과 에너지의 보존 방정식 등을 푼다. 따라서 온도, 속도, 농도를 포함하는 독립 변수의 3차원을 표현할 수 있다. 전통적인 필드 모델은 화재 시의 유동흐름을 풀기 위하여 $k-\epsilon$와 같은 복잡한 유동 모델을 사용한다.

최근 FDS(Fire Dynamic Simulator)는 미국 NIST에 의해서 수 십년이상 연구되었으며, 현재 사용되고 있다. FDS 모델은 연소물질의 혼합과 이동을 모사하는 근사 Navier-Stokes 방정식을 푼다.

필드모델은 사용자가 컴퓨터에 관한 많은 지식이 있어야 하고, 현재 설계목적으로 적용되는 것이 아니고 연구용이다. 그러나 사용자 인터페이스에서 큰 발전이 있었고, 전문가 시스템이 적용된 스마트 버전이 가능할 것이다. 이의 한 예는 그린위치(Greenwich) 대학에서 개발한 SMARTFIRE이다.

② 존모델(zone models)

존 모델은 구획을 몇 개의 영역으로 나누며, 각 영역은 물리적 상태를 나타내는 시간 종속 변수의 묶음으로 특성화된다. 각 영역은 등온대(isothermal)이고 동질하다고 간주된다. 질량과 에너지 보존 방정식은 각 영역에 적용된다. 그래서 물리적으로 중요한 변수와 그들의 발달과정이 결정된다. 반면 존 모델은 필드모델에 비해서 개념적으로 덜 개발되었기 때문에 적용하기 쉽고, 결과는 컴퓨터 요구조건 관점에서 보면 훨씬 경제적이다.

존 모델은 실제 화재거동에 대한 일차적 근사를 구하는데 가장 실용적인 방법이다. 존 모델은 그림 7-2와 같이 고온 상부층(또는 영역)과 냉각 하부 층(또는 영역)으로 가정한다. 두 영역간의 상호작용은 연소 물질 상부의 화재 플룸을 통하여 발생된다. 화재 플룸은 부력으로 상승하여 천장에 닿게 되며, 상승할 시에는 찬 공기를 포함한다. 연소 부산물과 포함된 공기는 천장을 거쳐 확산된다. 인접 벽체에 도달하게 되면, 고온 층의 두께는 개구부를 통하여 고온 가스의 두께가 환기에 의해서 통제될 때까지 증가된다. 화재는 가용할 수 있는 공기 공급량과 조화를 이루며 연소속도가 안정된다. 만일 대형 개구부가 없을 경우에는 고온 가스 층은 화재의 높이가 하강하고, 연소의 속도는 화재가 소멸될 때까지 떨어질 것이다.

4. 화재 모델(fire models)

다양한 목적으로 수 많은 컴퓨터 기반 화재성장 모델이 개발되었고, 연구와 화재 연구용으로 널리 사용되고 있다. 본 절에서는 일반적으로 사용되고 있는 모델을 대상으로 설명한다.

1) FTEtool

FTEtool은 미국 NIST의 화재연구센터에서 개발된 화재안전공학 프로그램이다. 본 프로그램은 하드 드라이버가 장착된 IBM 호환 컴퓨터, 영어 및 SI 단위를 기반으로 운용된다. FTEtool은 공공용이므로 비용 없이 사용가능하다.

FTEtool의 사용자 인터페이스와 저렴한 프로그램 비용으로 내화공학 기술자들에게 많은 호응을 받았다. 컴퓨터 속도의 지속적인 발달에 따라서, 적시에 해결책을 얻기 위한 수많은 가정들이 필요하지 않았다. 그래서 NIST에서 FTEtool를 지원하지 않았으며, 현재는 FASTLite로 대체되었다.

본 프로그램이 아직 사용이 가능하고 일부 사용되고 있기 때문에 본문에 포함되었으나, 사용자들은 해당 프로그램에 일부 오류가 있다는 것을 알아야 하고, FAST와 FASTLite가 더 진보된 것이다. FTEtool는 세 가지 구성요소 : FIREFORM, MAKEFIRE, FIRE SIMULATOR로 되어 있다. FIREFORM은 17개의 비교적 간단한 내화공학 수식과 모델의 팩케이지로 구성되어 있다. 각각은 메인 메뉴로부터 분리형으로 되어 있으며, 이들 대부분은 FASTLite의 툴 메뉴에 남아 있다.

MAKEFIRE는 시간에 대한 열방출률에 관한 개별적 화재를 사용자가 개발할 수 있도록 하는 네 개의 패키지로 되어 있으며, 다른 개별적인 컴퓨터 프로그램과 마찬가지로 FTEtool내에서 다른 루틴으로 사용할 수 있게 되어 있다. MAKEFIRE내에서 MYFIRE는 매우 빠름, 빠름, 보통 및 느린 t^2와 같은 표준 화재성장속도를 가지고 있다. 그리고 연속적인 열방출 자료는 FORMULA를 사용하여 개발할 수 있다. FREEBURN은 화재가 한 곳에서 다른 곳으로 확산될 때 혼합될 수 있는 최대 5개의 연소 물질이 탈 때의 화재도 개발할 수 있도록 되어 있다. LOOK-EDIT는 필요하면 변경할 수 있도록 데이터의 검증과 저장이 가능하다.

FIRE SIMULATOR는 해당 공간의 형태와 재료 그리고 스프링클러와 감지기에 대한 주요 변수, MAKEFIRE파일에서 결정된 시간대 열방출률 그리고 플래쉬오버의 이전과 이후 조건 등을 사용자가 정의해야 하는 존모델이다.

2) FASTLite

FASTLite는 건축물 화재에서 화재 성장과 연기 이동을 평가하는 공학 툴이다. 이것은 1966년 미국 NIST에 의해서 만들어졌으며, 복사는 CD-ROM에 무료로 가능하다.

FASTLite는 이전에 많이 사용되었던, FPEtool같이 내화공학분야에 널리 사용되었던 이전 프로그램으로부터 확대되었다. 주요 구성은 한 개의 방 또는 연속된 방에서의 화재 거동을 예측할 수 있는 존 모델이다.

FASTLite의 화재성장 모델은 C-FAST 존 모델의 주요 골격이며, 이는 세 개의 상호 연속된 방의 화재 모델이 가능하다. 사용자가 방의 형태와 열방출률 등의 정보를 입력해야 하며, 계산은 C-FAST와 동일하다. 일반적인 결과물은 층의 높이, 두 층의 가스 종류에 대한 온도 및 농도 그리고 바닥과 벽체의 온도, 바닥의 열류 등이다. FASTLite는 플래쉬오버 이후의 화재에서도 사용가능하나, 해석 시에는 주의가 요구된다.

FASTLite의 주요 요소는 다음과 같이 FPEtool의 FIREFORM의 모듈이다.

- Atrium smoke temperature
- Buoyant gas head
- Ceiling jet temperature
- Ceiling plume temperature
- Egress time
- Mass flow through a vent

- Lateral flame spread
- Plume filing rate
- Smoke flow through opening
- Thomas' flashover correlation
- Law's severity correlation
- Radiant ingnition of a near fuel
- Sprinkler/detector response
- Ventilation limit

3) HAZARD 1

HAZARD 1는 NIST의 화재연구센터에서 개발된 화재안전공학 프로그램이다.
HAZARD 1는 한 가구 또는 두 가구 및 아파트의 화재 시뮬레이션 연구용이 주 목적이다. 제한의 주요 이유는 자료의 대부분과 수학적 모델이 작은 구획 화재 실험으로부터 이루어졌기 때문이다. 그러나 화재와 건물의 상대적인 크기 등이 제공된다면 보다 큰 건물에서도 사용이 가능하다. 본 프로그램은 대용량의 화재실에 관한 실험결과가 많지 않기 때문에 대용량 화재에는 적합하지 않다. HAZARD 1는 FAST 화재모델, EXITT 피난모델 그리고 TENAB 유지모델의 세 가지 주요 요소로 구성되어 있다.
HAZARD 1는 1988년 초판 이후 지속 개발되었으나, 1999년 FAST로 대체되었다.

4) FAST

FAST는 대량 구획용 화재 모델인 CFAST의 모음이다. 구획화 된 건축물의 화재 위험성을 평가하는 용도로 개발되었기 때문에 HZARARD 1과 FASTLite의 후속이다. FTEtool의 FIREFORM에 있는 단순 내화공학 수식은 새로운 사용자 인터페이스의 일부로써 도입되어있다. 새로운 사용자 인터페이스는 작동 시스템과는 독립적으로 개발되었고, 윈도우 형식으로 되어 있다. 본 프로그램은 공공용이다.
FAST는 계산의 정확성 평가를 시험하기 위하여 광범위한 검증을 진행하였다. 디버깅의 도움을 받기 위하여 국제적으로 시험(β버전)되기도 했었다. 이후 널리 사용되었으며, 존모델의 벤칭마킹 대상이 되었다.
FAST는 벽체, 바닥, 천장의 열 특성을 가진 최대 15개의 화재구획을 해석할 수 있고, 개구부는 수직 또는 수평이 가능하며, 시간에 따라 개폐도 가능하다. 사용자가 설계화재를 입력해야 한다. CO_2, H_2O, CO, HCl, HCN, O_2와 같은 가스의 종류, 그을음(soot) 등도 설계화재의 일부로써 포함시킬 수 있다. 다른 특징으로는 감지기 작동시간, 스프링클러 소화, 강제 환기, 대량 연소물질, 천장 열전달 등이 포함된다. FAST는 계산 실행시간을 줄이기 위해서 개선된 수치 해석용 도구를 사용하였다.
실행시간 그래픽(run-time graphics)은 사용자에게 실행되는 과정을 보여줄 수 있다. 일부 출력 옵션은 스프레드쉬트 파일 뿐만 아니라 보고서 형식도 가능하다. 또한 다소 복잡하여 빈번히 사용하지는 않지만 출력 루틴(CPlot)도 포함되어 있다. 현재 개발된 것은 사용자들에게 시뮬레이션 된 건물을 애니메이션으로 보여주는 "walk through"프로그램도 있다.

5) COMPF 2

COMPF 2는 구획화재의 완전 연소 동안 온도를 예측하는데 사용되는 플래쉬오버 이후의 화재모델이다. COMP2는 구획내이 온도를 계산하기 위하여 연료 지배 또는 환기 지배된 열방출률을 사용하는 한 개의 존 모델을 가정한다.

6) FIREWIND / FIRECALC

FIREWIND는 호주 CSIRO의 건축시공 및 공학부서(1993년)에서 FPEtool로부터 FIRECALC란 이름으로 처음으로 개발되었다. FPEtool보다 나은 점은 대부분의 모델로부터의 결과의 그래프를 직접 출력할 수 있다는 것이고, 단점은 단지 5개의 열방출률 파일만 보유할 수 있는 용량이다. FIREWIND 핸드북은 적용, 배경, 수식, 한계, 작동 절차 및 각 프로그램의 결과 샘플 등을 제시하고 있다. FPE tool에 포함되지 않았던 사용성이 가장 우수한 프로그램 모듈은 다양한 복사체의 복사열류를 계산하는 것과 대피시간을 계산하는 것이다. FIRECALC의 EGRESS TIMES 모듈은 건물로부터 재실자가 피난하는 최대 시간을 계산해준다. FIREWIND는 WAYOUT이라는 최근의 피난모듈을 가지고 있다.

7) BRANZFIRE

BRANZFIRE는 존모델이고 뉴질랜드의 BRANZ(Building Research Assoiation of New Zealand)에서 개발된 화재 성장모델이다. 본 프로그램은 마이크로소프트 윈도우 95 이상에서 운용되는 개인 컴퓨터에 구동된다. 본 모델은 다음의 특징을 가지며 최대 10개의 화재구획의 각 내부 및 상호간 연기 확산을 시뮬레이션한다.

- 화재구획으로 연결되거나 외부로 연결되는 통풍구는 벽체에 있거나 천장/바닥에 있어야 한다.
- 허용되는 통풍구는 무제한이다.
- 기계적 환기(배출 및 여압)
- 스프링클러, 열 및 연기 감지기 작동

- 가연성 벽체 및 천장재로 부터의 화염 확산 및 화재 성장
- 마취성 가스의 미소 유효량 결정, 열복사량, 가시(visibility) 계산을 포함하는 유지 평가(tenability assessment)
- 마이크로 엑셀로 결과 출력

일부 자료는 프로그램의 화재와 자료 데이터베이스에서 구할 수 있지만, 사용자들은 설계화재의 열방출률에 관한 상세한 자료를 제공해야 한다.

8) 다른 모델(Other Models)

컴퓨터의 성능과 소프트웨어가 지속적으로 개발되고 사용자 편의성이 증대됨으로써, 많은 화재관련 컴퓨터 프로그램들이 개발되고 있다. 이러한 화재모델링 프로그램의 계산 능력은 향상되고 설계를 리더하고 있다. 그러나 기술자들은 이러한 프로그램이 제 삼자에 의해서 충분히 검증되지 않았다는 점을 경고하고 있다. 실지 설계용으로 복잡한 구획 화재모델을 사용하기 전에 충분히 검증되고, 결과가 유효하다는 점을 확인할 필요가 있다.

5. 위험성 평가모델(Risk Assessment Models)

건축물 화재안전을 평가하는데 사용가능한 위험성 기반 툴이 몇 개있다. 이중 한 개가 FIRECAM이다. 이는 두 가지 변수의 관점, 즉 예상되는 인명에 대한 위험성과 화재 비용 예측에 관한 위험성으로 건물의 화재 안전성능을 평가하는데 사용된다. FIRECAM은 확률적 형식으로 시간에 좌우되는 화재 성장, 화재 확산, 연기 거동, 인간 거동 및 소방대 반응 등의 작용을 고려한다. 유사한 모델은 Victoria University of Technology(VUT)에서 개발한 CESARE-RISK이다. 이러한 프로그램들은 설계의 결과를 상호 비교하거나, 코드에 합당한 결과와 비교할 수 있는 동일한 안전성의 설정에 매우 효과적이다.

6. 설계화재(Design Fires)

화재 설계자(fire engineer)가 만들어내는 설계 계산의 대부분은 화재로부터 발생되는 열방출률에 좌우된다. 첫 번째 단계는 "설계화재"로 사용되는 화재를 결정하는 것이다. 그 설계화재는 해당 건축물에서 발생될 수 있는 가장 최악의 화재 시나리오의 근사치이

다. 일반적으로 설계화재는 시간이 함수인 열방출률의 관점에서 설명된다. 실제로 열방출률은 화재 위험성을 설명하는데 매우 중요한 변수이다. 설계화재의 설명에서 화재면적의 추정, 연기 발생률, 시간에 따라 발생되는 가스 종류 등이 포함된다. 불행하게도 첫 번째 원칙으로부터 설계화재를 도출할 수 없다. 그래서 화재 설계자들은 적합한 설계화재를 찾기 위해서 실험자료, 곡선 및 공학적 판단에 의할 수밖에 없다.

설계화재에 대한 상세한 요구사항은 조사된 사항과 기술자가 답하기 위하여 노력한 문제점에 좌우된다. 예로써 만일 기술자가 스프링클러 헤드의 작동을 모델하기 위하여 노력할 경우, 감쇠기를 포함하는 설계화재는 거의 사용되지 않을 것이다. 마찬가지로 기술자가 몇 시간 동안 화재에 노출된 구조부재의 화재 저항성을 모델하기 위해 노력하는 경우라면 성장 단계는 거의 차이가 없을 것이다. 따라서 화재 기술자가 첫 번째로 질문하는 것은 "나는 무엇을 얻으려고 노력하는가?"이다.

그림 7.20은 착화에서 완전연소를 거친 화재구획에서의 이상적인 열방출률을 보여주고 있다. 이 방법으로 설명된 화재는 대부분의 화재 성상 모델의 입력 사항으로 매우 중요하다. 이 화재곡선의 각 단계는 7.1절에서 설명되었다. 성장기에서의 열방출률의 계산에 대한 정량적 방법은 7.2절에서, 그리고 최성기에서의 열방출률 계산은 7.3절에 설명되어 있다.

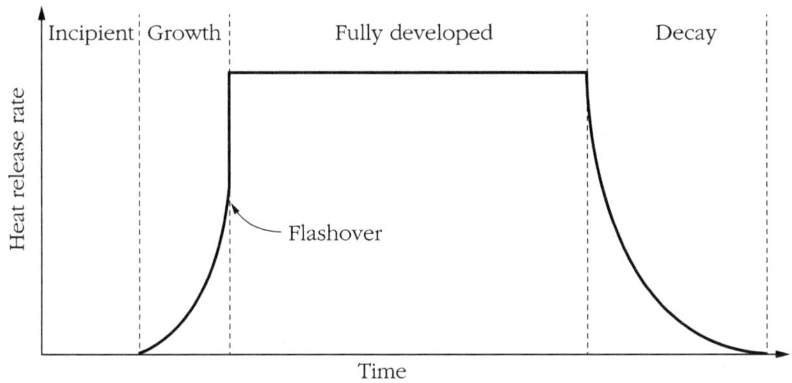

그림 7-20 모든 단계를 제시하는 이상적인 열방출률

제 8 장

Section Factor 이용내화피복두께산정

강구조 건축물은 화재에 의한 구조부재의 온도증가에 따라 기둥부재의 좌굴 또는 보부재의 처짐 등이 발생되어 극단적인 구조물 붕괴로 이어질 수 있으므로 내화성능확보가 필수적이며, 구조적인 붕괴 등을 방지하기 위한 합리적인 내화피복방법 및 기준이 요구된다. 이에 선진 각국에서는 화재 시 건축물의 부위 및 요소별로 적절한 내화성능을 확보할 수 있도록 과학적인 내화피복기준의 설정을 위한 기술개발이 이루어지고 있다. 영국에서는 강재 단면형상 및 적용부위별로 단면형상계수(section factor, H_p/A)에 의한 강재의 내화성능평가를 통하여 안전하고 경제적인 내화피복공사가 이루어지고 있다. 미국, 일본 등지에서는 기둥부재와 보에 적용되는 강재를 단면형상에 따라 몇 가지 타입으로 분류하여 각각에 대한 내화피복기준을 별도로 적용하는 등 강재의 단면형상계수에 따른 적정 내화피복두께를 강구조 건축물에 적용하고 있다. 그러나 우리나라의 경우, 기존 KS F 2257(건축구조 부분의 내화시험방법, 1993)을 국제표준화기구의 내화성능평가 및 기준을 모델로 하여 KS F 2257-1, 4, 5, 6, 7(건축 구조부재의 내화시험방법, 1999)로 제정함으로써 강구조 부재에 대한 허용온도 기준은 개선하였으나, 선진국과 달리 강재의 단면형상(H형 단면, 중공단면, 앵글단면, 챈널단면 등) 및 부재(기둥, 보 등)와 내화피복재료(뿜칠재료, 내화도료, 내화보드 등) 조건을 합리적으로 고려하지 않고 한가지 부재에 의한 내화시험 결과를 모든 강재에 동일하게 적용함으로써 과도한 내화피복 비용이 소요되는 문제가 있다. 따라서 강재단면과 내화피복재료 등을 합리적으로 고려한 내화피복두께 산정기준의 적용이 요구되고 있다.

8.1 단면형상계수 개념

공기 중에 노출된 내화피복 주장(周長)이 긴 강재 단면은 짧은 단면에 비해서 화재와 같은 고열에서는 더 많은 열을 받는다. 또한 단면적이 작은 강재의 단면은 큰 단면에 비해서 축열량이 적으므로 온도상승이 빠르게 진행된다(그림 8.1). 따라서 내화피복 주장(周長)의 강재 단면적에 대한 비율인 단면형상계수는 H_p/A (H_p : 내화피복 주장(周長)(m), A : 강재 단면적(m2))로 정의되며, 그 값이 클수록 더 많은 피복두께가 소요된다.

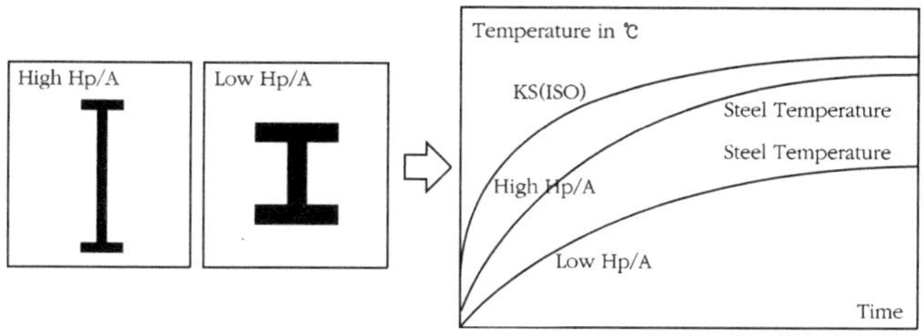

$$S.F = \frac{H_p}{A}\ (m^{-1})$$

H_p : Heated parameter(m)
A : Section area(m^2)

Standard dimension						Section factor (H_p/A)		
						3-side expose	4-side expose	4-side expose
H×B	t_1	t_2	r	section area (cm^2)	weight per unit (kg/m)	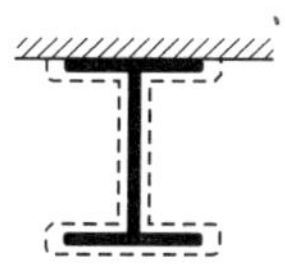		4 sides 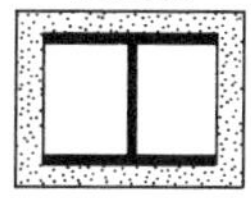
200×200	8	12	13	63.53	49.9	154.9	186.4	125.9
300×300	10	15	18	119.8	94	123.5	148.6	100.7
400×400	13	21	22	218.7	172	90.3	108.6	73.1

그림 8-1 강재의 단면형상계수 개념과 값

영국, 미국 및 일본 등에서는 이러한 단면형상계수를 적용하고 있지만 표 8-1과 같이 그 개념에는 약간의 차이가 있다.

표 8-1 단면형상계수 개념

국가	기호	단위	비 고
영국	H_p/A	m^{-1}	H_p : 화재에 노출된 단면의 둘레(m) A : 강재의 단면적(m^2)
미국	W/D	kg/m/m	D : 화재에 노출된 단면의 둘레(m) W : 강재의 중량(단위길이당 중량 kg/m)
일본	H_s/A_s (F/A)	m^{-1}	H_s(또는 F) : 부재의 가열 주장(m) A_s(또는 A) : 부재의 단면적(m^2)

1. 단면형상계수 산정

단면형상계수는 강재의 단면형상별, 적용부위별, 피복 재료의 종류 및 공법별에 따라 다르게 나타난다. 영국의 경우, 강재의 단면형상을 H형 단면, 중공 단면, 앵글·챈널 단면 등으로 구분하여 산정하고 있으며, 적용 부위별로는 4면이 화재에 노출된 기둥부재와 3면이 화재에 노출된 보부재로 구분하여 산정하고 있다(그림 8-2).

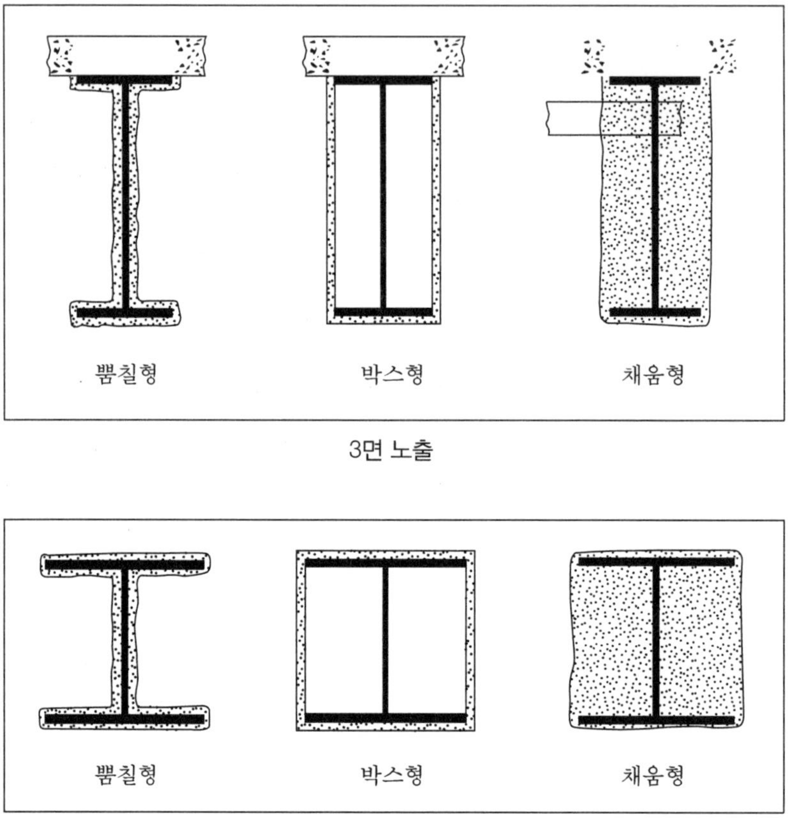

그림 8-2 부재의 내화피복공법

또한 피복재료의 종류 및 공법에 있어서는 비팽창성·팽창성 피복재료, 내화보드형 피복재료 등으로 구분하여 설정하고 있다. 그러나 일본의 경우는 H형 단면, 각형·원형 단면을 대상으로 하고 있으며, 적용부위별 화재노출 면에 대한 특별한 조건은 없다. 또한 내화피복재료의 종류 및 공법에 있어서는 비팽창성 뿜칠재료와 내화보드형 피복재료에 대하여 적용하고 있다. 미국의 경우는 H형 단면, 각형·원형 단면을 대상으로 하고 있으며, 적용부위별 화재노출 면에 대해서는 3면 노출과 4면 노출을 대상으로 하고 있다. 또한 내화피복재료의 종류 및 공법에 있어서는 팽창성·비팽창성 뿜칠재료와 내화보드형 피복재료에 대하여 적용하고 있다(표 8-2).

영국에서의 일반 구조용 강재에 대한 단면형상계수(H_p/A, m-1)는 화재에 노출된 단면의 둘레(H_p, m), 강재 부재의 단면적(A, m2)으로 계산되며, 단면형상계수(H_p/A) 산정을 위한 H_p값의 피복형태는 3면 노출인 보와 4면 노출형태인 기둥으로 구분된다. 단면형상계수를 산정할 때 강재의 전체 단면이 가열되기 때문에 단면의 3면 또는 4면의 화재노출 여부에 상관없이 전체 단면적(A)이 사용된다. 그러나 H_p는 화재에 노출된 영역이므로 내화피복에 영향을 받는다. 즉 박스 피복의 경우에 H_p는 최소 직사각형 또는 사각형의 안쪽 치수의 합이고 반면 뿜칠형 피복에 대해서 H_p는 강단면 자체의 영역으로 간주된다. 또한 콘크리트 채움형 피복에 대해서 단면형상계수는 박스피복에 대한 단면형상계수로 간주된다. 뿜칠형 피복재료와 박스형 피복재료에 대한 단면형상계수의 산정방법은 그림 8-3～4와 같고, 일반적인 H형강에 대한 단면형상계수는 표 8-2와 같다.

표 8-2 각국의 단면형상계수 산정을 위한 인자

국가	단면형상별	적용부위별	내화재료 및 공법
영국	· H형 단면 · 중공 단면 · 앵글·채널 단면	· 기둥 : 4면노출 · 보 : 3면노출 · 기타 : 부분노출	· 비팽창성·팽창성 뿜칠재료 · 내화보드
미국	· H형 단면 · 각형·원형 단면	· 기둥 : 4면노출 · 보 : 3면노출	· 비팽창성·팽창성 뿜칠재료 · 내화보드
일본	· H형 단면 · 각형·원형 단면	기준 없음	· 비팽창성 뿜칠재료 · 내화보드

강재 단면	뿜칠형 피복
일반 보 · 기둥, 장선 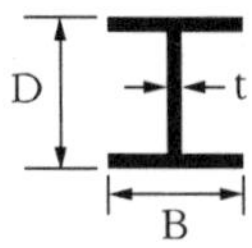 H_p	4 sides, 3 sides, 3 sides, 2 sides, 1 sides 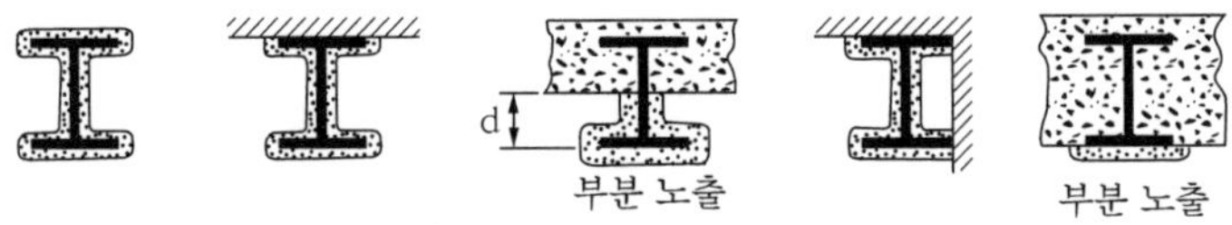 $4B+2D-2t$ $3B+2D-2t$ $2B+2D-t$ $2B+D-t$ B
구조용 압연 'T' 형강 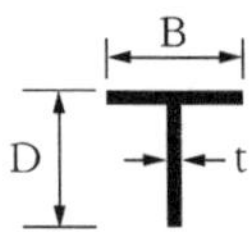 H_p	4 sides, 3 sides, 3 sides 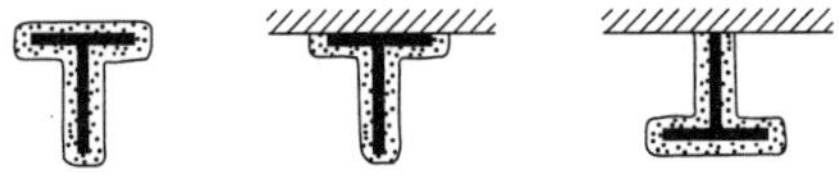 $2B+2D$ $B+2D$ $2B+2D-t$
T형강 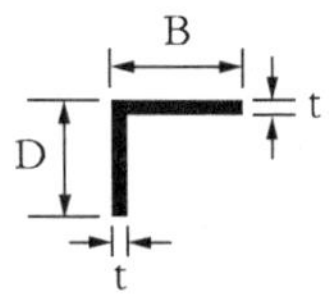 H_p	4 sides, 3 sides, 3 sides 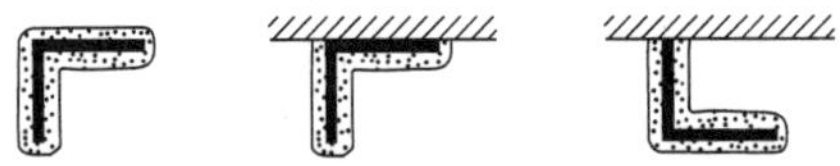 $2B+2D$ $B+2D$ $2B+2D-t$
각형강관 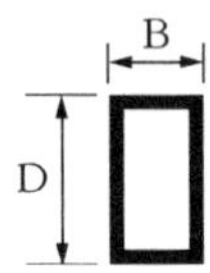 H_p	4 sides, 3 sides 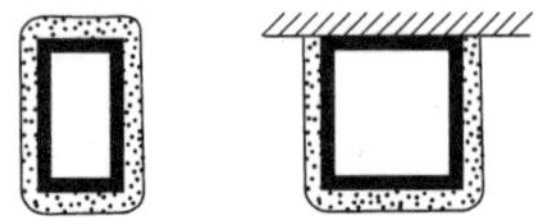 $2B+2D$ $B+2D$
원형강관 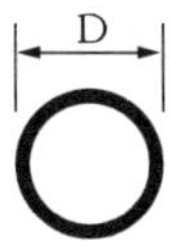 H_p	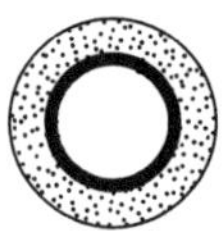 πD
일반기둥 203×203×52kg/m B=203.9mm D=206.2mm t=8.0mm $A=66.4cm^2$	a) 뿜칠형 피복 - 4면 노출 $H_p=4B+2D-2t$ $\therefore H_p=4\times203.9+2\times206.2$ $-2\times8.0=1212=1.212$ $H_p/A=1.212/0.0064=182.5m^{-1}$ b) 뿜칠형 피복 - 3면 노출 $H_p=3B+2D-2t$ $=611.7+412.4-16$ $=1008=1.008$ $H_p/A=1.008/0.0064=151.8m^{-1}$

그림 8-3 뿜칠형 피복재료의 단면형상계수 산정

강재 단면	박스형 또는 채움형				
일반 보·기둥, 장선	4 sides	3 sides	3 sides	2 sides	1 sides
	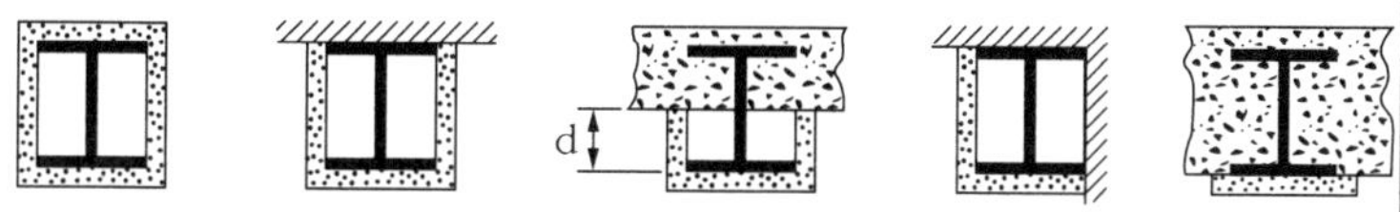				
			부분노출		부분노출
H_p	2B+2D	B+2D	B+2d	B+D	B
구조용 압연 'T'형 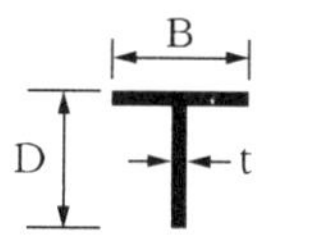	4 sides	3 sides	3 sides		
	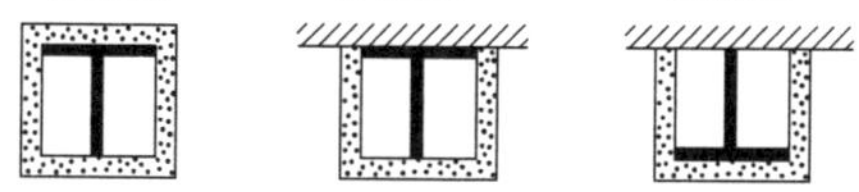				
		플랜지 하부면까지	웹끝단의 하부면까지		
H_p	2B+2D	B+2D	B+2D		
T형강 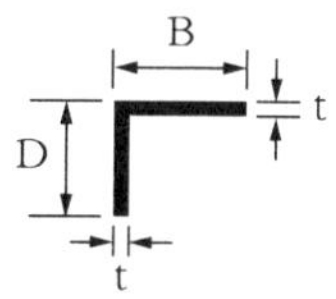	4 sides	3 sides	3 sides		
	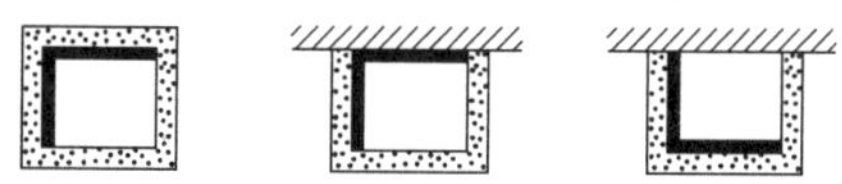				
		플랜지 하부면까지	플랜지 끝단의 하부면까지		
H_p	2B+2D	B+2D	B+2D		
각형강관 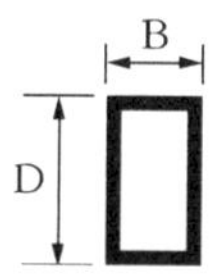	4 sides	3 sides			
	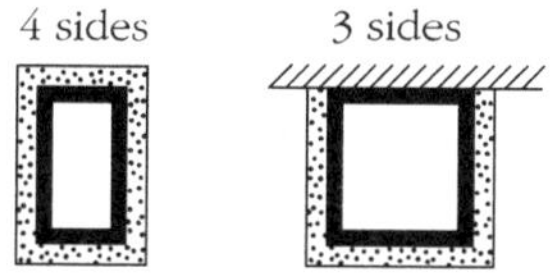				
H_p	2B+2D	B+2D			
원형강관 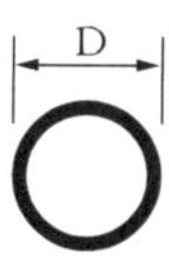		주) 단면박스 내에 발생되는 공기는 H_p/A값과 단열성을 증진시키기 때문에 뿜칠형 피복보다 더 큰 값은 보이지 않는다. 따라서 H_p는 강관의 둘레로 하며 4D로 하지 않는다.			
H_p	πD				
산정 예	a) 박스피복 - 4면 노출 H_p=2B+2D=407.8+412.4 =820.2mm=0.820m $\therefore H_p/A$ = 0.82/0.00664 = 123.5m^{-1}	b) 박스피복 - 3면 노출 H_p=B+2D=203.9+412.4 =616.3mm=0.616m $\therefore H_p/A$ = 0.616/0.00664 = 92.8m^{-1}			

그림 8-4 박스형 또는 채움형 피복의 단면형상계수 산정

표 8-3 H형강의 단면형상계수 값(영국)

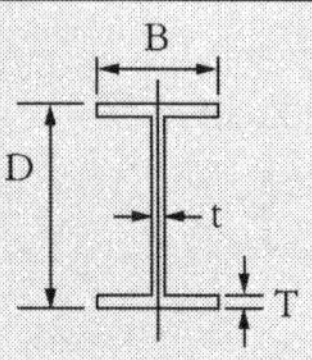							단면형상계수(Hp/A)			
							뿜칠형		박스형	
							3면 노출	4면 노출	3면 노출	4면 노출
단면형상		높이 D	폭 B	두께		단면적				
치수	단위 중량			Web t	Flange T					
mm	kg/m	mm	mm	mm	mm	cm^2	m^{-1}	m^{-1}	m^{-1}	m^{-1}
914×419	388	920.5	420.5	21.5	36.6	494.4	60	70	45	55
	343	911.4	418.5	19.4	32.0	437.4	70	80	50	60
914×305	289	926.6	307.8	19.6	32.0	368.8	75	80	60	65
	253	918.5	305.5	17.3	27.9	322.8	85	95	65	75
	224	910.3	304.1	15.9	23.9	285.2	95	105	75	85
	201	9.3	303.4	15.2	21.2	256.4	105	115	80	95
838×292	226	850.9	293.8	16.1	26.8	288.7	85	95	70	80
	194	840.7	292.4	14.7	21.7	247.1	100	115	80	90
	176	834.9	291.6	14	18.8	224.1	110	125	90	100
762×267	197	769.6	268	15.6	25.4	250.7	90	100	70	85
	173	762	266.7	14.3	21.6	220.4	105	115	80	95
	147	753.9	265.3	12.9	17.5	188.0	120	135	95	110
686×254	170	629.9	255.8	14.5	23.7	216.5	95	110	75	90
	152	687.6	254.5	13.2	21.0	193.8	110	120	85	95
	140	683.5	253.7	12.4	19.0	178.6	115	130	90	105
	125	677.9	253	11.7	16.2	159.6	130	145	100	115
610×305	238	633	311.5	18.6	31.4	303.7	70	80	50	60
	179	617.5	307	14.1	23.6	227.9	90	105	70	80
	149	609.9	304.8	11.9	19.7	190.1	110	125	80	95

2. 내화피복두께의 결정 방법

1) 허용온도 이용법

내화피복은 화재 발생 시 구조용 강재의 허용응력까지 내력을 확보할 수 있는 피복재료의 두께이다. 예로써 항복강도가 240Mpa이고 허용인장응력도가 160Mpa인 SS400의 내화피복두께를 결정하는 방법은 다음과 같다. 강재의 고온 인장시험을 수행하여 강재의 온도상승에 따른 내력 저감 특성을 파악하여 허용응력 160Mpa에 도달되는 온도를 결정한다. 구조용 강재의 많은 고온 인장실험결과에 의하면 허용응력에 도달되는 온도는 일반적으로 500～550℃를 보이고 있다(그림 8-5). 국내의 고온 인장실험 결과에서는 538℃로 보고되어 있으며, 본 결과 등을 근거로 KS F 2257-6, 7에는 538℃가 강재의 허용온도로 설정되어있다.

따라서 내화피복재의 내화성능평가는 피복재가 부착된 구조재의 온도상승 결과의 538℃ 초과여부이다. 예로써 암면 스프레이 재료가 부착된 시험편이 내화시험 2시간 경과동안 강재의 온도가 538℃를 초과하지 않으면 부착된 피복두께로서 내화성능을 확보하는 것이고, 반면 538℃를 초과하면 해당 피복두께로서는 내화성능을 확보할 수 없게 된다.

가장 정확한 내화피복두께 산정방법은 해당 피복재가 부착된 구조재의 내화시험을 하중을 가하면서 내화시험을 수행하는 재하가열시험에 의한 평가이다. 이는 희망하는 내화시간동안 재하가열을 실시하여 구조적으로 안전한 지의 여부를 평가하는 것으로써 해당 기준은 KS F 2257-1에 축방향부재, 수평부재 등으로 구분하고 변형량과 변형율로 각각 제시되어있다.

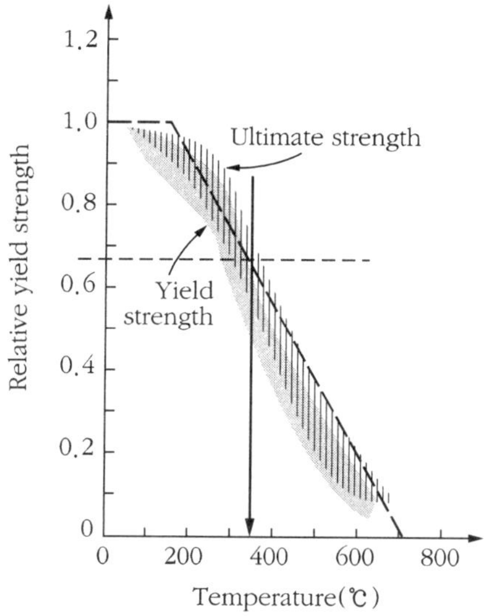

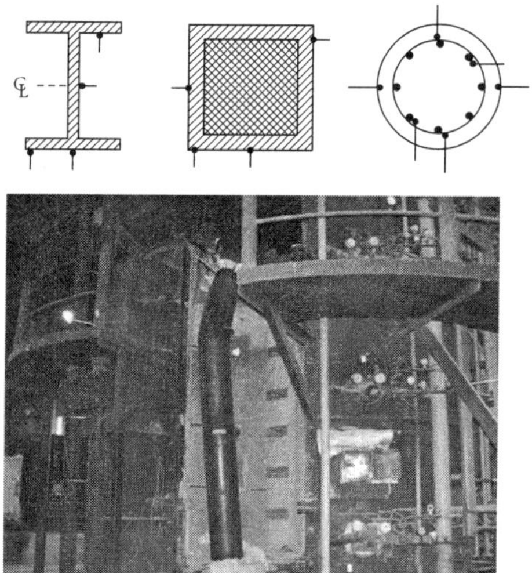

그림 8-5 구조용 강재의 허용온도 도출 및 내화시험

2) 강재단면형상계수 이용법

강재단면형상계수를 내화피복두께에 활용하는 방법은 먼저 해당 내화피복재료와 시공방법(3면노출과 4면노출)에 의한 단면형상계수의 산정이 선행되어야 한다. 그리고 피복되지 않은 노출 강재를 대상으로 재하가열시험을 수행하여 부재가 붕괴되는 한계온도를 평가하고, 동시에 KS F 2245-6, 7에 규정되어있는 허용온도와 비교한다. 두 가지 온도를 비교한 결과 낮은 온도를 향후 평가되는 온도의 기준으로 설정한다. 예로써 한계온도가 550℃로 평가되었다면 강재의 기준온도는 538℃가 된다. 즉 안전측을 우선 고려한다는 의미가 포함되어있다. 다음은 스몰 스케일의 시험체를 대상으로 비재하가열시험을 수행한다. 여기에는 다양한 크기와 피복두께를 달리하는 시험체를 준비한다. 즉 강재단면형상의 종류를 다양하게 한다. 다음에는 희망 내화시험 시간동안의 각 스몰 스케일 시험체의 온도 상승패턴을 측정한다. 각 스몰 스케일 시험체에 대한 내화성능시간은 강재의 기준온도에 도달되는 시간으로 평가한다. 스몰 스케일 시험체에 대한 내화시간은 다양하게 나타나게 될 것이다. 즉 강재단면형상에 따른 온도 상승 패턴이 달라지기 때문이다. 따라서 내화시간과 피복두께 그리고 강재단면형상에 의한 결과를 중회귀식으로 도출할 수 있다. 그러므로 요구되는 내화피복두께는 내화시간과 강재의 단면형상계수를 알면 실험식을 풀거나, 도표화된 결과를 활용하여 쉽게 도출할 수 있다(그림 8-6).

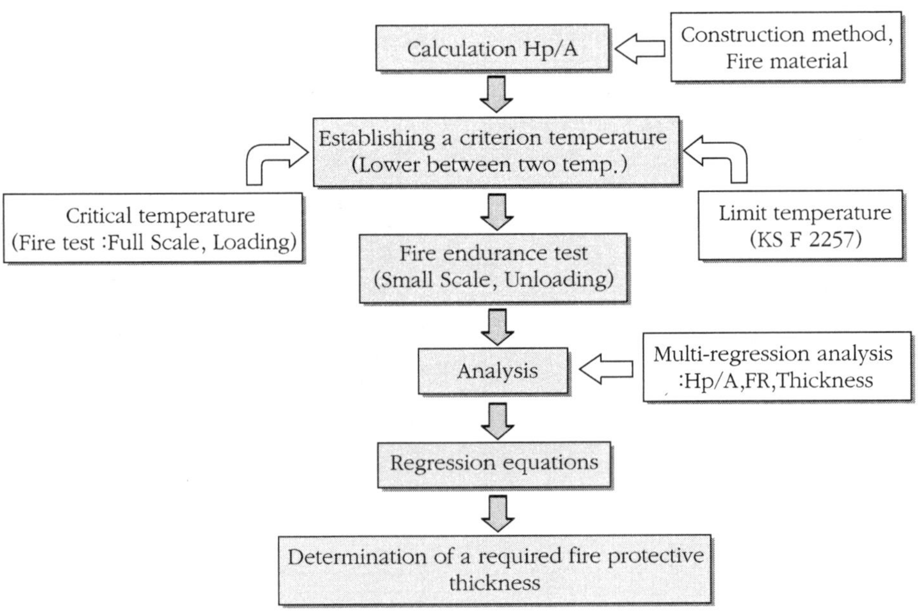

그림 8-6 강재단면형상계수 이용 내화피복두께 산정 과정

3) 내화보드 이용 내화피복두께 산정 사례

① 실험계획

강재 단면형상계수를 이용한 내화피복두께를 산정하기 위하여 내화피복재료를 방화석고보드와 규산칼슘보드(CRC)를 선정하였다. 재하가열시험을 통한 한계온도 도출을 위해서 3.5m의 H-200×200×8×12와 □-200×200×6 기둥을 대상으로 재하가열시험을 수행하였다. 강재온도 도출을 위해서는 길이 1미터인 스몰 스케일 기둥 시험체를 제작하였다(표 8-4)

표 8-4 실험계획

Sort	Size and H_p/A	Fire protection thickness(mm)		Remarks
		Type X	CRC Board	
Full Scale	H-200×200×8×12(186.4)	50(25+25)	24(12+12)	3.5meters high
	□-200×299×6(133.8)			
Small Scale	H-350×350×12×19(119.4)	27.5(15+12.5)	10.5(6+4.5)	1meter high
	H-250×250×14×14(142.5)	25(12.5+12.5)	9	
	H-200×200×8×12(186.4)	50(25+25)	24(12+12)	
	H-150×150×7×10(220.7)	12.5	4.5	
	□-350×350×12.5(88.3)	27.5(15+12.5)	10.5(6+4.5)	
	□-250×250×12(90.5)	25(12.5+12.5)	9	
	□-200×200×6(133.8)	50(25+25)	24(12+12)	
	□-150×150×5(211.6)	12.5	4.5	

② 내화시험결과

a. 풀 스케일(full scale) 시험결과

방화석고보드 50mm를 피복한 H형강은 429℃에서 구조적 한계를 보였고, CRC 24mm로 시공된 H형강은 520℃에서 한계를 나타내었다(그림 8-7). 따라서 두 시험체의 온도가 KS F 2257-7에 규정된 538℃보다 낮은 온도이므로 429℃, 520℃가 스몰 스케일의 내화성능에 관한 기준온도가 된다.

b. 스몰 스케일(small scale) 시험결과

다양한 피복두께 그리고 다양한 단면의 크기에 의한 스몰 스케일 기둥 시험체의 강재온도 패턴은 표 8-5와 같고, 온도상승이력은 그림 8-8과 같다. 각 스몰 스케일의 내화성능은 풀 스케일 시험에 의한 온도로써 평가된다.

Classification	Criteria of sustainability		Time to pass criteria (min)	Expansion (mm)	Steel temperature(℃)	
	Deformation (mm)	Rate of deflection (mm/min)			Ave.	Max
H-G-50	42.5/35 이하	56.1/10.5 이하	192	14.6	429	453
H-C-24	44.8/35 이하	37.6/10.5 이하	93	17.5	520	537
RE-G-50	46.5/35 이하	61.3/10.5 이하	166	15.6	453	497
RE-G-24	45.8/35 이하	62.3/10.5 이하	81	17.5	565	584

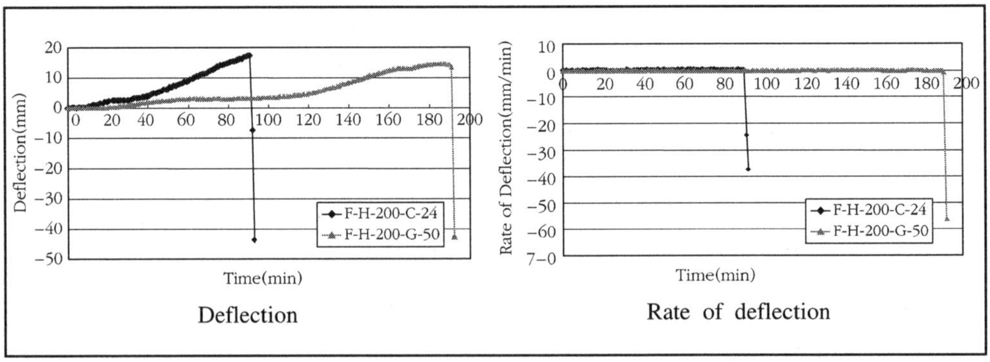

그림 8-7 풀 스케일 내화시험결과

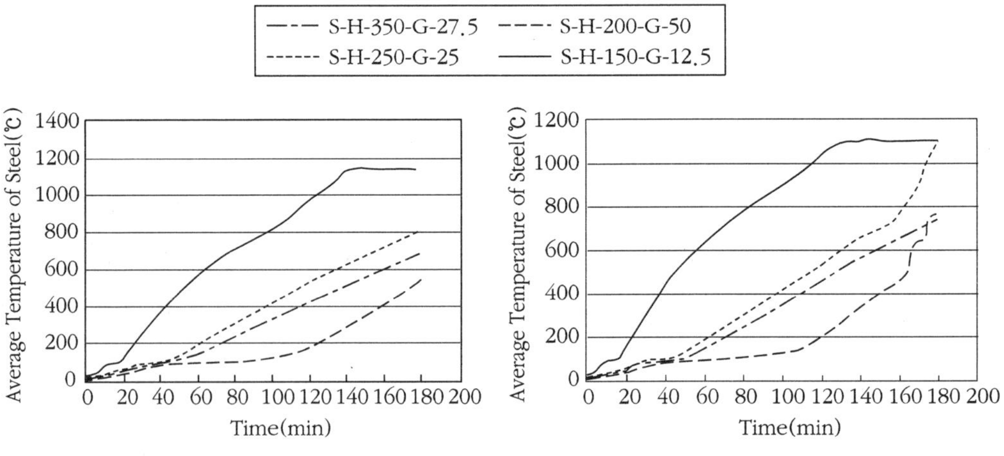

Surface temperature patterns of small specimens (H-section, Rectangular)

그림 8-8 스몰 스케일 온도 이력

표 8-5 스몰 스케일 온도 측정 결과

Sorts	Steel temperature(℃)									
	upward part from center				downward part from center				Ave.	Max.
	1	2	3	4	5	6	7	8		
H-350-G-27.5	703	661	698	664	712	650	724	664	684	724
H-250-G-25	862	881	781	776	829	770	840	789	807	862
H-200-G-50	611	495	608	489	618	478	605	476	547	618
H-150-G-12.5	1135	1211	1311	1131	1139	1096	1391	1222	1137	1222
H-350-C-10..5	975	944	972	948	969	943	965	950	958	975
H-250-C-9	1046	1035	1011	1027	1040	1028	1039	1028	1032	1046
H-200-C-24	825	816	823	814	820	809	821	818	88	825
H-150-C-4.5	1100	1094	1096	1089	1081	1087	1086	1088	1090	1000
RE-350-G27.5	839	764	751	726	757	714	789	733	759	839
RE-250-G-25	1127	1104	1123	1082	1141	1073	1111	1077	1101	1127
RE-200-G-50	1079	579	1044	1017	627	547	634	567	762	1079
RE-150-G-12.5	1140	1131	1121	1128	1089	1016	1079	1132	1104	1140
RE-350-C-10.5	797	748	785	772	775	781	791	783	783	797
RE-250-C-9	851	845	845	842	848	842	841	843	845	851
RE-200-C-24	714	701	717	703	723	702	728	697	711	728
RE-150-C-4.5	1051	1026	1051	1048	1051	1045	1052	1036	1045	1052

각 스몰 스케일의 강재단면형상계수와 피복두께 그리고 내화시간에 대한 결과는 표 8-6과 같다.

표 8-6 스몰 스케일 시험체의 내화시간

Fire material	Sorts of section	Section factor	Thickness of fire material	Fire rating(minute)
Type X gypsum board	H-section	119	27.5	121
		143	25	102
		186	50	164
		221	12.5	46
	Rectangular tube	88	27.5	119
		90	25	106
		134	50	159
		212	12.5	42
CRC board	H-section	119	10.5	61
		143	9	47
		186	24	84
		221	4.5	30
	Rectangular tube	88	10.5	63
		90	9	49
		134	24	86
		121	4.5	31

c. 내화성능 회귀식 도출

방화석고보드와 규산칼슈보드 그리고 H형강 및 각형강관으로 구성되는 기둥부재의 내화피복두께를 산정하기 위하여 풀 스케일, 스몰 스케일 시험체를 대상으로 내화시험을 수행하였다. 내화시험에 도출된 내화시간과 피복재두께 그리고 강재단면형상계수를 중회귀 분석을 통하여 표 8-7의 결과를 도출하였다.

표 8-7 실험결과식

Fire Materials	Regression equations	Correlation coefficient
Gypsum Board	$FR=63.25-0.2H_p/A+2.7t$	0.99
CRC Board	$FR=41.30-0.1H_p/A+2.52t$	0.99

d. 내화피복두께 결정

회귀식으로 표현된 내화피복두께를 보다 더 수월하게 산출하기 위해서는 피복두께, 내화시간 그리고 강재단면형상계수로 표현되는 삼차원 그래프가 효과적이다(그림 8-9). 그림에 의하여 H-300×300×10×15(강재단면형상계수 $149m^{-1}$)인 기둥의 2시간 내화성능을 확보하기 위해서는 30mm의 내화피복두께가 요구되고, H-400×400×18×18(강재단면형상계수 $111m^{-1}$)의 경우는 33mm가 요구됨을 쉽게 찾을 수 있다.

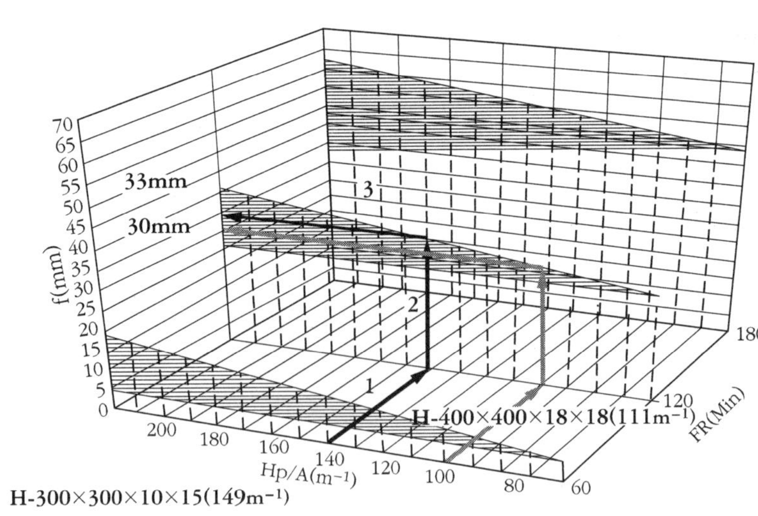

그림 8-9 내화피복두께 산정법

e. 외국의 사례(영국, ASFPCM)

밀도가 300kg/m^{3}이고 시멘트혼입 화이버 스프레이식 내화피복재료의 요구되는 내화시간별 피복두께는 다음 표 8-8을 이용하여 결정한다.

본 표에서도 적용하고자 하는 강재의 단면형상계수를 알고 원하는 내화시간을 알면 피복두께가 바로 결정된다. 예로써 강재단면형상계수가 210m^{-1}이고, 내화시간이 2시간이면 피복두께는 34mm가 된다.

표 8-8 피복두께 산정표

H_p/A up to	Dry thickness in mm to provide fire resistance of					
	$\frac{1}{2}$ hour	1hour	1$\frac{1}{2}$ hour	2hour	3hour	4hour
30	10	10	10	11	16	25
50	10	10	11	15	23	31
70	10	10	14	19	29	39
90	10	11	17	23	34	46
110	10	12	19	25	38	51
130	10	13	20	28	42	56
150	10	14	22	29	45	60
170	10	15	23	31	47	63
190	10	16	24	33	50	67
210	10	16	25	34	52	69
230	10	17	26	35	53	–
250	10	17	27	36	55	–
270	10	18	27	37	56	–
290	10	18	28	38	58	–
310	10	19	29	39	59	–

밀도가 430kg/m^{3}이고, 제조사가 Eternit UK Ltd인 화이버 보강 칼슘 실리케이드 보드에 대한 피복두께 산정은 다음 그림 8-10을 이용한다. 그림에서 강재단면형상계수가 180m^{-1}이고 요구 내화시간이 2시간이면 C타입으로 30mm가 필요하다.

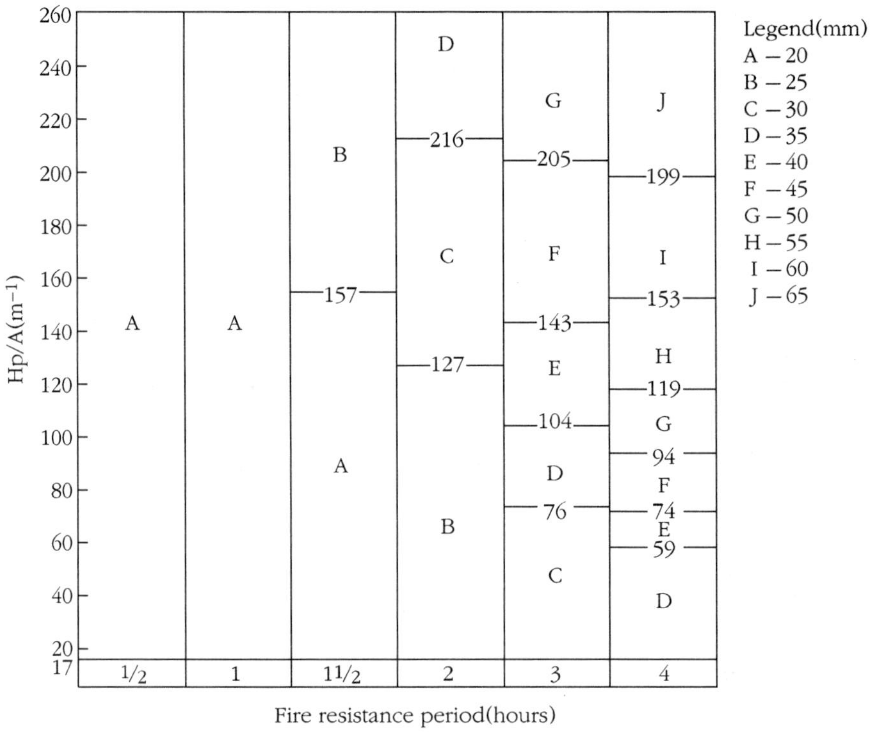

그림 8-10 피복두께 산정과정

제 9 장

화재안전전략 Tree

9.1 화재안전전략 Tree 구성

대부분의 국가에서는 화재안전에 관련된 규정을 한 개의 규정 또는 빌딩코드에 정립하고 있으나, 우리나라는 건축법과 소방기본법 등으로 분리하여 규정, 집행하고 있다. 따라서 건축물의 내화성능평가는 건축법 위주로 진행되고 성능의 확인 등의 절차는 소방기본법의 소방동의의 형식 하에 이루어지고 있어 행정절차가 다소 복잡한 양상을 보이고 있다. 그리고 화재안전을 위한 전략적 구성이 통일화되고, 일관성 있는 체계보다는 다소 객체 위주의 체계로 각 법규에 흩어져 있는 것도 문제점으로 지적되고 있다.

따라서 화재안전의 전략적 구성이 체계적으로 되어 있다고 평가를 받고 있는 미국의 방화협회(NFPA, National Fire Protection Association)에서 제정된 화재안전트리지침을 파악하는 것이 필요하다고 판단되어 본 장에서 소개하고자 한다(그림 9-1). 화재안전전략트리지침은 1985년 초판(初版)이 발행되었고, 1995년 그리고 2002년에 발간되어 현재에 이르고 있다.

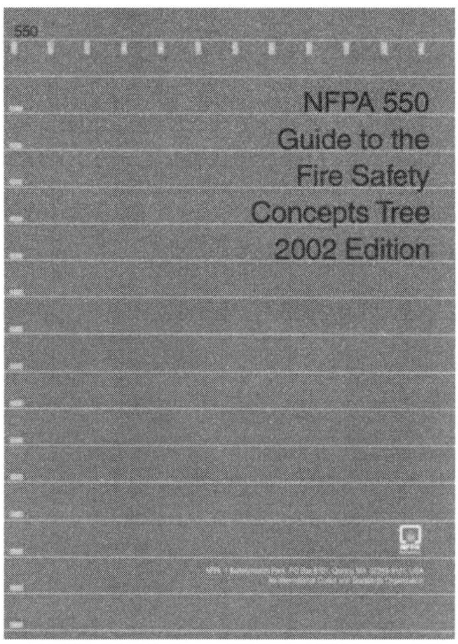

그림 9-1 화재안전개념 트리지침

모두 9장으로 아래와 같이 구성되어 있다.

1장 행정부분(Administration)
2장 참고문헌(Referenced Publication)
3장 정의(Definition)
4장 화재안전개념트리의 구조(Structure of the Fire Safety Concepts Tree)
5장 적용(Application)
6장 한계(Limitation)
7장 트리의 사용(Use of the Tree)
8장 예비(Reserved)
9장 행정조치(Administration Action)

1. 화재안전개념트리 지침 개요

본 지침은 화재안전개념트리의 구조와 활용방법을 규정하고 있으며, 화재안전 실무자(설계자, 공학자, 코드제작자)의 화재안전에 관한 의사소통시 지원을 위한 툴(tool) 제공을 목적으로 하고 있다.

본 지침에서 정의하고 있는 몇 가지 사항을 요약하면 다음과 같다.

① 지침 : 본질적으로 자문의 성격인 정보적 문서 또는 비강제적인 규정으로 만들어진 문서.
② 자동소화 : 자동적으로 해당 화재를 소화하거나 성장을 제한하는 것.
③ 화재의 구속 / 제한 : 화재발생 구역 내에서 화재와 화재 부산물 또는 양자를 제한하기 위하여 건물의 구성요소와 건물 내부에 관련 장비를 설치하는 것.
④ 화재 충격 : 화재의 직접적 또는 간접적인 결과를 표현하는데 사용되는 용어.
⑤ 화재 부산물 : 화재에 수반되는 화염, 열, 연기 및 가스 등을 의미함.
⑥ 화재안전 : 서술된 목적을 만족시키기 위해 피난자를 보호하는 수단.
⑦ 피난대상 : 화재안전 목적에 서술된 모든 항목(사람, 재산, 활동 또는 기타 중요한 고려사항 등).

2. 화재안전개념트리 구조

화재안전개념트리의 기본 구조는 예방에 관한 착화방지와 화재발생 이후의 물리적 피해를 줄이고자 하는 화재피해 제어 전략 간의 관계를 제시하는 것이다. 화재안전개념트리 구조는 계층적 관계를 보여주는 논리적 게이트를 사용하고 있고, 여기에는 "또는" 게이트(or gate)와 "그리고" 게이트(and gate)가 있다. "또는" 게이트는 원의 내부에 플러스 기호(+)로 표시한다. 표시 하부에 있는 임의의 것은 상부의 개념을 결과로써 유발하거나 가질 수 있다. 즉 다음 그림에서 A는 아래의 B_1, B_2, B_3의 어떤 것에 의해서라도 이루어질 수 있음.

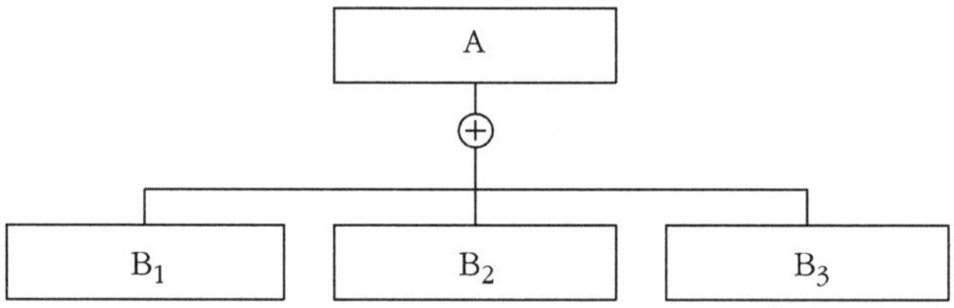

그림 9-2 or gate 구조

"그리고" 게이트는 원의 내부에 점이 표식 된 기호로 나타낸다. 동 게이트 하부의 모든 전략은 게이트 상부의 개념 달성을 위해 필요하다는 것을 나타내고 있다.

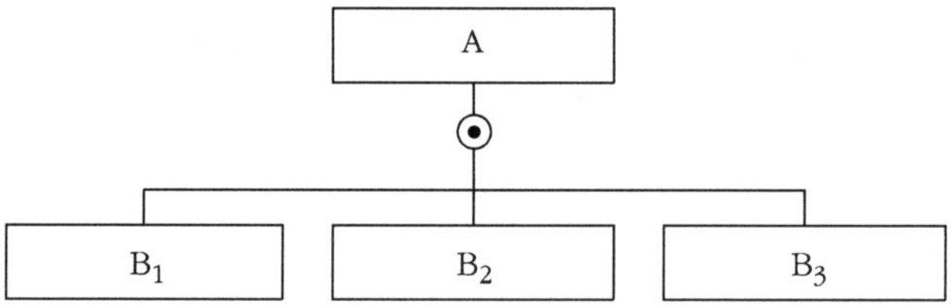

그림 9-3 and gate 구조

9.2 화재안전전략 Tree 구성

1. 화재안전전략 트리

화재안전개념트리의 최상부 전략은 화재안전목적이라고 명명되고, 트리의 논리는 특정 목적의 달성을 지향하고 있다. 화재안전목적 달성을 위한 전략은 두 가지 범주로 대별된다. 즉 착화방지(Prevent Fire Ignition)와 화재충격관리(Manage Fire Impact)이다. 이 두 가지 전략은 "or gate"를 통해 연결되어 있다. 즉 두 개 중의 어떤 전략에 의해서라도 화재안전목적은 달성될 수 있다는 의미이다. 그러나 화재안전목적의 달성은 두 가지의 전략이 다 포함될 때 가능성이 더 높게 된다. 예로써 바지의 벨트를 매고, 멜빵을 한 경우와 유사한 경우가 된다. 따라서 화재안전목적의 달성을 위해서는 한 개 이상의 전략을 구사하는 것이 필요하다.

계층화된 하부의 게이트로 구성된 상부 게이트를 나타내고 있다(그림 9-4, 참고로 원본의 영어를 그림 9-5에 표현하였음). "또는" 게이트(or gate)는 하부의 모든 개념을 포함시킬 수 있다는 "포괄적"의 의미를 지니고 있으나, 한 개만이 필요하다는 의미를 가진다. 이론적으로 본 목적을 달성하기 위해서 방지 또는 관리만이 수반되어야 한다는 것을 의미한다.

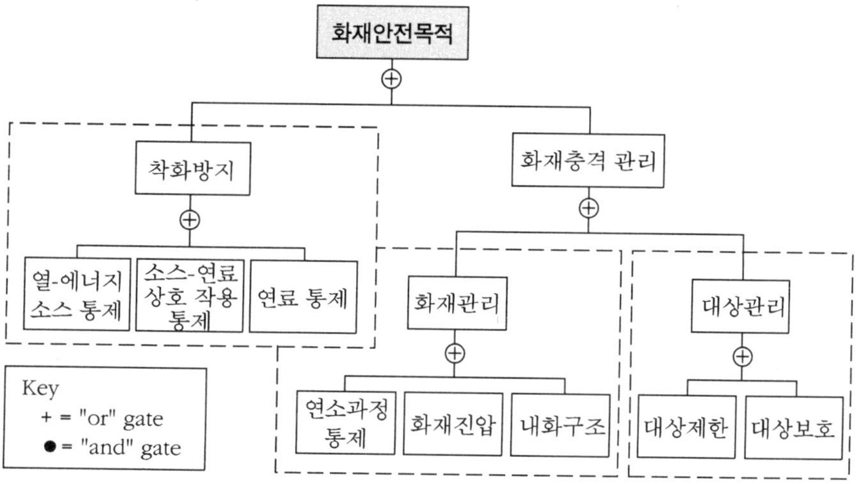

그림 9-4 하부계층이 포함된 화재안전트리의 구성

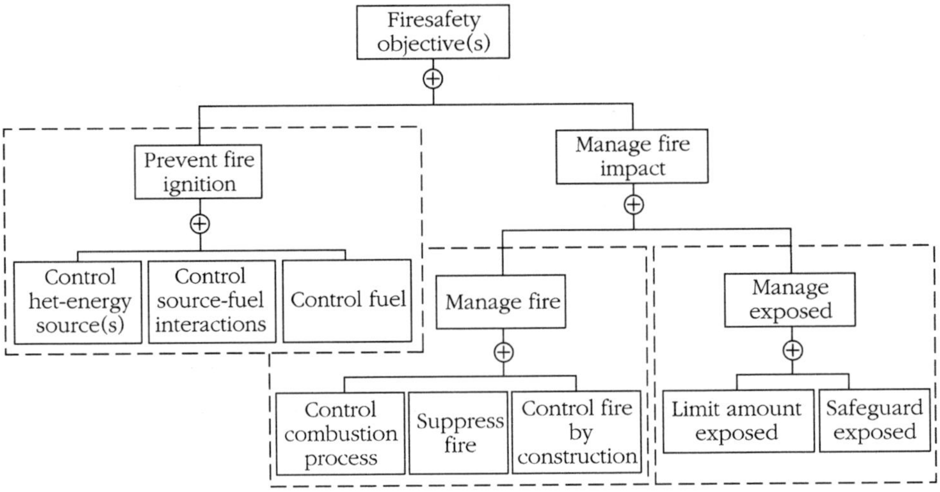

그림 9-5 그림 9-4의 영문표기

그러나 이론적으로 완벽하게 방지와 관리를 달성할 수는 없다. 실제로 화재방지 및 화재충격관리는 일반적으로 함께 적용된다. 화재안전목적의 달성 가능성은 양쪽 원칙을 동시에 적용함으로써 높아진다. 즉 바지의 흘러내림을 방지하기 위해 벨트와 동시에 멜빵을 하는 것과 같은 양상이다. 그래서 "또는" 게이트는 목적을 달성하기 위해 하나의 전략보다 하나 이상의 전략을 이행함으로써 향상시킬 수 있다는 것을 암시하고 있다.

2. 착화방지 개념

화재안전개념트리의 한 지류인 "착화방지"는 화재방지규정의 대표적 수단이다. 본 트리의 지류에 포함된 화재안전 장치는 그 효율성을 보증하기 위해 지속적인 관찰이 요구되고 있다. 그러므로 의무이행 책임은 설계자보다 점유자와 사용자 측이 높다.

착화는 가연성 물질에 충분히 가깝거나, 열원과의 접촉에 의해 발생된다. 따라서 "착화방지"는 "열-에너지원 통제" "원-연료 상호작용 통제" "연료 통제"(그림 9-6)로 세분화된다. "또는" 게이트는 이런 세 가지 전략중의 어떤 하나라도 완벽하게 수행된다면 착화방지를 충분히 달성할 수 있다는 것을 나타내고 있다. 그러나 한 개 이상의 사용은 착화방지목적 달성율을 높이게 될 것이다. 예로써 열-에너지원의 통제는 열과 에너지원을 제거함으로써 이룰 수 있을 것이다. 이것은 착화방지를 달성하고 동등한 다른 전략을 무의미하게 만들 것이다. 그러나 모든 열-에너지원 제거에 대한 전략과 연계된 동등한 전략은 항상 존재한다(즉 일정 규모의 착화 원은 일정 공간에 항상 존재하기 때문). 만일 연료 통제를 적용한다면 착화방지의 가능성은 더욱 높아질 것이다.

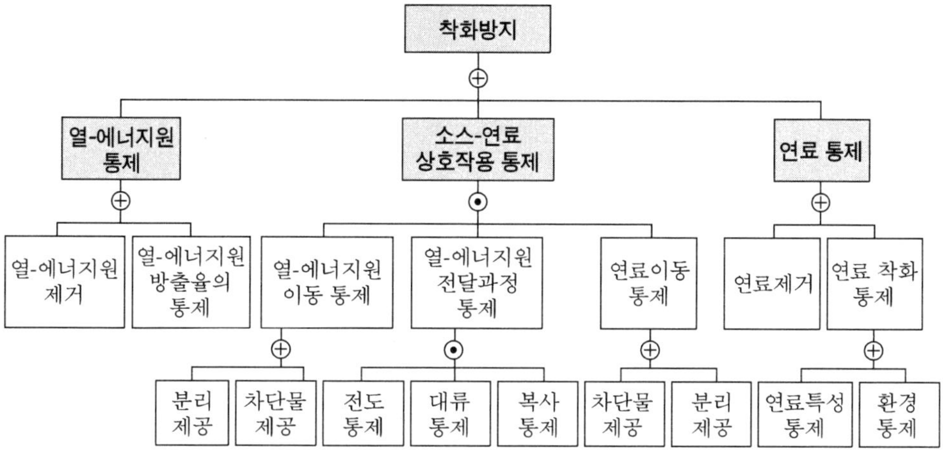

그림 9-6 화재안전전략트리의 착화방지 하부전략

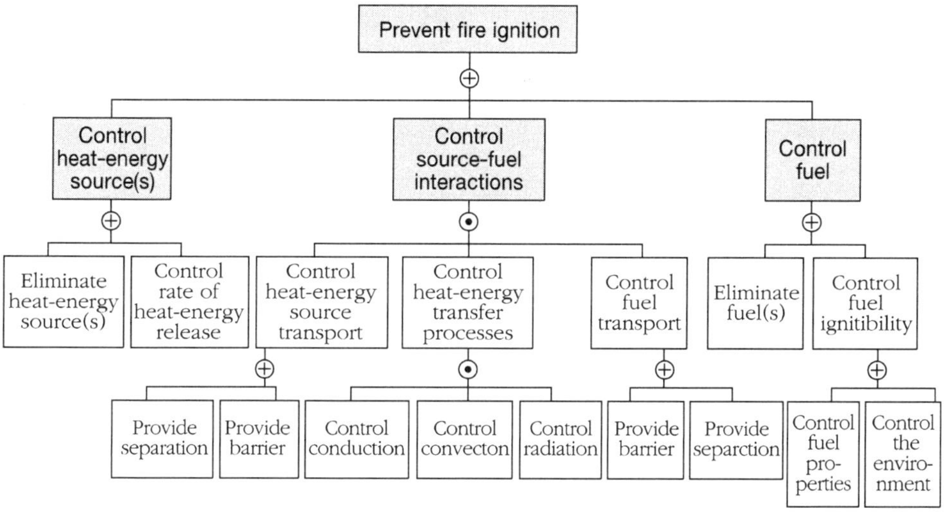

그림 9-7 그림 9-6의 영문표기

3. 화재관리 개념

"화재관리전략"의 목적은 화재성장과 확산에 관련된 잠재적 위험성을 줄이기 위함이고, 이에 의해서 화재의 충격을 줄이자는 것이다. 화재관리의 접근방식은 다음과 같다.

① 연료와 주변 환경의 개선을 통해 연기와 열방출률 통제
② 수동 또는 자동 소화에 의해 연소과정 통제
③ 환기, 제한 또는 양쪽을 통하여 화재 확산 통제(그림 9-8)

"또는" 게이트는 화재관리의 신뢰성 향상을 위해서 동시에 작용될 수 있다는 것을 암시한다. 배기 또는 수벽에 의한 화재확산 통제는 연기와 같은 화재 부산물을 관리하는 것이다.

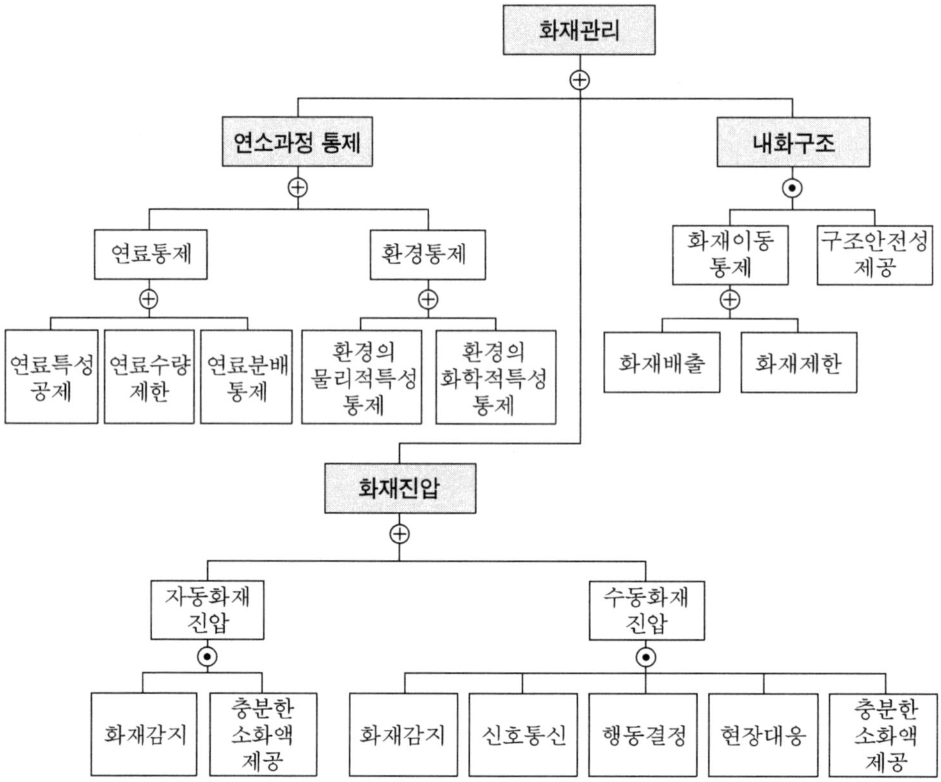

그림 9-8 화재안전전략트리의 화재관리 구성

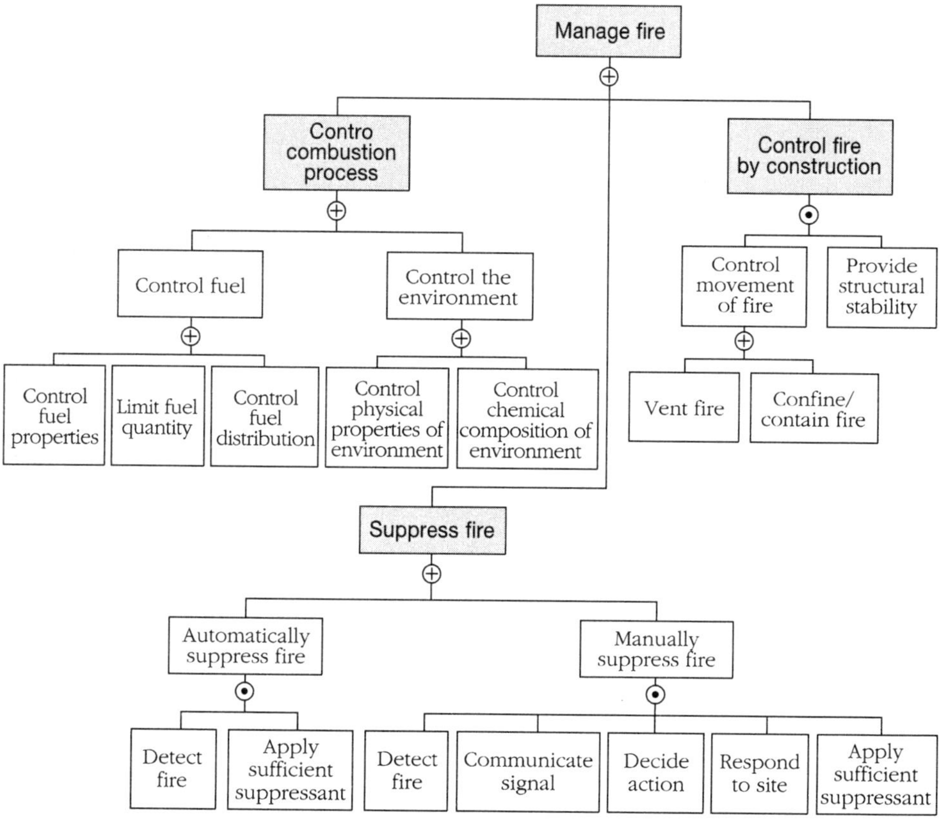

그림 9-9 그림 9-8의 영문표기

4. 화재충격관리 개념

화재충격관리(Manage fire impact)는 화재관리(manage fire)와 대상관리(manage exposed)가 or gate로 구성되어있다. 본 전략은 잠재 위험성(hazard) 크기를 제한하거나, 그 효과를 최소화하기 위한 것이다.

▌화재관리(Manage fire)

화재관리의 목적은 화재성장과 확산에 관련된 위험성을 줄이는 것이고, 화재관리의 접근방식은 다음과 같다.

· 연료 또는 환경 개선을 통한 열과 연기 발생율의 통제
· 수동 또는 자동 소화에 의한 연소과정의 통제
· 배기 또는 제한(내화구조)에 의해 화재 확산의 통제

5. 대상(대피자) 관리 개념

"대상 관리"는 화재안전목적에 서술된 전부 또는 일부(사람, 재산, 활동 또는 다른 중요한 고려사항)에 관계되는 수단을 조화시키는 것이다. "대상 관리"는 노출되는 재산의 양과 사람의 수를 제한하거나 노출되기 쉬운 재산과 모든 사람을 보호함으로써 달성될 수 있다(그림 9-10). 비보행성 병원환자와 같이 움직일 수 없는 사람의 경우는 화재노출로부터 점유된 공간이 방호됨으로써 보호되어야 한다.

"화재 대항력(hardening against fire)"은 화재 효과에 대한 피난자들의 저항 전략을 표현하는 다른 용어이다. 움직일 수 있는 재실자에 대해서 피난자를 보호하는 가장 일반적인 전략은 이동 시간동안 대피경로를 보호함과 동시에 피난자를 다른 곳으로 이동시키는 것이다.

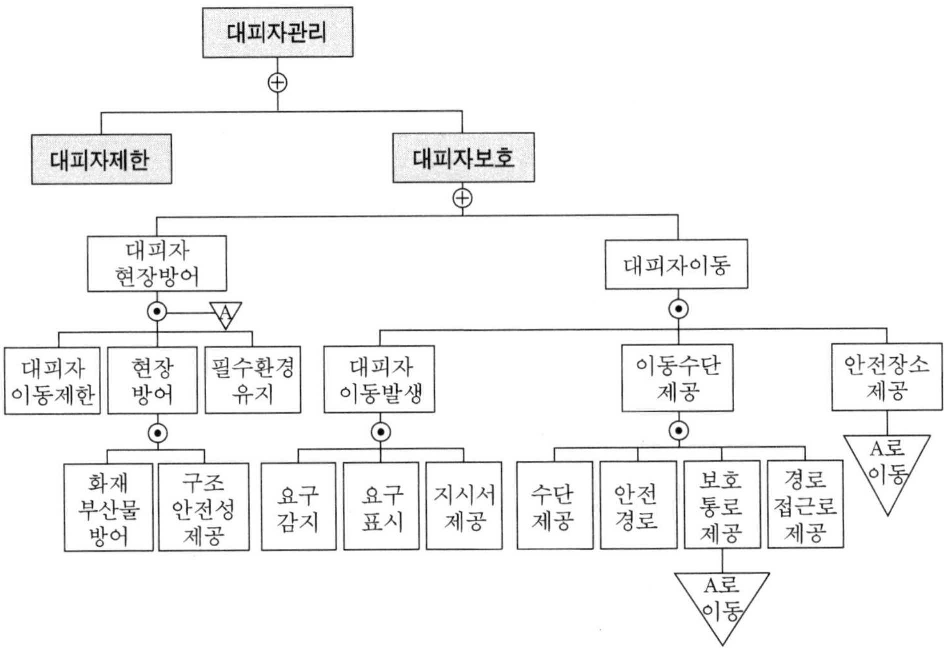

그림 9-10 화재안전개념트리의 대피자 관리구성

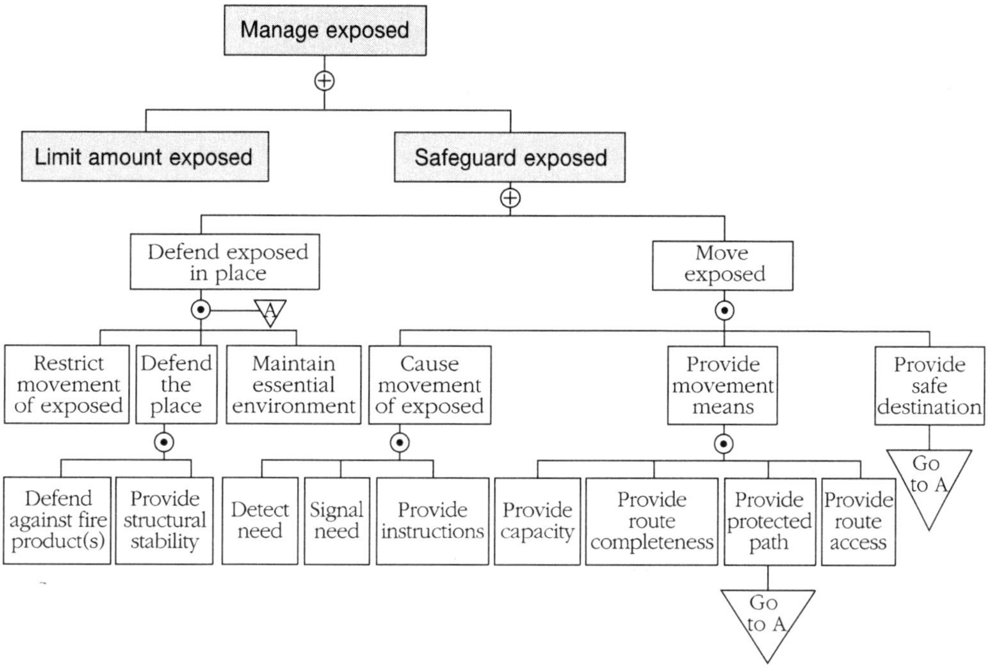

그림 9-11 그림 9-10의 영문표기

9.3 화재안전전략 Tree 이용방법

1. 이용 목적 및 방법

설정된 화재안전목적을 평가함을 목적으로 하고, 평가방법은 해당 논리(logic)에 따라 매우 다양하게 적용할 수 있다.

2. 정성적 이용 방법

정성적 이용방법은 크게 5단계로 구성된다.

1) 1단계

목적을 정의한다.

2) 2단계

트리의 가장 낮은 요소의 각 부분을 평가한다.
다음의 같은 척도를 고려한다.

· 미존재(Nonexistent)
· 표준이하(Below standard)
· 표준(Standard)
· 표준이상 (Above standard)

해당되는 척도를 가장 낮은 요소에 명기한다.

3) 3단계

가장 낮은 요소가 "or gate"의 입력조건인 경우에 출력값은 입력 척도 중 가장 높은 척도를 적용한다.

4) 4단계

가장 낮은 위치의 요소가 "and gate"의 입력조건인 경우에 출력값은 입력 척도 중 가장 낮은 척도를 적용한다.

5) 5단계

해당 논리에 따라 각 입력 척도에 기준한 출력값을 트리의 상향으로 진행한다.

3. 결과 이용

화재안전의 목적이 해당 결과에 따라 표준(standard), 표준이상(above standard) 등으로 평가될 수도 있다. 또한 화재안전의 목적이 낮은 척도로 평가될 경우는 트리 하부의 개선해야 될 부분을 검사할 수 있으며, 개선할 수 있다.

4. 사용 예

화재안전개념트리 사용의 예는 가상 컴퓨터실의 화재안전을 검사하는 과정이다. 즉 고려사항은 트리 지류인"착화 방지"에 한정되고, 트리의 일부가 특정 전략 평가용으로 어떻게 사용되는지를 보여준다. 본 사례에서, 화재안전개념트리는 정보처리 센터의 화재보호 수준을 감정하고, 수준을 향상시키는데 사용된다. 또한 화재안전설계의 신뢰성에 대해서도 문제를 제기할 수 있다. 그러므로 검증된 화재안전목적은 국가표준에 정확히 설정된 것이어야 한다. 그리고 검증된 화재보호 수준을 초과하는 가장 효율적인 방법이 도출되어야 한다.

1) 열-에너지원 통제

"착화방지"의 왼쪽에 착화원에 관련된 두 개의 전략이 있다. 첫 번째 전략은 "열-에너지 착화원 제거"이다. 컴퓨터실에서 난방기구, 연기 발생이 가능한 물질을 금지하는 것이 표준이다. 실화 가능성에 적절히 대비하도록 보안 프로그램을 규정에 포함시켜야 한다. 만일 이러한 특성이 적용 가능할 경우에 본 전략은 표준으로 평가될 수 있다.
평가의 수준을 향상시키기 위해 전기가 포함된 모든 잠재 착화원의 제거가 요구된다. 용도 본질상 전기를 동력원으로 하는 컴퓨터실에서의 전기 착화원의 완벽한 제거는 용이하지 않다. 그러나 전기 사용을 통제함으로써 착화 가능성을 감소시키는 것은 가능하다. 이렇게 하는 방법의 한 가지는 NFPA 70(국가전기코드)에 따르는 것이다. 이러한 조치가 취해지면 "열-에너지 방출율 통제"는 표준으로 고려될 수 있다.

2) 연료 통제

"착화방지"의 지류인 "연료통제"를 고려한다. 컴퓨터실의 일반적인 가연물은 종이, 와이어의 플라스틱 단열재, 장비의 일부분과 테이프, 디스크와 같은 플라스틱류이다. NFPA 75의 절 4.1(컴퓨터/자료처리 장비 보호에 대한 표준)은 컴퓨터실에 허용될 수 있는 재료와 장비를 확인할 수 있다. NFPA75에 따르는 것은 "연료제거"전략에 대한 표준으로 고려될 수 있다.
NFPA 75의 5장은 컴퓨터실에 사용되는 재료에 대한 화염전파 및 인화점(flash point)의 한계를 제시하고 있다. 이런 요구사항에 따르는 것은 "연료특성통제"전략의 표준 수준으로써 해석될 수 있다.

3) 에너지원-연료 상호작용 통제

착화원과 가연물 사이의 열전달 통제는 컴퓨터실의 통상적 전략은 아니다. 대대적인 공사와 특별한 개선 과정 없이 전력으로부터 가연물질을 격리하는 것은 매우 어렵다. 예로써 폴리비닐염화물은 전기적 단열 특성으로 전도적 전도체와 접촉함으로써 가장 효율성이 높은 재료가 된다. 그래서 "에너지원-연료간 상호작용"지류하의 모든 근본적인 전략은 미존재로써 분류될 수 있다. 일부 중요한 매개체가 가끔 내화 처리된 보관함에 저장되지만 이것은 근본적으로 노출에 대한 전략이고, 착화방지에 크게 기여하지는 못한다.

4) 결과

이러한 절차의 결과는 그림 9-12에 제시되어 있다. "착화방지"의 가장 낮은 요소의 정량적인 평가가 수행되었고, 세 번째와 네 번째의 절차에 따라 결과를 평가하였다.

"열-에너지원 통제"에 대한 표준요소의 입력사항(본 경우는 두 가지임)은 결과 요소도 표준임을 나타낸다. 표준 입력은 "연료 통제"가 표준이라는 것은 의미한다. 입력사항이 미존재 요소인"에너지원(소스)-연료 상호작용 통제"는 미존재 상태가 된다. 그래서 "착화방지"에 도달되는 마지막 "또는" 게이트는 두 개의 표준 입력사항을 가진다. 그래서 그 결과는 표준이다(표준결과 도출을 위해서는 최소 한 개의 표준 입력이 요구된다. 이는 "또는" 게이트의 논리이기 때문이다).

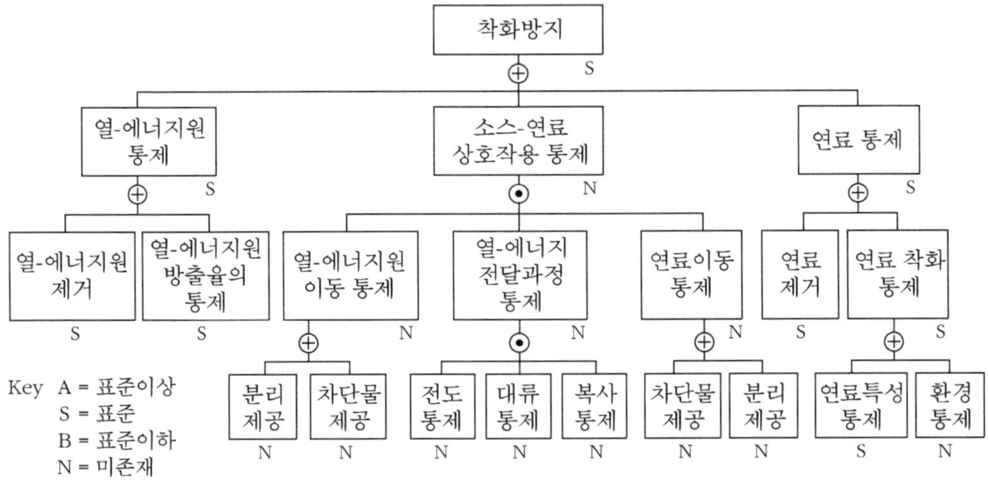

그림 9-12 컴퓨터실의 화재보호

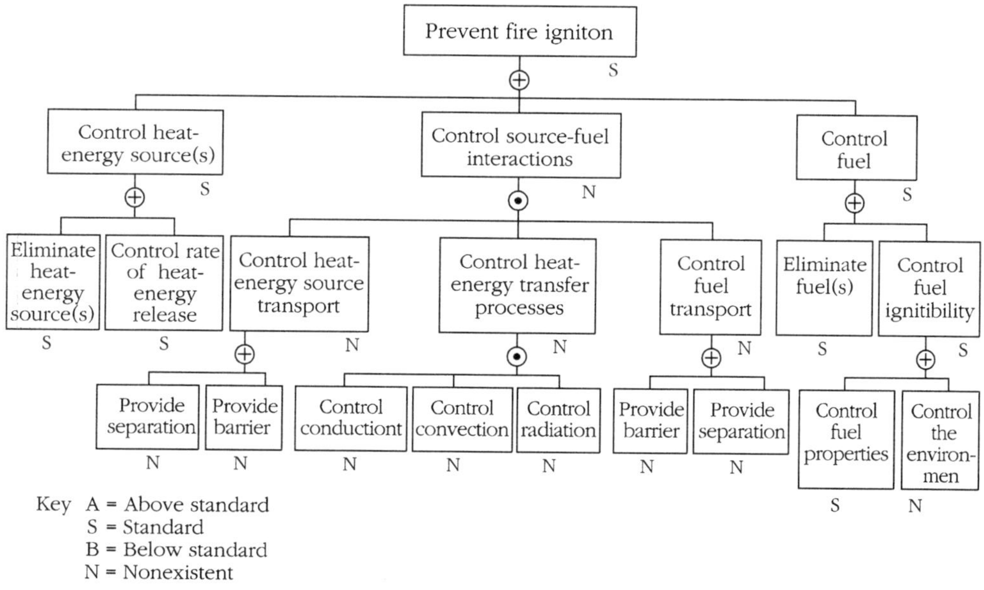

그림 9-13 그림 9-12의 영어표기

제 10 장

건축물 방화계획 및 경보설비

10.1 방화계획개론

1. 건축방화계획 정의

건축방화계획은 건축물에서 화재의 피해를 줄이기 위한 계획이다. 건축방화계획을 일반적으로 건축방재계획이라고 하지만 다른 재해에 대한 계획과 구별하는 의미에서 건축방화계획이라 한다.

2. 방화계획의 의의

건축물의 방화계획은 건축물의 기획이나 설계 단계에서 생략할 수 없는 중요한 계획의 위치에 있고, 단순히 법규의 방화규정에 따르는 것뿐만 아니라 방화계획(방재계획)의 작성에 의해 그 안전성을 확인하는 것이 필요하다.

3. 방화계획의 필요성

화재에 의한 피해 방지의 필요성은 다음과 같다.

① 인명과 직결된 기본적 요구사항이며

② 건축계획에 의해 극복이 가능한 현실적인 과제이고, 그것을 실현할 가능성이 높기 때문이다.

4. 방화계획의 창조성

건축방화계획을 인명과 재산을 지키기 위한 법규의 규제조건으로 대처하기보다는 건축설계에서 방화상의 제약을 극복하여야만 새로운 공간창조가 가능하다. 예로써 아트리움, 막구조, 대규모 목조 등이 사례가 될 수 있다.

5. 건축 방화계획 작성의 원칙

방화계획의 작성 원칙에는 원리성, 선행성, 고유성, 종합성이 있다.

1) 원리성

건축이나 방화의 원리, 원칙에 입각하여 생각하는 자세가 요구된다. 즉 건축법규 등을 준수하는 것만으로는 창조적 발상을 기대하기 어렵다.

2) 선행성

건축의 기획 또는 설계의 초기단계에서 방화를 고려하는 것. 건축설계가 완료된 이후에 방화를 고려하면 디자인적면과 비용적 측면에서 큰 손실 및 무리가 발생할 가능성이 높아진다.

3) 고유성

건축물의 고유조건에 맞추어서 방화계획을 고려하는 것. 건축물이 갖는 특징과 조건을 살린 계획, 또는 개별 요구사항을 구체적으로 만족시키는 계획이 요구된다.

4) 종합성

다양한 수법을 이용하여 유기적, 종합적으로 방화성능의 향상을 도모하는 노력이 요구된다.

6. 종합적인 방화계획

다음 세 가지 측면에서의 종합화가 요구된다.

1) 건축행위 각 수준에서의 방화대책 종합화

설계단계, 시공단계 그리고 사용 및 유지관리의 각 단계에서 방화대책의 구체화가 요구된다. 단 부실시공이나 미숙한 유지관리로 중대한 피해가 발생되는 경우가 많으므로 특별한 주의가 요망된다.

2) 건축구성 각 요소간의 방화대책 종합화

건축재료, 구법(構法), 설비, 공간구성 등 각 요소간의 유기적 대책을 구체화해야 하고, 구법이나 공간구성에 적합한 재료나 설비의 선택을 도모하고, 재료나 구법의 대책을 공간구성 및 설비의 대책으로 보완하는 노력이 요구된다.

3) 화재진전 각 단계에서의 방화대책 종합화

출화방지, 연소방지, 배연, 피난 등 각 단계에서의 대책에 대한 종합화가 요구된다.

7. 건축방화대책의 시스템화

방화계획을 종합적으로 고려하기 위해서는 하나의 시스템으로 대책의 체계를 세울 필요가 있다.

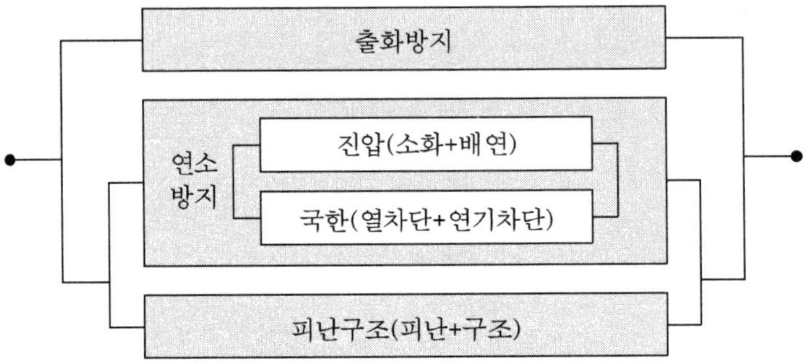

그림 10-1 화재안전시스템

1) 출화방지서브시스템

화기 관리와 점검보수에 대한 관리대책 그리고 착화물의 불연화 및 가연물 제한 등 재료에 관한 대책이 포함된다.

2) 연소확대방지 서브시스템

진압서브시스템(소화와 배연포함)과 국한 서브시스템(연소의 봉쇄와 연기차단)으로 구성된다.

3) 피난구조 서브시스템

인간행동을 대상으로 설정한 것으로써 피난과 구조로 구성된다.

8. 건축방화계획의 방침

건축방화계획은 건축 기획 및 설계단계에서 고려되어야 하고, 보다 구체적으로 배치계획, 평면계획, 단면계획, 입면계획, 내장(수장)계획, 설비계획 등 각각의 단계에서 안전성 향상을 도모하는 계획과 대책 수립이 필요하다.

10.2 배치계획

1. 배치계획의 고려사항

1) 상호관계

인접하는 건축물과 시설 상호간의 관계가 방재상 적절한가의 여부를 고려하고, 상호 연소 확대의 방지를 확보하기 위하여 충분한 거리 확보, 내화성능 확보를 위한 건축 요소 시공 등이 이루어져야 한다.

2) 피난확보

건축물 외부에서 피난자의 안전성이 확보되는가의 여부가 고려되어야 한다. 옥외로 피난한 사람들이 안전하게 도로나 광장 등에 도달할 수 있는 경로나 안전하게 부지내에 체류할 수 있는 공지(空地)를 확보해야 한다.

피난공간의 확보를 위해서는 화염 및 연기로 인한 위험에 처하지 않을 것, 낙하물 등으로 인한 위험이 없을 것, 과밀로 인한 혼란의 공포가 없을 것 등이 확인되어야 한다.

3) 소방 활동

소방대의 진입 및 활동에 지장이 없는 지 여부에 대한 고려가 되어야 한다. 소방차나 소방헬리콥터가 접근할 수 있는 진입로나 긴급구조용 공간의 계획 그리고 소화나 구조가 원활하게 이루어질 수 있도록 사다리차 등의 활동공간의 확보 및 소방대의 활동을 지원하는 연결송수구나 비상엘리베이터 등의 배치를 고려해야 한다.

10.3 평면계획

1. 평면계획의 차별성

일반적인 평면계획에서는 동선처리, 배관과 배선의 합리화 그리고 채광, 조망, 유지관리의 편리성 및 임대비율의 향상을 주안점으로 고려하지만, 방화계획상의 주안점으로서는 계단 등 수직통로의 방연(防煙)구획과 각 층을 안전하게 구획하는 것 등이 있다.

2. 평면계획 시의 유의사항

1) 조닝(Zoning) 계획

평면계획상 각 층의 조닝계획이 필요하며, 피난상 유효한 피난구획을 설치하여 가장 안전한 구획에 퇴피할 수 있도록 계획하는 것이 중요하다. 피난구획에는 복도, 로비, 계단 전실 등이 포함된다.

층 전체가 동시에 연기나 화염에 노출되는 것은 매우 위험하므로 화재 존에서 다른 존으로 모두 피난할 때에 연기와 화염이 유입되지 않도록 구획할 필요가 있으며, 이에 대한 배치계획이 필요하다.

2) 계단의 중요성

고층 건축물에서 계단은 중요한 피난로가 되므로 알기 쉬운 곳에 균등하게 분산하고, 다른 부분과 완전히 구획할 수 있는 안전한 구획 내부에 (일반적으로 코아)설치하고, 계단으로 통하는 복도 등의 피난로는 단순 명쾌하게 설계한다. 방배연(防排煙)계획도 이 목적에 부합하는 것이 중요하다. 복도 배연, 계단 부속실 배연 등도 각각 다음 구획으로의 연기 유동을 유효하게 억제할 수 있어야 한다.

3) 안전구획

안전구획이란 피난 또는 소방 활동상 요청에 의해 다른 구획과 방연, 방화 구획된 공간을 의미하고 제1차 안전구획, 제2차 안전구획 그리고 제3차 안전구획으로 구분한다.

① 제1차 안전구획

거실에서 출화된 경우는 거실과 방연적으로 구획된 피난로인 복도, 로비, 계단 전실이 해당된다. 거실에서의 피난자를 피난계단에 인도하고, 동시에 혼란이 생기지 않도록 안전하게 수용하기 위해 설치되는 공간(피난구획)이다.

② 제2차 안전구획

피난계단 또는 특별피난계단의 부속실이 해당된다. 장시간에 거쳐 불과 연기로부터 안전하게 보호되는 성능을 지녀야 한다. 부속실에는 연기의 유입을 막고, 비교적 장시간에 걸쳐 인원을 수용할 수 있어야 하고, 소방 활동이 가능하도록 넓이와 기능이 요구된다.

③ 제3차 안전구획

특별피난계단이 해당된다. 피난층에서는 외부에 직면한 현관로비가 해당되며, 그 층 또는 상층 계단에서 피난하는 사람들을 연기와 불꽃으로부터 보호하여 피난과 소방 활동의 주요한 경로가 되도록 계획한다.

4) 수직통로 구획

계단, 에스컬레이터, 엘리베이터, 수직덕트, 배관 스페이스 등은 가급적 안전도가 높은 외부나 구획된 코아 내부에 설치한다. 수직 통로의 주변은 방화, 방연적으로 보호되도록 계획하여 수직통로에 의한 상층 오염을 방지한다.

5) 용도 구획

극장과 백화점, 지하가와 호텔, 차고와 맨션 등 용도와 이용 시간이 다른 공간이 상존할 경우에는 상호 피난상의 장애가 되지 않는 방법으로 구획하고, 필요에 따라서 각각 별도경로에 의한 피난로를 설치해야 한다.

10.4 단면계획

1. 수평구획

각 층 바닥에 의한 완전 수평구획을 형성하고, 각 층의 평면계획에서 계단 등의 피난시설과 설비 샤프트를 동일 부분에서 상하로 겹쳐 수직방향의 동선과 설비 간선에 엇갈림이 생기지 않도록 계획하는 것이 바람직하다.

2. 수직통로 구획

피난계단, 비상용 엘리베이터 등의 수직 동선은 전용구획이 되어야 한다. 따라서 일반부분과 격리된 부분에 설치하여 연기의 침입을 방지해야 한다. 특히 계단 출입구의 방화문은 상시 폐쇄형으로 하고, 상부에 방연 수벽(垂壁)을 설치하여 문을 열고 피난하는 중에도 연기의 유입을 막을 수 있어야 한다. 엘리베이터 샤프트, 에스컬레이터 공간, 덕트스페이스 등의 수직 통로부는 방화, 방연구획하는 것이 당연하지만 설치가 어려운 경우 등을 대비하여 가능한 상부에 개구를 설치하여 배연을 용이하게 해야 한다.

지하층에는 건조 지역(dry area)의 설치와 직접 건물 밖으로 통하는 계단을 설치하는 등 피난의 안전성을 높여야 한다.

※ 건조지역(dry area) : 지하실의 방습, 환기를 목적으로 바깥벽을 따라 일정한 넓이와 깊이로 파서 만들어 놓은 공간이나 구멍

3. 중간 절연층

초고층 건축에서는 중간의 설비 기계층을 일상의 용도에서 분리하여 상하층을 차단할 수 있도록 하고, 중간 피난층으로 이용한다.

4. 옥상 피난바닥

건축물의 상부를 후퇴하여 건축하는 경우에는 그 옥상을 피난바닥으로 사용하는 것이 유리하다. 특히 상층에 집회실, 대식당 등을 취할 경우 그 층 부근에 옥외 피난을 가능하게 하는 안전 광장을 설계하는 것이 바람직하다.

5. 발코니

병원건축과 공동주택 등 항상 사람들이 생활하는 용도에서는 피난시간이 늦어지므로 각 층의 발코니 설치 이외에 가능한 외기에 면하는 복도와 계단을 설치하여 피난경로가 연기에 오염되는 것을 막는 것이 바람직하다.

10.5 입면계획

입면계획은 건축 의장적 관점에서 건축재료, 구법, 형상 등이 선택되고 있다. 그러나 전면(全面) 유리로 시공된 과대한 커튼 월은 화재 시 상층 연소가 발생되기 쉬운 조건이며, 무창(無窓)의 경우는 배연과 구조(救助)를 어렵게 하는 문제점을 안고 있다.
피난계단을 의장적인 악센트로 일반 구조부분과 분리하여 안전성을 강조하는 것도 방화 또는 방재상 좋은 디자인이 될 수 있다.

10.6 내장계획

1. 내장계획의 필요성

내장(수장)재료는 출화, 초기 확대, 연소 확대 및 유독가스 발생 등 화재 전개의 각 국면에 밀접하게 관련되어 있다. 따라서 각 부위에 요구되는 성능에 따라서 적절한 재료를 주의 깊게 선정하여야 한다.

2. 내장재와 설치 부위

내장계획에서는 각각의 설치 공간 및 부위에 요구되는 재료의 방화성능을 우선 이해하는 것이 필요하고, 설치공간으로서는 출화의 위험이 높은 공간과 피난방호의 필요가 있는 공간, 즉 식당의 객석 및 호텔 객실 등에 대해서는 가능한 불연 내장재료를 사용하여야 한다.

설치 부위로서는 천장과 벽이 출화원으로부터 복사열을 받기 쉬운 위치에 있고 천장은 플래쉬 오버의 큰 영향을 받기 쉽다. 그러므로 보다 강화된 내장재의 불연화가 요구된다.

3. 내장재료의 성능

내장재료가 갖는 착화성, 발열성, 발연성, 전도성, 유해가스 발생성 등의 특성을 고려하여 이에 적절한 재료를 선택하는 것이 중요하다.

방화재료 및 방염재료의 특성은 표 10-1과 같다.

표 10-1 방화재료의 특성

재료의 종별		재질 및 방화성능	주요재료의 예
방화재료	불연재료	일반적으로 무기질 재료로 화재 시 가열되어 연소하고 방화상 유해한 변형, 용융, 균열 또는 유해한 연기, 가스를 발생하지 않는 것	콘크리트, 벽돌, 석면 슬레이트, 알루미늄, 유리 등
	준불연재료	유기질을 다소 포함하지만 무기질 재료가 주가 되며 불연재료에 준하는 방화성능을 가진 것	석고보드, 시멘트판 등
	난연재료	기본적으로는 가연재지만 난연약제 등으로 처리하거나 표면에 불연재를 부착하는 등 연소를 어렵게 한 것	난연합판, 난연 플라스틱판, 난연섬유 등
방염재료		화원(火源)에 의해 착화된 경우, 불꽃을 내며 연소하지 않고 그 자신이 연소확대의 매체가 되지 않는 것	방염 가공한 5mm 미만의 얇은 합판

10.7 설비계획

1. 공기조화설비

공조설비기술의 발달은 무창실의 증가와 천장고를 낮게 하였으며, 이 결과 연기 유동 억제의 어려움이 발생되는 등 부정적 영향이 점차 확대되고 있다. 또한 한 개소의 화재 발생으로 인한 연기와 가스가 공조덕트를 통하여 인접 구획으로 확산되고, 수직덕트를 통해 상층부로 확산할 우려가 높아지므로 특히 공조설비의 방연조치가 매우 중요하다. 중앙 냉난방식은 상하로 큰 수직덕트가 관통하고 있으므로 하층으로부터의 연기를 상층으로 통과시키지 않기 위해 연기감지기 연동 댐퍼를 적절히 설치해야 한다. 화재실에 급기와 배기를 계속하면 화재의 성장에 기여하고, 상부로 대류하는 연기를 교란, 확산시키므로 즉시 출화존의 공조를 정지할 수 있어야 한다.

일상의 공조설비를 배연 등 방화목적으로 이용하는 것은 원칙적으로 금지하고, 공조설비를 내열, 방화적으로 미리 준비하고 유사시에 배연에 이용하는 것이 가능하다면 불필요한 이중 투자가 되지 않겠지만 이 경우에도 예상을 초과하는 고온 열기류가 유입되어도 다른 부분에 악영향이 없도록 안전대책의 강구가 필요하다.

2. 전기설비

1) 전선

화재초기의 감지, 경보, 유도 등의 설비에 사용되는 배선은 높은 내열성이 요구되는 것은 아니지만, 방화문의 폐쇄, 비상구 해제 등의 작동 지시에 사용되는 전선은 상기 배선보다 높은 내열성 요구된다. 그리고 배연구의 개구, 배연 팬(fan)의 구동에 사용되는 전선은 더욱 고열에서 상당 시간 견뎌야 한다. 피난계단과 비상용 엘리베이터 기능을 유지하기 위한 전선은 내화구조 내부에 묻혀 있거나 내화성능을 확보해야 하며, 방재 센터 등 중추부에 연결되는 전선은 모든 방화상 안전한 공법으로 최후까지 보호되어야 한다.

2) 비상용 조명장치와 비상구 표시등

백화점 등 일상의 조도가 높은 용도에서는 밝게 한다. 즉 평상 시 조도의 1/100이상으로 한다. 영화관, 극장에서는 어둡게 하며, 지하가에서는 밝은 대형 표시등으로 하고 명시성을 높이기 위해 비상시에는 주변의 장식 등을 소등하여 표시등과 유도등을 점멸하는 방법도 고려할 필요가 있다.

3. 급배수 설비

소방용수는 화재 진압까지의 양을 확보해야만 하고, 스프링클러 등에 대해서는 통수(通水) 정지 밸브 등을 함부로 조작할 수 없도록 해야 하고, 동시에 공사 중으로 일시 정지하였더라도 긴급한 경우 급속으로 복귀할 수 있는 설비를 고려해야 한다.
수압과 수량의 확보는 매우 중요하며, 정전 시를 대비하여 예비 발전에 의해 수압이 확보되도록 하고, 고가 탱크 등에 의해 소요량의 수량을 확보하여야 한다.
연결 송수관과 옥내 소화전은 비상용 엘리베이터 로비 등의 안전 구획내에 설치하고, 문과 벽에 호스의 출구를 마련해야 한다.
지하실에 전기실이 있는 경우에는 소방용수에 의해 정전이 되는 경우를 고려하여 양수 펌프의 구동전원을 확보해야 한다.

10.8 연소확대 방지계획

1. 연소확대방지

연소확대방지 계획은 건축물의 어느 공간에서 발생된 화재에 의해 건물 전체가 화재에 휩싸이는 것을 방지하기 위해 화재를 해당 공간에 한정시키는 위하여 행하는 계획을 의미한다. 본 계획의 목적은 한정된 공간으로 화재를 국한시킴으로써 피난활동을 용이하게 하고 또한 재산의 피해를 최소화하는 것이다.
연소확대 방지계획 수립단계로서는 출화방지, 초기확대방지, 연소확대방지(내부연소확대, 외부연소확대) 계획 단계가 있다.

2. 출화 및 초기확대 방지

1) 출화 방지

화재의 원인으로서는 화기, 착화물, 경과의 세 가지 요소가 있다. 경과는 화기와 착화물을 접촉시키는 매개요인으로 화기 방치, 착화물 낙하 등의 인적 과실과 불안전행위가 포함된다.

① 화기대책

출화위험이 높은 에너지나 기기사용을 자제한다. 고온 상태의 것, 이동형이나 타기 쉬운 것을 가급적 자제한다. 가스의 누전감지기와 긴급차단장치 등 안전장치를 적용한다.

② 착화물 대책

건물 내장재의 불연화가 요구된다. 수납 가연물로의 착화에 대해서는 방치 가연물을 줄이는 것이 효과적이다. 그리고 수납 용량이나 수납공간의 확보가 필요하다.

③ 경과대책

인적 과실을 발생시키거나, 인적 과실과 관련된 환경을 배제하는 것이 필요하다. 이를 위해서는 감시가 용이하고, 시계(視界)가 좋으며 정리가 된 여유가 있는 공간계획이 필요하다.

2) 초기확대 방지

초기 확대방지의 목표는 화재의 급격한 확대를 방지하거나 조기에 진압하는 것이다. 급격한 확대방지의 대책으로서는 초기 착화원에 대한 대책과 주변 환경에 대한 대책으로 분류할 수 있다.

① 착화원 대책

대규모의 화원 또는 연소성이 높은 화원에 착화되면 급격히 화재가 발생된다. 따라서 착화원의 감소대책 수립과 착화원의 수납관리에 유의해야 한다.

② 주변 환경대책

급격한 연소를 방지하고, 플래시 오버의 지연을 위해서는 내장재를 포함한 주변의 환경대책의 계획이 필요하다. 즉 내장재의 불연화, 구획의 극소화(연소 범위의 최소화), 간막이 등으로 구획할 수 없는 경우에는 가연물을 일정 규모마다 넓은 통로 등으로 격리하여 상호 연소확대를 방지해야 한다.

③ 초기소화 대책

화재의 발생을 조기에 발견하여 신속하게 소화해야 한다. 따라서 화재감지나 초기 소화를 위한 설비가 설치되어야 한다.

3. 내부연소확대 방지

연소확대 방지의 세 가지 방법에는 소화, 지연 및 국한이 있다. 소화는 소화설비 등으로 조기에 화재를 진압하는 행위이며, 지연은 내장재의 불연화 또는 가연물의 감량화에 의해 급격한 연소를 억제하는 행위이고, 국한은 구획의 설정에 의해 화재의 확대를 억제하는 행위이다.

구획의 종류에는 다음과 같다.

- 목적에 따른 구분 : 방화구획, 방연구획, 안전구획
- 재질에 따른 분류 : 내화구획, 불연구획
- 형태에 따른 분류 : 간막이 구획, 내린벽(垂壁) 구획

목적에 따른 구획 종류는 표 10-2와 같다.

표 10-2 구획의 종류

구획종류	구획의 목적	구획의 구성
방화구획	- 연소범위의 국한을 목적으로 하는 구획 - 일정 시간 이상의 내화성능(주로 차열성, 차염성) 확보가 요구됨	내화구조의 벽,바닥판, 방화문으로 구성되는 것이 원칙
방연구획	- 연기확산과 유동을 제한하기 위한 구획 - 구조체의 차염성이 요구됨	기밀성이 있는 불연재료로 구획하는 것이 원칙
안전구획	- 피난안전의 확보를 위하여 화염이 피난경로에 침입하는 것을 방지하기 위한 구획	내화성능과 기밀성이 있는 불연재로서 구획하는 것이 원칙

1) 방화, 방연구획의 종류

방화, 방연구획의 종류에는 면적구획, 층간구획, 수직개구부 구획, 이종(異種) 용도 구획

등이 있다.

① 면적구획

일정 바닥면적이내 마다 방화구획을 설치하여 화염의 확산을 방지하는 것으로써 수평방향의 연소를 방지하기 위함이다. 건물의 구조와 규모, 스프링클러의 유무에 따라 한도면적이 상이하다.

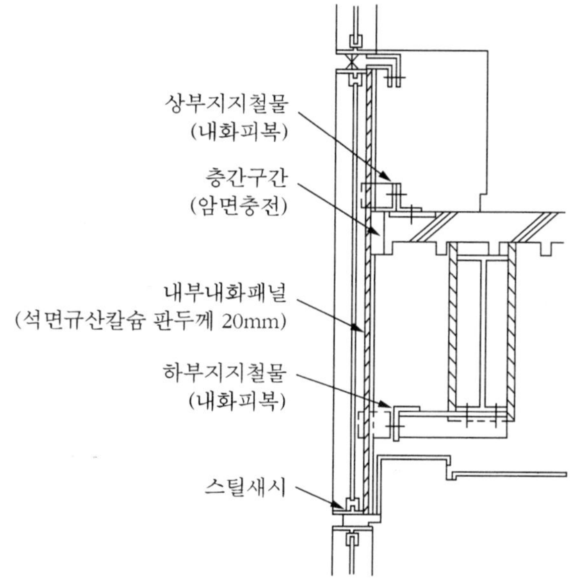

그림 10-2 층간구획

② 층간구획

화재가 다른 층 특히 상층으로 연소가 확대되는 것을 방지하기 위해 각층마다 설치된 구획이다. 구획의 구성은 바닥 슬래브 그리고 외벽은 스팬드럴로 이루어진다. 바닥에 형성된 틈 등이 층간구획의 결함이 되므로 주의해야 한다.

③ 수직개구부 구획

계단, 통풍구, 샤프트 등 수평바닥에서 층마다 구획할 수 없는 부분을 수직개구부 전체로 구획하는 것으로써 화염의 전달과 연기 확산의 경로가 되기 쉬우므로 신중히 구획해야 한다.

④ 이종(異種)용도 구획

용도나 관리가 다른 부분을 상호 구획하는 것으로 출화 위험이나 연소위험이 높은 부분을 기타 부분과 격리해야 한다. 피난 예상자가 많고, 피난혼란이 예상되는 부분을 기타 부분과 격리해야 한다.

2) 개구부의 관통부 방화계획

개구부와 바닥 또는 벽체의 관통부에 대한 방화 계획은 방화문, 방화댐퍼, 파이프 관통에 대해서 고려하여야 한다.

① 방화문

방화구획의 약점일 수 있는 개구부에 설치된 방화문은 법규에 정해진 방화성능을 지녀야 하며, 요구 성능에는 수시로 폐쇄가 가능하고, 화재 시의 열 등을 감지하여 자동적으로 폐쇄가 가능해야 한다. 방화문의 종류에는 강판제의 여닫이문, 감아올리는 스틸 셔터(steel shutter)가 있고, 방화문의 일반적 방화성능 특성으로써는 반대 측에 가연물이 있을 경우 복사에 의한 착화발생과 열팽창에 의한 부재의 휨발생으로 주변부에 틈이 발생되어 연소발생 우려가 높은 점이 있다.
방화문과 스틸 셔터의 방화성능 향상 방안으로서는 일정한 간격으로 이중 설치 또는 수막 살수장치(drencher)를 동시에 설치하는 것이 제안된다.

② 방화댐퍼

덕트(duct)가 방화구획을 관통하고 있을 경우 방화댐퍼를 설치하여 방화구획의 성능을 보호하여야 한다. 방화댐퍼는 관통되는 부위와 동등한 방화성능을 유지하고 수시로 수동과 자동 폐쇄기능을 보유해야 한다.

③ 파이프 관통

관의 통로와 벽체 또는 슬래브와의 틈을 모르타르, 암면으로 충전하여 관통부 주변이 연소경로가 되지 않도록 피복한다.

④ 외부 연소확대 방지

a. 창으로부터의 상층 연소방지

창 등의 외부 개구부로부터 상층 연소를 방지하는 대책으로서는 스팬드럴, 차양 또는 발코니에 의해 외벽의 층간구획을 형성하거나 살수(撒水)설비 등을 설치함으로써 창면을 보호한다. 일본의 경우에는 스팬드럴을 90cm 정도 설치하거나 차양과 발코니를 50cm 이상 확보하고 있다.

- 스팬드럴 설치 : 90cm 확보(일본)
- 차양, 발코니 설치 : 50cm 확보(일본)

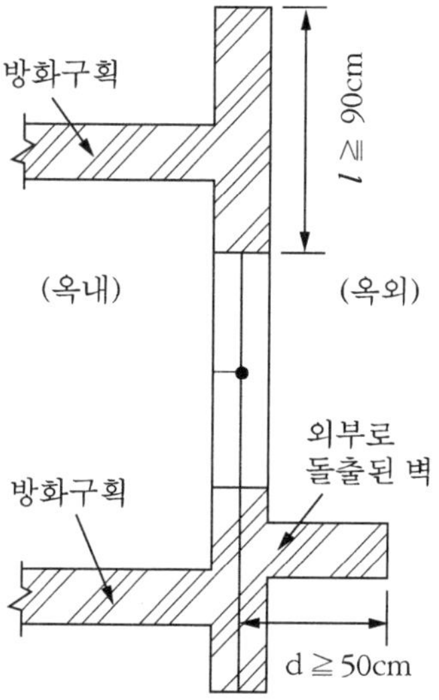

그림 10-3 상층 연소방지 방안

b. 인접건물로부터의 연소방지

인접건물로부터 연소방지는 인접건물로부터의 복사열, 불티 등에 의한 착화 방지를 의미하는 것으로써 필요한 인동간격 확보, 개구부나 외주부(벽체, 지붕 등)의 방호가 필요하며. 방화문 설치, 수막살수설비설치 그리고 복사열에 의한 착화발생 정도 평가, 내화성능 확보가 요구된다.

10.9 내화건축물 계획

내화 건축물은 기둥, 보 그리고 바닥 등의 주요구조부가 내화성능을 확보한 건축물을 의미하는 것으로서 내화성능에는 내력유지, 차열성, 차염성 확보가 있다.
내화성능확보를 위해서는 법규정에 따라 내화성능의 확보가 가능한 시방적 내화설계방법과 화재크기, 고온에서의 내력 평가 등의 공학적 방법에 의한 내화설계방법의 두 가지로 대별된다.

10.10 경보설비

1. 경보설비의 정의

경보설비는 화재감지, 경보, 통보를 위한 설비로서 화재감지, 발생장소의 표시, 건축물 내부로의 경보, 타 시설로의 통보 또는 연동 기능을 가져야 한다. 그리고 화재를 조기에 발견하고 자동 또는 인위적으로 경보를 발하여 안전피난, 초기소화, 소방기관으로의 통보, 기타 화재 시의 초동 조치가 가능토록 한다.
자동화재 경보설비는 화재의 발생을 초기단계에서 자동으로 감지하고, 건물 관리자가 있는 장소로 출화장소를 표시함과 동시에 경보를 발하는 설비이며, 수신기, 감지기, 발신기, 음향장치, 배선, 전원으로 구성되어 있다.

1) 수신기

감지기, 발신기에서 발한 신호를 수신하여 표시하고, 동시에 음향장치를 명동(鳴動)시키는 것. P형 1급,2급 및 R형이 있다.
경계구역은 수신기 1회선이 유효하게 화재를 지각하는 것이 가능한 구역을 말하고, 원척적으로 600m² 이하마다 구분하고 1변의 길이는 50m를 초과하지 않는다. 방화구역 내에 배연설비를 자동화재경보설비의 감지기와 연동하여 제어할 경우에는 500m² 이하이다.

P형 1급 P형 2급 R형

그림 10-4 수신기 종류

2) 감지기

화재에 의해 발생되는 열, 또는 화재에 의해서 발생되는 연소 생성물을 이용하여 자동적으로 화재의 발생을 감지하고, 수신기에 송신하는 것을 말한다.

- 열감지기
  - 차동식
    - 분포형
      - 공기관식
      - 열전대식
      - 열반도체식
    - 스폿형
      - 공기식
      - 열전대식
  - 정온식
    - 감지선형 — 가용 절연물식
    - 스폿형 — 바이메탈식
  - 보상식
    - 스폿형 — 공기금속팽창병용식
- 연기감지기
  - 이온화식
    - 비축적형
    - 축적형
  - 광전식
    - 비축적형
    - 축적형

그림 10-5 감지기 종류

① 열식 분류

- 차동식 : 주위의 급상승 온도에만 작동.
- 정온식 : 천장면 주변의 실온이 일정온도(예 : 70℃)에 도달되면 작동.
- 보상식 : 차동식과 정온식의 기능을 겸비한 방식.
- 분포형(감지선형) : 선상(線狀)의 감지기를 넓은 천장면의 주위에 둘러치고, 그 중 어떤 부분이 열을 받더라도 포착되는 방식.
- 스폿형 : 1개의 감지기로 그 주변의 일정한 범위를 담당하는 형식. 바이메탈과 공기 열팽창 또는 열전대를 이용한 방식이 많음.

열감지기			연기감지기	
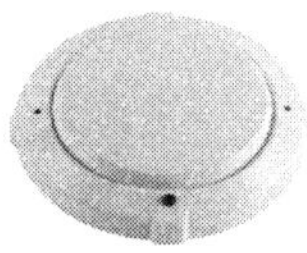			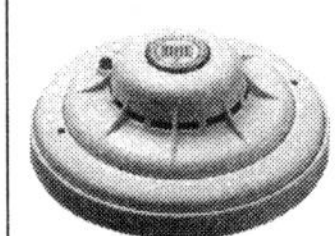	
차동식 스폿형	정온식 스폿형	정온식 감지선형	이온화식	광전식 축적형

그림 10-6 감지기 종류

② 연기식 분류

화재 시의 연기 또는 연소 생성물을 포착하는 것으로서 이온화식과 광전식이 있다.

- 이온화식 : 이온전류의 감소를 감지하는 방식으로 두 개의 이온실로 구분된다. 즉 연기가 들어오는 외부 이온실과 밀폐되어 있는 내부 이온실이 있다. 외부 이온실에 침투된 연기의 양에 의해서 이온실에 흐르는 이온 전류가 감소하게 되며, 이를 감지하여 작동하게 된다(양 이온실에는 방사성물질로 항상 이온화되어있어 이온전류가 일정하게 흐르고 있다).
- 광전식 : 광전소자의 입사광량이 변화하는 것을 이용하는 방식이다.

③ 감지기의 기타 분류

- 감지기의 감도 : 특종, 1종, 2종, 3종
- 방수(防水)성 : 방수형, 비방수형
- 방식(防蝕)성 : 내산형, 내알칼리형

- 연기 축적에 의한 작동 유무 : 축적형, 비축적형
- 재사용성의 유무 : 재용형, 비재용형

3) 발신기

화재발생 신호를 수동의 누름버튼에 의해 수신기로 보내는 기기로서 P형 1급, P형 2급이 있으며, 방수성의 유무에 따라 옥외형, 옥내형으로 구분된다.

P형 1급은 P형 1급 수신기에, P형 2급 발신기는 P형 2급 수신에 접속되며, 설치 위치는 각 층의 각 부분에서 보행거리 50m 이하마다 설치하고, 홀의 입구와 계단 출입구, 복도 부근이며, 0.8～1.5m 높이에 설치한다.

소화전이 설치될 경우에는 인접하여 설치하고, 발신기 조작에 따라 소화전 펌프가 기동하며 응답램프가 점멸되도록 설치한다. 표시등은 발신기 상부에 설치. 15°이상의 각도에서 10m 이격거리에서도 쉽게 식별이 가능하도록 설치한다.

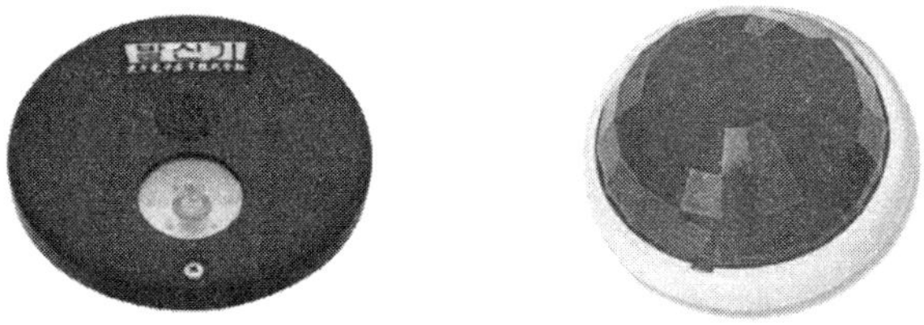

그림 10-7 P형 1급 발신기(원형), 표시등

4) 음향장치

감지기 또는 발신기 등의 작동과 연동하여 소방 대상물 또는 그 부분의 전역에 유효하게 경보가 전달될 수 있도록 설치되어야 하며, 설치길이는 해당 층의 각 부분에서 수평거리 25m 이하여야 한다.

음량기준은 부착 위치로부터 1m 떨어진 위치에서 90폰(phon) 이상 확보가 되어야 한다. 명동방법은 층수가 5층 이하이고, 연면적이 3,000m^2 미만에서는 전관 일제 명동을 채택하고 이외의 건축물에서는 피난의 우선순위를 고려하여 출화층 및 직상층 우선 명동방식 등을 고려한다.

그림 10-8 경종

5) 전원(電源)

자동화재경보설비용 전원의 종류에는 상용전원, 예비전원, 비상전원이 있다.
예비전원의 경우 P형 2급 1회선용 수신기 이외에는 모든 수신기내에 밀폐형 축전지로 내장되어야 하고, 용량은 1시간 감시상태를 지속하고 그 직후에도 10분 이상 2회선의 화재 표시와 최대 20개의 음향장치를 작동시키는 것이 가능해야 한다.
비상전원은 예비전원이 있는 경우는 필요가 없으나, 소화전 연동으로 되어 있는 발신기의 표시등 및 응답 램프는 비상 전원에 의한다.

6) 배선(配線)

수신기에서 음향장치까지의 배선은 방화상 600V 내열 비닐절연 전선 또는 동등이상의 내열성을 지닌 전선을 사용하여, 금속관 공사, 가요 전선관 공사 등에 의해 설치한다.
비상전원의 배선은 600V 내열비닐절연 전선 또는 동등이상의 내열성을 갖는 전선을 사용하고, 내화구조로 한 주요구조부에 매설하거나 이와 동등 이상의 내열 조치를 강구해야 한다.

제 11 장

소화설비 및 연기제어

11.1 소화설비 설치 의의와 체계

1. 소화설비 설치의 의의

건축물에서 화재발생의 위험성이 있는 이상, 출화 이후의 대책이 요구된다. 출화 이후의 대책으로서 초기 소화용의 기구와 설비를 설치하여 화재의 확산을 방지할 수 있다. 화재 초기 단계에서 소화하는 것이 가능하다면 소실부분이 적고, 발연량 및 연소에 의한 생설물이 억제되어 인적, 물적 피해의 경감이 가능하다.

2. 소화설비 범위와 설치 규모

사람의 행동에 의한 소화가 가능한 소화설비 구비 대상은 비교적 연소의 확대요소가 적고, 화재로 인한 인적, 물적 피해가 적은 용도의 건축물이고, 사람에 의한 소화설비와 화재 자동감시, 자동소화설비 설치대상으로서는 복잡하고, 연소의 확대 우려가 있는 건축물이다.

3. 소화설비 설치의 체계

1) 소방법령에 정해진 소화설비

소화설비에는 수동식과 자동식소화기, 간이 소화용구, 옥내 소화전 설비, 스프링클러 설비, 할로겐화합물 소화설비, 분말소화설비, 옥외소화전 설비 등이 있다.

2) 소화설비의 선택 방법

화재의 진전단계, 화재 패턴 및 건축물 구조형태에 따라 선택한다.

3) 상위 성능 설치에 의한 하위 성능 설비의 경감

스프링클러 설비를 설치한 경우는 유효범위내의 소화기 설치 개수를 능력 단위수의 1/3까지 경감 가능하다.

4. 소화단계

- 초기 소화 설비 활용한 이후 소방대에 의한 본격 소화 작업 진행
- 자체 해결 우선 및 보완 상황 대처
- 스프링클러 작용(자체 용수 이용) 및 소방대에 의한 송수 가능
  (옥내 소화전 설비에도 송수구를 설치하는 것이 바람직함

11.2 각종 소화 설비

1. 옥내 소화전 설비

옥내 소화전은 건축물 그리고 기타 공작물 내에서 발생한 화재에 대해 소방대가 도착하기 전까지 출화 대상물의 관계자가 소화활동시 사용하기 위한 이동용 설비이다. 장비의 구성은 노즐, 소방용 호스이고, 방수량은 당해 층의 전체 옥내 소화전 중 5개를 동시에 사용한 경우에 각각의 노즐 선단에서의 압력이 1.7kg/cm^{2}이상으로 130리터/분 이상의 양으로 규정되어있다.

1) 설치 위치

소방대상물의 층마다 그 층의 각 부분에서 하나의 호스 접속구까지 수평거리가 25m 이하가 되도록 설치하며, 소화전을 설치하기 위해 위치 선정 시 고려사항은 그 층의 출입구 가까이에서 조작하는 사람이 퇴피할 수 있는 위치에 설치되어야 한다.

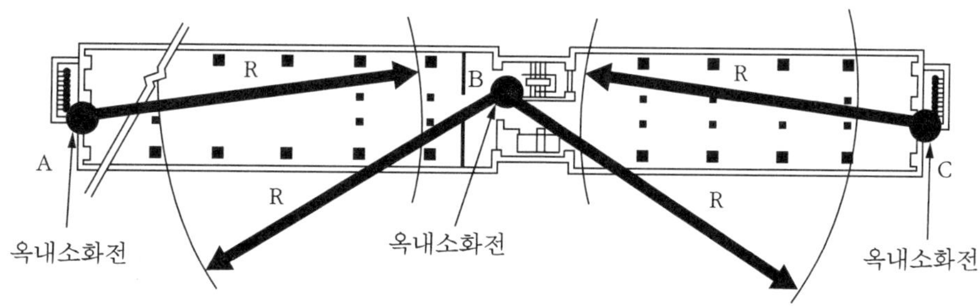

그림 11-1 옥내소화전 설치위치

2) 수원의 수량

설치개수가 가장 많은 층의 설치 개수(5개를 넘을 경우는 5개로 함)에 2.6m^{3}을 곱한 양이 수원의 수량이 확보되어야 한다. 실제로는 소방대의 도착시간을 고려하여 다소 여유가 있는 수량이 준비되어야 한다.

3) 방수량과 압력

당해 층의 전체 옥내 소화전 중 5개를 동시에 사용한 경우에 각각의 노즐 선단에서의 압력이 1.7kg/cm^2 이상으로 130리터/분 이상이고, 하층으로 갈수록 방수압력이 증대되므로 조작하는 사람이 곤란을 겪을 수 있으며 신체상의 위험을 느낄 수 있다. 따라서 노즐 선단의 방수 압력은 7kg/cm^2 이하로 제한하나 일반적 3.5∼5kg/cm^{2}로 하는 것이 바람직하다.

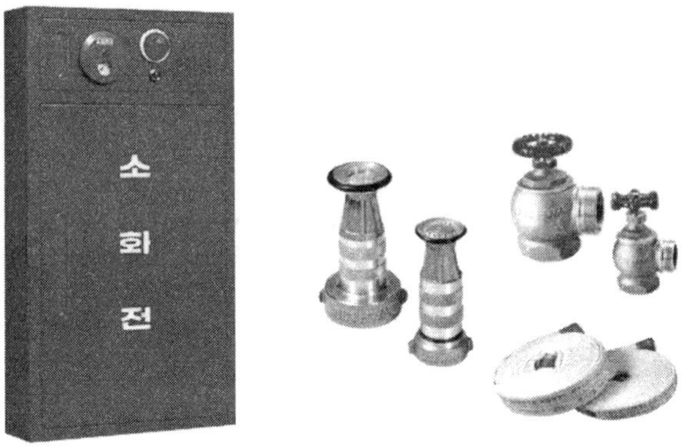

외부　　　　내부

그림 11-2 옥내소화전

4) 옥내소화전을 설치해야 되는 특정소방대상물

옥내소화전설비를 설치하여야 하는 특정소방대상물(가스시설 및 지하구를 제외한다)은 다음과 같다. 다만, 아파트 · 업무시설 또는 노유자시설에는 호스릴 옥내소화전설비를 설치할 수 있다.

① 연면적 3천제곱미터 이상(지하가중 터널을 제외한다)이거나 지하층 · 무창층 또는 층수가 4층 이상인 것 중 바닥면적이 600제곱미터 이상인 층이 있는 것은 전층
② 지하가 중 터널로서 길이가 1천미터 이상인 터널

③ 가목에 해당하지 아니하는 근린생활시설 · 위락시설 · 판매시설 및 영업시설 · 숙박시설 · 노유자시설 · 의료시설 · 업무시설 · 통신촬영시설 · 공장 · 창고시설 · 운수자동차관련시설 또는 복합 건축물로서 연면적 1천5백제곱미터 이상이거나 지하층 · 무창층 또는 층수가 4층 이상인 층 중 바닥면적이 300제곱미터이상인 층이 있는 것은 전층

④ 건축물의 옥상에 설치된 차고 또는 주차장으로서 차고 또는 주차의 용도로 사용되는 부분의 면적이 200제곱미터 이상인 것

⑤ 가목 및 다목에 해당하지 아니하는 공장 또는 창고로서 「소방기본법 시행령」 별표 2에서 정하는 수량의 750배 이상의 특수가연물을 저장 · 취급하는 것

2. 옥외소화전

건축물 1층 및 2층에 발생된 화재에 대해서 소방대가 도착하기 전까지의 건물 관계자에 의해서 건물 내의 화재를 소화할 목적으로 설치되는 설비로서 노즐과 호스로 구성된다.

옥외 소화전이 설치된 경우는 건축물의 1층과 2층에 한해 옥내 소화전 설비가 설치되지 않을 수 있다.

방수량은 전체 옥외 소화전(설치개수가 2개 초과할 경우는 2개로 함)을 동시에 사용할 경우, 방수압력 2.5kg/cm^2 이상에 350리터/분 이상을 할 수 있어야 한다.

그림 11-3
옥외소화전

1) 위치

건축물 1층과 2층을 대상이므로 건축물 및 공작물 등의 외벽에서 적어도 10m이상의 거리를 유지해야 하고, 소화전의 설치 위치가 화재 시의 복사열에 보호되고, 조작에 지장이 없으면 거리의 단축이 가능하다.

옥외 소화전 설계 시에는 1층 또는 2층의 전체 부분에 방사된 물이 닿도록 위치 및 호수의 본수(本數)를 고려해야 한다. 종류에는 지상식, 지하식이 있다. 장비로써 옥외소화전 캐비넷은 소화전에서 5m 이내에 설치한다(호스, 구동펌프설치).

2) 옥외 소화전을 설치해야 되는 특정소방대상물

옥외소화전설비를 설치하여야 하는 특정소방대상물(가스시설 · 지하구 또는 지하가중 터널을 제외한다)은 다음과 같다.

① 지상 1층 및 2층의 바닥면적의 합계가 9천제곱미터 이상인 것. 이 경우 동일구내에 2 이상의 특정소방대상물이 행정자치부령이 정하는 연소우려가 있는 구조인 경우에는 이를 하나의 특정소방대상물로 본다.

② 지정문화재로서 연면적 1천제곱미터 이상인 것

③ 가목에 해당하지 아니하는 공장 또는 창고로서 「소방기본법 시행령」 별표 2에서 정하는 수량의 750배 이상의 특수가연물을 저장 · 취급하는 것

3. 스프링클러 설비

1) 개요

스프링클러 설비의 설치 목적은 스프링클러 헤드(head)가 부착된 천장면 아래에서 화재가 발생된 경우에 조기에 작동하여 화재를 소규모 범위내로 소화하는 것이다. 구성은 수원(水原), 가압 송수장치, 자동경보장치, 배관, 스프링클러 헤드, 전용 송수구 및 각종 밸브로 되어 있다. 스프링클러의 설비의 분류는 개방형 스프링클러 헤드를 사용하는 설비 그리고 폐쇄형 스프링클러 헤드를 사용하는 설비로 대별된다.

① 개방형 스프링클러 헤드

화재 감지기와 연동하는 자동식 설비와 수동식 설비로 구별되고, 극장의 무대부 등 천장이 높은 곳 등의 특수한 곳에 설치된다.

② 폐쇄형 스프링클러 헤드

거실 등 일반적인 장소에 설치되며, 배관 내에 상시 물을 가압, 충수하는 습식 설비와 스프링클러 헤드와 자동 경보밸브까지의 배관에 공기에 의해 가압해 두는 건식 설비로 분류된다.

폐쇄형 스프링클러의 작동은 화재가 발생된 경우 스프링클러 헤드의 감지부분이 용해 또는 파괴되어 이루어지며, 헤드의 방수구가 개방되어 살수된다.

폐쇄형(상하향)

측벽형

그림 11-4 스프링클러 종류

2) 스프링클러 헤드 설치 간격

① 무대부 또는 준 위험물 및 특수 가연물 저장, 취급장소
- 반경 1.7m 이하

② 일반 건축물
- 반경 2.1m 이하(내화구조로 된 경우 : 2.3m 이하)
- 아파트 : 3.2m 이하

③ 지하건축물
- 주방부분은 1.7m 이하
- 주방이외 부분은 2.1m 이하

3) 폐쇄형 스프링클러 헤드의 설치가 생략되는 위치

직접 외기에 개방된 부분으로 외부의 기류가 유통되는 장소 그리고 극장 등의 객석으로 천장이 높은 부분 개방형 설치 또한 엘리베이터 승강로, 린넨 슈트, 파이프 샤프트, 기타 유사한 부분은 스프링클러 설치가 생략된다.

4) 스프링클러 설비를 설치해야 하는 특정소방대상물

스프링클러설비를 설치하여야 하는 특정소방대상물(가스시설 또는 지하구를 제외한다)은 다음과 같다.

가. 문화집회 및 운동시설(사찰 · 제실 · 사당 및 동식물원은 제외한다)로서 다음의 1에 해당하는 경우에는 전층

(1) 수용인원이 100인 이상인 것

(2) 영화상영관의 용도로 쓰이는 층의 바닥면적이 지하층 또는 무창층인 경우 500제곱미터 이상, 그 밖의 층의 경우에는 1천제곱미터 이상인 것

(3) 무대부가 지하층·무창층 또는 4층 이상의 층에 있는 경우에는 무대부의 면적이 300제곱미터 이상인 것

(4) 무대부가 (3)호 외의 층에 있는 경우에는 무대부의 면적이 500제곱미터 이상인 것

나. 판매시설 및 영업시설로서 다음의 1에 해당하는 경우에는 전층

(1) 층수가 3층 이하인 건축물로서 판매시설 및 영업시설의 바닥면적 합계가 6천제곱미터 이상인 것

(2) 층수가 4층 이상인 건축물로서 판매시설 및 영업시설의 바닥면적 합계가 5천제곱미터 이상인 것

(3) 수용인원 500인 이상인 것

다. 층수가 11층 이상인 특정소방대상물의 경우에는 전층 다만, 주택법령에 의하여 기존의 아파트를 리모델링하는 경우로서 건축물의 연면적 층고가 변경되지 아니하는 경우에는 당해 아파트의 사용검사 당시의 소방시설 적용기준을 적용한다.

라. 노유자시설·정신보건법 제3조제2호의 규정에 해당하는 정신보건시설(이하 "정신보건시설"이라 한다) 및 숙박시설이 있는 수련시설로서 연면적 600제곱미터 이상인 경우에는 전층

마. 천장 또는 반자(반자가 없는 경우에는 지붕의 옥내에 면하는 부분)의 높이가 10미터를 넘는 랙크식창고(선반 또는 이와 비슷한 것을 설치하고 승강기에 의하여 수납물을 운반하는 장치를 갖춘 것을 말한다)로서 연면적 1천5백 제곱미터 이상인 것

바. 지하가(터널을 제외한다)로서 연면적 1천제곱미터 이상인 것

사. 가목 내지 마목에 해당하지 아니하는 특정소방대상물(냉동창고를 제외한다)의 지하층·무창층 또는 층수가 4층 이상인 층으로서 바닥면적이 1천제곱미터 이상인 층

아. 가목 내지 사목의 특정소방대상물에 부속된 보일러실 또는 연결통로 등 자. 복합건축물 또는 교육연구시설 내에 있는 학생수용을 위한 기숙사로서 연면적 5천제곱미터 이상인 경우에는 전층

차. 마목에 해당하지 아니하는 공장 또는 창고로서 「소방기본법 시행령」 별표 2에서 정하는 수량의 1천배 이상의 특수가연물을 저장·취급하는 것

4. 드렌처(drench) 설비

다른 곳으로부터의 화재 연소를 방지하기 위하여 설치한다. 드렌처 헤드, 제어밸브로 구성되고 제어밸브를 수동으로 열어 살수한다. 제어밸브 위치는 바닥면에서 0.8m 이상 1.5m 이하이고, 헤드의 간격은 수평거리 2.4m 이하, 수직거리 4m 이하로 한다. 필요 수량(水量)은 드렌처 헤드가 가장 많이 설치된 제어밸브의 드렌처 헤드의 설치 개수에 $1.6m^3$를 곱하여 얻은 수치 이상으로 한다. 방수량은 모든 드렌처 헤드를 동시에 사용(최고 5개)한 경우에 방수압력은 $1kg/cm^2$ 이상, 방수량 60L/분 이상이 되어야 한다.

그림 11-5 드렌처 헤드

5. 물분무 소화설비

물을 미립상으로 분산, 방출하여 소화함으로써 화세 제압 또는 연소방지를 목적으로 설치하는 설비이다. 적용대상은 전기화재, 기름화재 등이며, 기기를 포함해 설비 설계상 가장 기술적으로 어려운 설비이다. 설비의 기술이 높지 않으면 효과가 불확실한 수준이다.

그림 11-6 물분무 헤드

6. 포 소화설비

포(泡) 소화약제를 기계적으로 발포시켜 연소를 피복시켜 질식 효과에 의해 소화목적을 달성하는 설비로써 물에 의한 소화활동이 어려운 구조물, 석유정제 공장, 주차장 등에 사용된다.저발포, 고발포의 두 종류가 있다.

1) 저발포

포 소화약제로서 단백포 소화원액(동식물의 단백질을 주원료로 제작된 것), 합성 계면 활성제계 포(합성세제를 주성분으로 한 것)를 사용하는 것으로써 국부적 화재 진압용으로 사용된다.

2) 고발포

화재실 전체를 거품으로 충만시켜 소화하는 방식

그림 11-7 포소화설비

7. 이산화탄소 소화설비

1) 개요

연소중인 장소에 이산화탄소를 방사하여 공기 중의 산소농도를 일정 한도 이하로 내림으로써 그 연소를 정지시킴으로써 화재를 진화하는 설비이다. 종류에는 화재감지기와 연동되는 연동식, 사람이 조작하는 수동식이 있으며, 주로 자동차 차고, 주차장, 발전소, 기타 전기설비를 갖춘 실, 통신 기기실, 석유류, 강산류의 보관 장소 등에 사용된다. 이산화탄소의 방출방식에 따른 분류로서는 전역 방출방식과 국소방출방식, 이동방식이 있다.

① 전역 방출방식

설비를 설치하는 방호구획의 용적에 따라 소요 가스량을 설치하고, 방호구획내까지 배

관하여 방호구획 전역에 이산화탄소를 방사하는 방식

※ 방호구획 : 소화를 효과적으로 달성하기 위해 특수 소화제를 방사하는 밀폐된 공간

② 국소 방출방식

범위내의 일부 연소물에 직접 이산화탄소 가스를 방출하는 방식

③ 이동방식

이산화탄소 소화전이라 불리는 것으로 플레시블 튜브인 호스를 릴(reel)에 감아 그 호스의 선단에 대형 방사노즐이 부착되어 있어 인위적으로 연소물에 방사하는 방식

2) 주의사항

오작동, 조기 작동 및 가스 누출의 우려가 있으므로 인명피해를 줄이기 위해 다음과 같은 노력이 요구됨.

- 전역 방출방식에는 사람이 출입하지 않은 장소에 사용할 것
- 무인 변전설비 이외에는 수동방식으로 운용할 것
- 방호구획에는 적어도 두 개 이상의 피난구를 상호 떨어진 곳에 설치할 것
- 소화 후 방출된 이산화탄소를 외부로 배출할 수 있도록 방호구획 밖에서 용이하게 조작할 수 있는 배기장치 밸브 설치할 것

8. 할로겐화합물 소화설비

이산화탄소 소화설비와 같이 각 헤드 또는 노즐에서 할로겐화합물 소화제를 소화에 맞는 패턴(전역 방출방식 또는 국소 방출방식)으로 방사하여 소화하는 소화설비이다. 할로겐화합물에는 불소, 염소 및 하론1301이 있으며, 물에 의한 소화방법이 적합하지 않은 대상물에 사용된다. 질식작용, 부(負)촉매 효과 등의 억제작용으로 소화가 진행된다. 할로겐화합물의 고농도에 대비하여 이산화탄소와 같은 대비책 마련이 요구된다.

※ 질식, 부촉매효과 : 할로겐화합물은 56~70도에서 휘발되어 공기보다 5~9배 무거운 기체가 되므로 연소면을 차단, 폐쇄하므로 지속적인 연소가 이루어지지 않는다.

9. 분말 소화설비

각 헤드 또는 노즐에서 분말 소화제(탄산수소나트륨 등)를 소화에 적당한 패턴(전역 방

출방식, 국소 방출방식)으로 방사하여 소화한다. 질식작용, 억제작용으로 소화가 진행된다.

탄산수소나트륨의 효과는 분말이 연소면을 넓고 두껍게 덮음으로써 질식효과가 유발되고, 탄산수소나트륨의 가열분해로 인하여 다량의 이산화탄소가 발생되어 공기 중의 산소의 농도를 낮추게 된다. 따라서 질식효과와 억제효과로 소화가 일어나게 된다.

※ 질식작용 : 산소의 공급을 중단시키는 작용
억제작용, 부촉매효과 : 지속적인 연소가 일어나지 않음

분말 소화설비는 물에 의한 소화방법이 적합하지 않은 대상물에 주로 사용된다. 방사 직후 당분간은 분말이 부유하여 인체의 유해하므로, 탈출 시 시계(視界)가 방해되므로 유의해야 한다.

11.3 소화활동 설비

1. 소화활동 설비

소화활동 설비란 소방 활동 중 인명의 구조, 구급활동을 제외한 소화 활동에 도움이 되는 설비를 말한다. 소방법령상 범위는 제연설비, 연결 송수관 설비, 연결살수설비, 비상콘센트 설비 및 무선 통신 보조설비 등이 있다.

1) 제연설비

건축법상 배연설비의 규제 목적은 피난안전을 확보하기 위함이고, 소방기본법상 규제 목적은 특히 소화활동이 곤란한 건축물에 대해 피난안전이 효과적으로 이루어질 수 있도록 하는 것이다.

지하 구조물과 무창층의 화재 시 소방대가 화재층에 쉽게 도달할 수 있도록 배기되어야 한다.

제연설비를 설치해야 하는 특정소방대상물은 다음과 같다.

가. 문화집회 및 운동시설로서 무대부의 바닥면적이 200제곱미터 이상 또는 문화집회 및 운동시설 중 영화상영관으로서 수용인원 100인 이상인 것
나. 근린생활시설·위락시설, 판매시설 및 영업시설, 숙박시설로서 지하층 또는 무창층의 바닥면적이 1천제곱미터 이상인 것은 당해 용도로 사용되는 모든 층
다. 판매시설 및 영업시설 중 시외버스정류장·철도역사·공항시설·해운시설의 대합실 또는 휴게시설로서 지하층 또는 무창층의 바닥면적이 1천제곱미터 이상인 것. 지하가(터널을 제외한다)로서 연면적 1천제곱미터 이상인 것
마. 지하가 중 터널로서 길이가 1천미터 이상인 것
바. 특정소방대상물(갓복도형 아파트를 제외한다)에 부설된 특별피난계단 또는 비상용 승강기의 승강장

2) 연결 송수관(送水管) 설비

지상 7층 이상의 건축물과 무창층 및 지하 3층 이상의 건축물 화재 시에는 외부 살수에 의한 소화가 매우 어려워진다. 따라서 건물 외부에 연결 송수구를 설치하고, 건물 내부에는 방수구를 설치하여 화재 시 소방차에 의한 송수로 방사함으로써 소화활동을 할 수 있게 하는 설비가 필요하다.

연결 송수관 설비의 배관방식은 건식과 습식이 있다.

a. 건식 : 옥내소화전과는 독립된 배관(송수구에서 방수구)에 물이 들어있지 않는 방식
b. 습식 : 배관에 물이 들어 있는 방식(일반적으로 옥내 소화전과 병용)

연결송수구

방수구

그림 11-8 연결송수구, 방수구

연결송수관 설비를 설치해야 하는 특정소방대상물은 다음과 같다.

가. 층수가 5층 이상으로서 연면적 6천제곱미터 이상인 것

나. 가목에 해당하지 아니하는 특정소방대상물로서 지하층을 포함하는 층수가 7층 이상인 것
다. 가목 및 나목에 해당하지 아니하는 특정소방대상물로서 지하층의 층수가 3개 층 이상이고 지하층의 바닥면적의 합계가 1천제곱미터 이상인 것
라. 지하가 중 터널로서 길이가 2천미터 이상인 것

3) 연결 살수(撒水) 설비

지하층, 무창층의 화재에 대해서는 연기제어가 충분히 않으면 소방대의 진입과 소화활동이 거의 불가능하게 된다. 따라서 소방펌프 자동차에서의 송수에 의해 유효적절하게 연소부분에 소화수를 방사시키는 설비가 필요하게 된다. 연결 살수 설비는 송수구, 배관, 살수헤드(개방형)로 구성되고, 스프링클러 설비가 설치된 경우에는 제외가 된다.

연결송수구

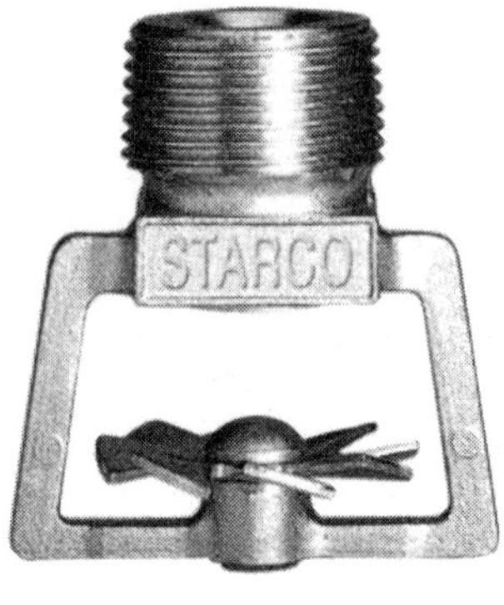

살수헤드

그림 11-9 연결송수구, 살수헤드

연결살수 설비를 설치해야 하는 특정소방대상물은 다음과 같다.
연결살수설비를 설치하여야 하는 특정소방대상물(지하구를 제외한다)은 다음 각목의 1과 같다.

가. 판매시설 및 영업시설로서 당해 용도로 사용되는 부분의 바닥면적의 합계가 1천제곱미터 이상인 것
나. 지하층으로서 바닥면적의 합계가 150제곱미터 이상인 것. 다만, 「주택법 시행령」제21조제4항의 규정에 의한 국민주택규모 이하인 아파트의 지하층(대피시설로만 사용하는 것에 한한다)과 학교의 지하층에 있어서는 700제곱미터 이상인 것
다. 가스시설 중 지상에 노출된 탱크의 용량이 30톤 이상인 탱크시설

라. 가목 및 나목의 특정소방대상물에 부속된 연결통로

4) 비상 콘센트 설비

화재 시에 소방대가 보유하고 있는 조명장치, 파괴기구 등의 장비를 접속하여 사용하는 전원 설비이다. 설치 위치는 진입이 용이한 계단, 비상용 엘리베이터 로비 등이며, 설치 대상은 다음과 같다.

가. 지하층을 포함하는 층수가 11층 이상인 특정소방대상물의 경우에는 11층 이상의 층

나. 지하층의 층수가 3개층 이상이고 지하층의 바닥면적의 합계가 1천제곱미터 이상인 것은 지하층의 전층

다. 지하가 중 터널로서 길이가 5백미터 이상인 것

5) 무선통신 보조설비

지하가, 대규모 빌딩 지하층 화재에서 소화활동을 효과적으로 하기 위해 지하와 지하 그리고 지하와 지상 간 무선교신이 가능해야만 한다. 무선통신 보조설비의 설치 목적은 소방대 소유 무선기기와의 교신을 위함이고, 누설 동축케이블과 이것에 접속하는 공중선, 동축케이블과 이것에 접속하는 공중선 등의 방식으로 구성된다.

설치 시 유의사항은 다음과 같다.

- 무선통신 불능구역이 없도록 부설할 것
- 평상시에 손상이 되지 않는 위치에 부설할 것
- 화재 시에 열 장애를 가능한 받지 않은 위치에 부설할 것
- 접속부분의 방수조치를 충분히 할 것

무선통신보조설비를 설치하여야 하는 특정소방대상물(가스시설을 제외한다)은 다음과 같다.

가. 지하가(터널을 제외한다)로서 연면적 1천제곱미터 이상인 것

나. 지하층의 바닥면적의 합계가 3천제곱미터 이상인 것 또는 지하층의 층수가 3개층 이상이고 지하층의 바닥면적의 합계가 1천제곱미터 이상인 것은 지하층의 전층

다. 지하가 중 터널로서 길이가 5백미터 이상인 것

라. 지하구로서 국토의계획 및 이용에관한법률 제2조제9호의 규정에 의한 공동구

11.4 방배연 계획

1. 방배연 계획 목적

화재실에서 발생한 연기가 사람들의 피난경로가 되는 통로, 복도, 로비, 계단 등으로 침입하는 것을 방지하여 피난을 용이하도록 하는 것이 방배연 계획의 목적이다.

2. 방배연 대책

- 1 단계 : 일정한 용도와 면적에 따라 적절하게 구획할 것
- 2 단계 : 거실과 복도 등을 방연적으로 구획하여 피난경로를 보호할 것
- 3 단계 : 신선한 공기가 피난방향으로부터 도입되어 피난방향으로 연기의 유동을 억제할 것
- 4 단계 : 연기를 배출할 것

3. 방연과 배연 상세 계획

1) 방연 대책

- 1 단계 : 내장재의 불연화, 가연 수납물의 제한
- 2 단계 : 방연구획 등으로 연기의 유동 억제
- 3 단계 : 공조설비 정지에 의한 연기 교란 방지

2) 배연 대책

벽, 출입구, 수벽 등에 의해서 제어된 연기를 옥외, 옥상 등 피난에 지장이 없는 방향으로 배출을 한다. 이때 연기가 피난행동을 막기도 하여 사망자가 발생하기도 하므로 주의한다. 배연대책으로서는 안전구획의 입구 가까운 쪽, 복도의 막다른 곳 등 적절한 위치에 배연구를 설치하고, 스모크 타워(smoke tower), 배열 휀(fan) 등의 배연설비를 설치한다.

4. 방배연 계획의 유의사항

1) 공간특성과 조화를 이룰 것

가연물량이 많은 공간, 기밀성이 높은 공간, 기적(氣積)이 큰 공간 등 각각의 공간특성에 적절한 방배연 방식과 방연구획을 선택한다.

2) 피난계획과 조화를 이룰 것

방배연의 목적은 피난자를 연기로부터 보호하는 것이므로 피난의 시간경과나 공간 경유의 시나리오에 따라서 방배연 계획을 고려해야 한다.

5. 방배연 방식

방배연 방식은 자연력에 의한 자연 배연방식 그리고 기계력에 의한 기계배연방식으로 구분된다.

1) 자연 배연방식

- 방식 : 연기의 부력으로 천장면이나 벽면 상부에 설치된 개구부로부터 연기를 자연적으로 배출하는 방식
- 효과 : 자연효과로 배연되므로 경제적임.
- 적용대상 : 일반적인 공간
- 고려사항 : 외기의 영향을 많이 받음.

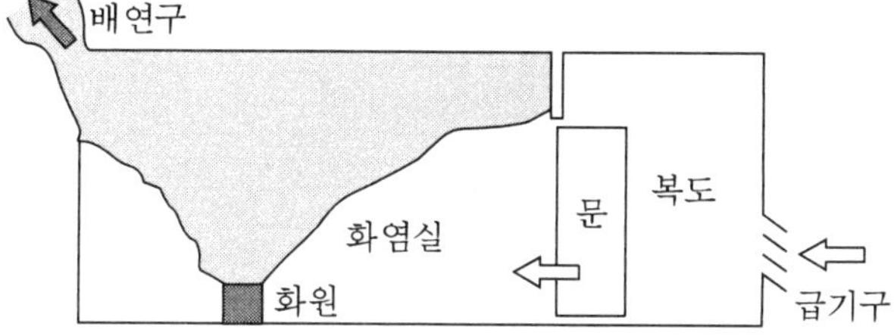

그림 11-10 자연배연방식

2) 스모크 타워방식

자연배연 방식의 일종으로써 자연배연용 수직 샤프트를 설치하고 샤프트에 생긴 부력과

샤프트 정상에 작용하는 외부 바람의 흡인력을 이용하여 배연하는 방식
- 특징 : 급기 및 배기 모두 자연력으로 이루어짐.
- 고려사항 : 배연 샤프트의 단면적이 커짐.

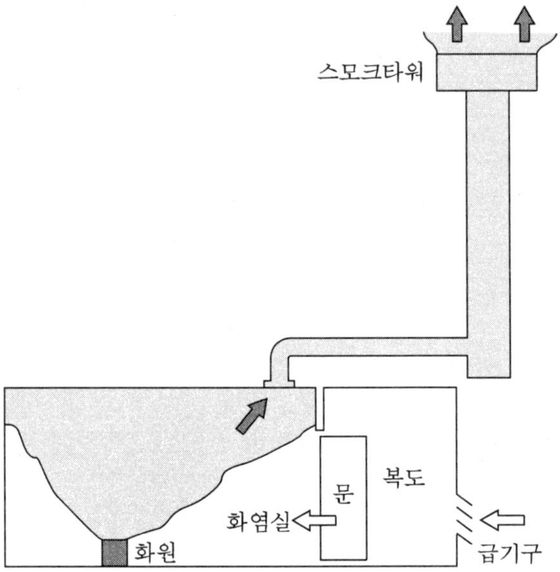

그림 11-11 스모크타워 방식

3) 기계 배연방식(가압 방연방식)

급기를 기계력으로 하는 방식이며, 계단실 등의 피난경로에 급기하여 그 부분의 압력을 높임으로써 연기의 침입을 막아 피난의 안전을 확보한다. 배연을 기계적인 힘으로 하는 경우(제1종 배연)와 자연력으로 하는 경우(제2종 배연)로 대별된다.

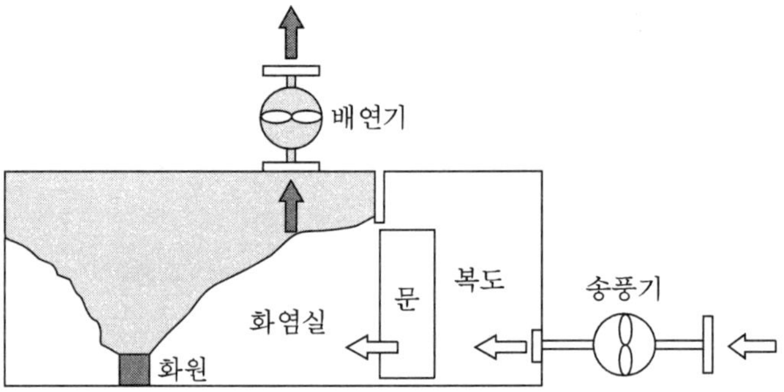

그림 11-12. 기계 배연방식(제1종 환기)

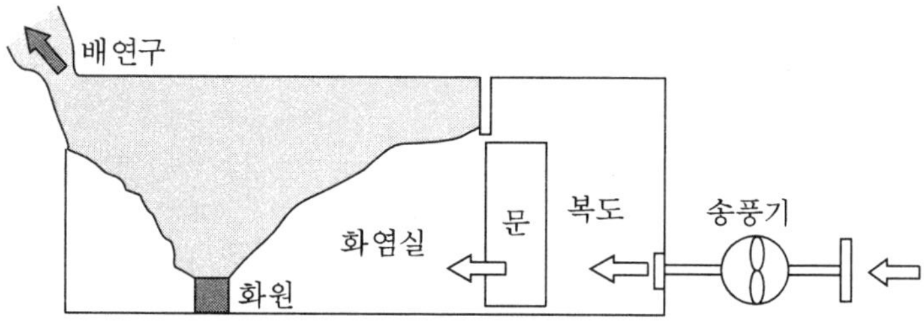

그림 11-13 기계 배연방식(제2종 환기)

4) 기계 배연방식(감압 방연방식, 제3종 배연방식)

배기를 기계적인 힘을 이용하는 방식이고, 기계력으로 상부의 연기를 배연기를 통하여 풍도(風道)를 통하여 배출한다. 연기가 유해한 높이까지 하강하는 것을 방지하고, 실내의 압력을 낮추어 다른 구획으로의 유출을 방지한다. 기기고장으로 인한 미작동, 고온의 연기나 대량의 연기에 대응할 수 없다는 점을 고려해야 한다.

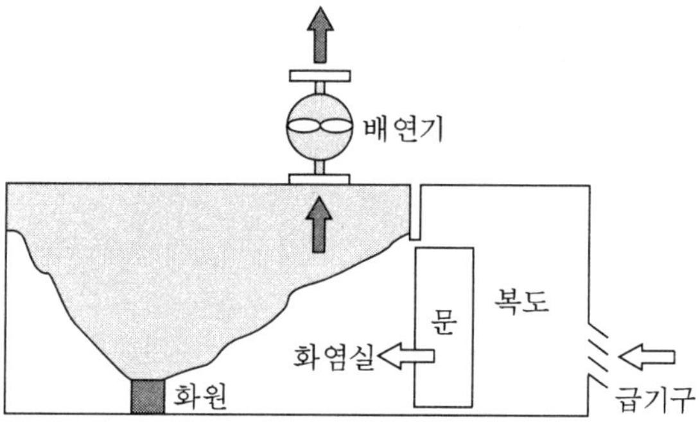

그림 11-14 기계 배연방식(제3종 배연)

6. 방배연 구획의 종류와 목적

1) 면적구획의 방배연

면적은 500m^2 이내에 설치로 설치되고 수벽은 동일 용도내의 배연구획에 대해서는 50cm 높이 이상 되어야 한다.

2) 안전구획의 방배연

부속실은 건축법(특별피난계단)에서 정한 소정의 방배연 설비를 갖추어야 하고, 전실(前

室)은 피난상의 요청에 의해 필요한 방배연 설비를 설치하여 안전구획으로 이용할 수 있다.

※ 안전구획 : 거실과 복도(1차안전구획), 복도와 피난계단 그리고 부속실(특별피난계단)(2차안전구획)과 특별피난계단(3차안전구획) 등 피난 중 연기로부터 안전도가 높은 곳으로 퇴출할 수 있는 구획임.

3) 용도구획의 방배연

용도구획을 설정해야 하는 대상으로서는 불특정 다수의 사람이 이용하는 시설과 반드시 용도상 분리해야 하는 것으로써는 집회실과 백화점 그리고 숙박시설과 상점 및 보일러실과 거실 등이 있다. 이들 공간은 내화구조의 바닥, 벽, 자동 폐쇄식 갑종 방화문 등으로 분류되어야 한다.

4) 수직통로 구획의 방배연

- 바닥을 통과하는 수직통로(계단실, 엘리베이터 샤프트, 덕트 스페이스, 파이프 샤프트, 에스컬레이터 주위) : 측벽 전체를 내화구조로 된 구획 설정
- 계단 : 상시 폐쇄식 방화문 운영
- 에스컬레이터 양측 : 망입유리와 셔터 병용
- 에스컬레이터 승강구 : 연감 연동(煙感 連動) 폐쇄문 설치
- 엘리베이터 승강구 : 미닫이도 연기의 누설성이 있으므로 고층 건축, 백화점 등의 엘리베이터 로비는 일반 부분과 방연적으로 구획.

제 12 장

피난계획

12.1 피난계획 고찰

1. 피난의 정의

피난이란 화재, 기타 재해의 위험으로부터 생명의 안전을 지키기 위해 보다 안전한 장소로 이동하는 행위를 말한다.

2. 피난계획 방법 및 목적

건물의 용도, 규모에 따른 수용인원의 성격과 인원 수(數) 등을 고려하여 피난자가 안전한 구획(1, 2, 3차 안전구획)을 통과하여 최종적으로 옥외까지 퇴피할 수 있는 계획을 고려해야 한다.

3. 피난계획 시 고려되는 인간 행동

① 귀소본능 : 간 길로 되돌아오는 본능이다. 따라서 진입경로를 안전하게 보호하여야 한다.

② 지광본능 : 밝은 길로 향하는 본능이다. 따라서 건물의 밝은 장소에 계단과 피난 발코니 설치해야 한다.

③ 군집심리 : 선도자를 추종하는 본능이다. 따라서 방송설비와 유도원 등의 음성 유도가 고려되어야 한다.

4. 피난 시 고려사항

① 피난 지시(指示)의 시간 차 경보 : 전체 건물에 화재 경보를 울려 각 층의 사람이 동시에 한정된 피난계단으로 쇄도하면 패닉 상태가 발생될 수 있다(전관명동 지양). 따라서 적당한 때 피난을 지시한다.

② 피난로의 분산 : 한 개소로의 집중화를 방지한다.

③ 피난로의 보호 : 연기, 가스, 열기류 등으로부터 피난로를 보호한다.

12.2 피난계획의 일반 원칙

1. 일반원칙

① 두 방향 피난로 확보 : 피난경로 중 한 방향이 화재 등의 재해로 사용할 수 없을 경우에 다른 방향이 사용되도록 고려한다 (fail-safe).

② 피난경로는 간단, 명료할 것 : 굴곡지고, 복잡하며 전체길이가 긴 것은 부적당하다. 복도와 통로의 말단부에는 출구나 계단 등이 있는 것이 이상적 (fool-proof)이다.

③ 피난의 수단으로서 가장 기본적인 방법에 의한 것을 원칙화함 : 재해 발생과 같은 비상사태에서는 복잡한 조작을 필요로 하는 장치는 부적당하며 가장 원시적인 인간보행에 의한 것을 원칙으로 해야 한다(엘리베이터 사용 불가 등). 즉 피난수단으로 계단을 이용하는 것이 원칙이다.

④ 피난설비는 고정시설에 의하며, 가반식(可搬式) 기구와 장치(피난기구)는 탈출에 늦은 소수 사람에 대한 극히 예외적인 보조수단으로 간주된다. 여기에는 피난용 로프, 미끄럼대, 피난 트랩, 피난 사다리, 피난 다리, 완강기, 구조대, 공기안전매트가 해당된다.

⑤ 피난경로에 따라 일정 구역을 한정하여 피난존으로 설정하고, 최종 안전한 피난장소 쪽으로 진행됨에 따라 각 존의 안전성을 높인다. 즉 출화실에서 보다는 실 출구, 복도, 계단의 안전성을 높이고, 이보다는 계단실을 포함한 수직통로의 안전성을 높인다. 다음으로는 건물의 외부 및 주변부의 안전성을 높인다(건물 밖으로의 탈출이 불가능하거나 늦어져 외부 발코니, 옥상 등으로 피난한 사람의 구조를 위한 소방 사다리차 범위확보 등으로 필요하다).

12.3 피난시설계획

1. 계획방침

피난계획은 최우선적으로 화재층의 피난을 고려해야 하고, 건물 전체의 일시적 피난은 계단 등으로의 일시적 집중화로 화재층의 피난을 방해하고, 패닉 발생을 유발할 수 있으므로 화재층 피난 이후에 상부층의 피난을 고려하는 방안도 있다.
피난을 순서 있게 하기 위해서 적당한 위치에 방연구획을 하여 조닝(Zoning) 피난을 하는 것이 바람직하고, 각 존은 방연벽과 피난문을 갖는 것이 원칙이며 이후에 그 다음 단계의 안전구획을 거쳐 안전한 곳으로 옮겨지는 것이 기본이다.

2. 피난문 계획

피난문의 종류에는 방화문, 방화셔터과 있으며, 각 존마다 적절한 시간 내에 피난이 가능하도록 문의 폭, 개폐 기구, 방화 및 방연구조를 가진 피난문이 적정한 위치에 배치되어야 한다.

3. 복도, 로비의 계획

복도에 연결된 임의의 거실에 의해 복도가 오염되면 다른 거실에서의 피난이 곤란해지므로 복도에 연결된 거실의 문은 자동 폐쇄문으로 계획되어야 한다. 엘리베이터 로비는 피난용으로 사용하지 않지만 연기의 상승로가 되므로 상층으로의 연기확산이 우려되어 방연구획으로 한다. 엘리베이터의 최상층 개구부를 확대하여 상부 각층으로의 연기 확산을 배제 유도하고, 피난층 로비는 피난상 가장 중요한 거점이므로 어느 부분에서의 화재이던 곧바로 오염되어서는 안된다. 따라서 완전한 불연화로 외부까지 통하는 경로가 보호되어야 한다.

4. 계단의 계획

가장 중요한 수직방향의 피난경로이다. 계단의 배치, 구조, 출입구에 대해서 피난상의 조건을 만족시킴과 동시에 방연화를 통해 상층으로의 연기 확산을 방지해야 한다. 위치는 피난 상 위치파악이 용이하고, 동시에 방연상 유리한 장소여야 한다. 계단의 위치 선정은 일반적으로 다음과 같다.

① 백화점과 시장 : 네 모서리에 위치
② 대여 사무소, 학교(중복도) : 복도의 단부
③ 중앙집중식 코아 평면 : 동시에 오염되기 쉬우므로 가급적 떨어진 위치로 선정하고 건물 외주부에 발코니 설치 등으로 보완해야 된다.
④ 고층 건축물, 지하건축물 : 계단에 부속실과 전실을 설치하여 연기의 유입을 억제한다.

계단의 종류에는 직통계단(피난계단, 특별피난계단), 옥외계단, 부분계단(지하층 전용계단, 집회실 전용계단) 등이 있다.

① 직통계단 : 임의의 층에서 피난층(직접 옥외의 안전한 장소로 나갈 수 있는 층: 통상적으로 1층을 의미함)까지 직통하도록 연결된 계단이다. 5층 이상 또는 지하 2층 이하의 층에 설치되는 직통계단은 피난계단 또는 특별피난계단으로 해야 한다.
② 피난계단 : 피난계단의 구조는 다음과 같다.
  - 계단실의 창문, 출입구 외에는 건축물과 내화구조 벽으로 구획할 것
  - 계단실은 예비전원에 의한 조명설비를 할 것
  - 계단실의 내부는 불연재료로 할 것
  - 계단실의 창문은 망입유리의 붙박이창으로 하되 면적이 $1m^2$ 이내
  - 건축물에서 계단실로 통하는 출입구는 0.9m 이상의 폭을 가지고 피난방향을 열 수 있고 항상 닫혀 있는 구조의 갑종(을종)방화문을 설치할 것
③ 특별피난계단 : 발코니 또는 부속실을 갖는 피난계단을 특별피난계단이라고 하며, 구조는 다음과 같다.
  - 부속실 : 옥외 배연을 위한 개구 또는 자연 급기통과 배연설비를 갖춘 것이며 옥내에 면한 부분은 피난 상 필요한 출입구(갑종 방화문)이외에는 내화구조의 벽으로 구획되어야 한다.

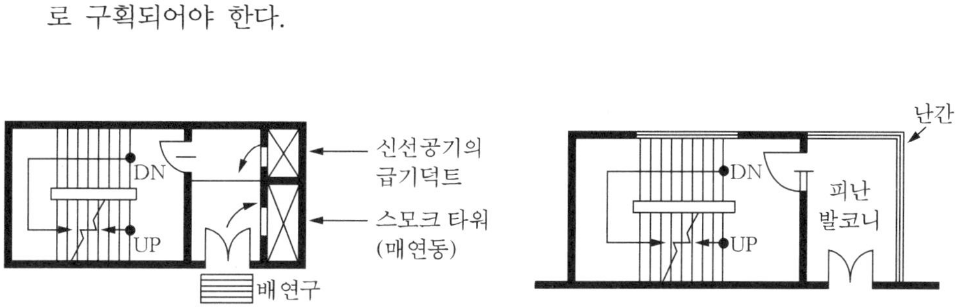

부속실이 있는 특별피난계단 　　　　　피난 발코니가 있는 특별피난계단

그림 12-1 특별피난계단의 종류

- 발코니 부설 특별피난계단 : 발코니 부분의 외부면을 개방하지만 하층의 화재로 발코니가 연기에 오염되지 않도록 건축물의 우각부 등 연기 오염이 적은 장소를 택하는 것이 바람직하다.

④ 옥외계단(피난계단) : 옥외계단은 피난계단으로서 안전성 높고, 옥내에 면한 부분은 피난용 출입구 이외에는 내화구조의 벽체로 구성되어야 한다. 옥외계단의 특징은 배연설비가 필요없고, 옥상까지 연결되어 계단면적이 부족할 경우에는 발코니를 가급적 넓게 취해 대피장소로 활용할 수 있다.

12.4 피난설비

피난설비는 화재가 발생한 경우 피난하기 위하여 사용하는 기구 또는 설비이다.

1. 피난기구

피난기구는 계단 등에 의한 피난이 불가능해 도피하지 못한 사람의 피난을 위해 사용되는 기구로 최후의 탈출 수단이다. 설치위치는 옥외 발코니 또는 옥외에 면한 창 등의 개구부에 부착된다.

피난 기구의 종류에는 미끄럼대, 피난사다리, 구조대, 완강기, 피난교, 피난밧줄, 공기안전매트 등이 있다.

그림 12-2 완강기

2. 유도등

유도등은 화재 등 기타 재해가 발생된 경우, 건축물내의 사람들을 신속하고 안전하게 피난시설로 유도하는 것을 목적으로 한다. 유도등의 종류에는 피난구 유도등, 통로 유도등, 객석 유도등이 있다.

① 피난구 유도등 : 피난구의 상부 또는 그 부분에 설치된 녹색의 등.

② 통로 유도등 : 복도 또는 통로에 설치하며 녹색 등화를 가지고 있으며, 피난방향을 명시한다.

③ 객석 유도등 : 극장, 영화관의 객석에 설치하여 객석의 통로를 조명한다.

유도등의 설치방법은 다음과 같다.

① 설치 법령에 따라 적합하게 설치

② 사람들의 눈에 띄기 쉬운 위치에 소요 크기와 밝기를 갖출 것

③ 화재 시의 연기발생을 고려하고, 통로 유도등은 바닥면에서의 높이가 1m 이하가 되도록 낮은 개소에 설치할 것

그림 12-3 피난구, 통로, 객석 유도등

3. 비상조명등

화재 기타 재해와 사고발생 시에 상용 전원이 차단되면 건축물 내부에 패닉(panic)상태에 빠질 위험성이 있어 피난행동이 원활하게 이루어지지 못할 수 있다. 따라서 피난을 위한 최저 조도를 확보하기 위해서 설치하는 것이 비상조명등이다.

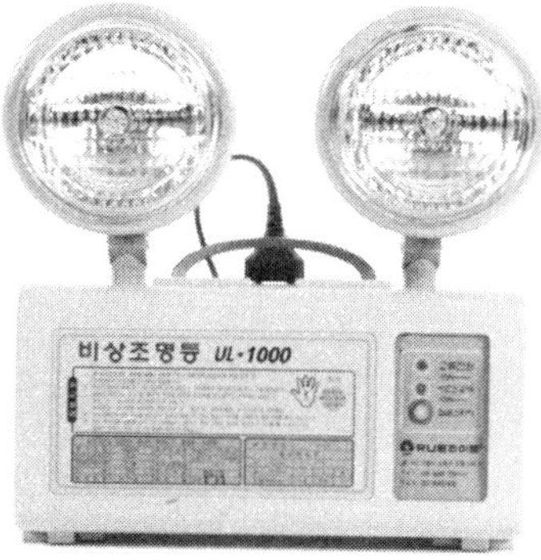

그림 12-4 비상조명등

12.5 피난과 구조

1. 정의

피난이란 사람이 위험한 장소에서 멀어져 보다 안전한 장소로 이동하는 것이고, 구조(救助)란 타인의 힘에 의해 안전한 장소로 이동되는 것을 의미한다.

2. 피난 및 구조의 기본사항

① 건물의 피난과 구조에 편리하도록 설계, 건축할 것 : 무창 건물과 같이 피난, 구조에 불리한 건축은 되도록 피하고 출화 시 피난, 구조에 편리한 건물을 설계, 건축한다. 특히 계단 등의 피난시설에 만전을 기하기 어려운 건물에는 피난기구를 보충하고 피난 유도등과 유도표지를 설치하여야 한다.

② 건물에 수용하는 인원은 피난에 지장을 주지 않는 수로 제한하고 수용인원의 성격에 맞게 피난계획을 수립할 것 : 건물의 정원제 또는 수용인원을 정하고, 그 이상을 제한한다. 건물내의 사람의 성격과 피난능력에 따라 피난시설과 설비를 구축한다.

③ 건물내의 사람이 빨리 화재를 인식하고, 조기에 피난할 수 있을 것.

④ 피난을 질서있게 그리고 신속, 원활하게 이루어질 것 : 건물 내부의 사람이 건물 내부의 상황 특히 피난시설을 알 필요가 있으며, 건물에 출입하는 불특정인에게도 어떤 방식으로 건물의 내외의 상황을 알려 주는 대책이 필요하다. 피난계획을 수립하여 재실자에게 피난훈련을 행할 필요가 있다.

⑤ 건물 내부의 피난 외에 건물 외부로의 퇴거 또는 옥상 등의 상방으로의 피난도 가능하게 할 것 : 건물내부에 연기가 충만하여 내부에서의 피난이 불가능할 경우가 있으므로 건물 외부로의 피난과 옥상으로의 피난도 가능해야 한다.

⑥ 연기의 신속한 확대를 막아 유독가스의 발생과 폭발 방지대책을 마련할 것 : 수직, 수평적으로 연기의 확산을 방지하고 유독가스로부터 재실자를 보호하기 위해 재료의 불연화를 추구한다. 폭발 위험성이 있는 물건은 건물 밖으로 격리한다.

3. 구조(救助)

1) 피난기구에 의한 구조

계단에 의한 피난이 원칙이나 계단을 이용할 수 없게 된 상황에서의 구조 방식으로 종류에는 트랩, 완강기, 구조대, 사다리, 피난교 등이 있다. 피난기구의 계획에는 다음과 같은 사항을 고려한다.

· 가급적 계단과는 다른 장소에 설치될 것.
· 평상 시의 취급방법에 대한 훈련 필요.
· 기구의 주변에는 비상등을 비치할 것.

2) 소방대에 의한 구조

소방대에 의한 구조가 이루어지는 것으로써 건물 관계자는 소방 지휘에 따르는 일, 구조를 요하는 사람의 위치 제공, 화점(火点)의 위치를 비롯한 화재상황, 셔터의 폐쇄상황의 정보 등을 소방대와 협력한다.

구조에 사용되는 기구는 조명기구, 파괴기구, 보안기구(가스 마스크식 방연구, 공기 호흡기), 확성기, 무전기 등이 있다.

12.6 피난계산

1. 피난계산의 목적

건축설계 초기에 출입문, 복도, 계단 등의 설치 및 폭 등을 정하기 위해 표준 층과 다수의 사람이 모이는 특수층의 기본계획 검토용으로 피난계산을 수행하며, 일반적으로 완성된 건축계획에 대해서는 거실, 복도, 계단 등의 피난상의 안전성을 점검하기 위하여 피난계산을 수행하고, 일부 연구용 또는 사회적 문제가 발생된 경위에 대한 검증용으로 수행하는 경우도 있다.

2. 기본 가정

피난계산을 수행할 경우에는 해당 건축물의 가장 불리하다고 판단되는 층, 인구밀도가 높으며 피난 상의 문제가 많다고 생각되는 층 또는 표준 층에서 출화한 것을 가정하여 그 층 중에서도 가장 불리하다고 생각되는 부분을 화점(火点)으로 가정하여 계산한다. 피난계산의 수행의 진행 방향은 출화실에서 복도 그리고 계단 이후의 안전한 장소 등으로 진행해 나간다.

3. 거실 피난

화재재실에서 다음 구획으로 안전하게 피난하기 위해서는 연기와 열기류가 피난 상 지장을 초래하는 상태로 성장, 확대하기 이전에 실내의 전원이 퇴출을 완료해야 한다. 피난 개시에 영향을 미치는 조건으로서는 연기가 발생되어 천장면에서 하강하는데 소요되는 시간 그리고 사람들의 상태에 따라 달라지는 피난행동 개시시간 등이 있다.

1) 권장 피난행동시간(rT_1)과 인구밀도

거실면적(A_1, m^2)의 구획에서 다음 안전구획인 복도와 로비 등으로 전원이 퇴출하는데 소요되는 시간 T_1(초)은 권장 피난행동시간 이하로 되는 것이 권장되고 있다.

$$rT_1 = 2\sqrt{A_1} \tag{12-1}$$

표 12-1 거실면적에 따른 권장 피난행동시간

거실면적 [A_1 (m^2)]	200	500	1000	1500	2000	3000
권장피난 행동시간(초)	30	45	60	75	90	100

인화성 물질을 취급하는 실, 연소속도가 큰 재료로 구성된 실에는 이보다 강화된 수치를 사용하고, 불연화된 내장을 사용한 실에는 다소 완화된 수치를 사용한다.

위험한 용도 $rT_1 = 1.5\sqrt{A_1}$ (12-2)

안전한 용도 $rT_1 = 2.5\sqrt{A_1}$ (12-3)

피난 시간(T_1)이 피난 권장시간(rT_1)을 초과하는 경우의 대책으로써

- 출입구의 위치 재검토
- 출입구 폭이 부족할 경우 폭을 확대 또는 거실면적 축소 또는 인구밀도가 낮은 용도로 변환
- 천장을 높게 하고, 내장재와 수납물의 불연화 추진 등이 있다.

피난시간(T_1)이 권장시간(rT_1)보다 10% 정도 초과하는 경우에 대해서 수납 가연물량이 적고, 동시에 유효한 방연구획과 배연설비를 갖추었을 때는 피난에 지장이 없는 것으로 판단할 수 있다.
피난계산에 산정되는 인구밀도는 거실내의 실제 인원을 산정하는 것이 원칙이나, 용도, 시간 등에 따라 변동의 폭이 크게 발생된다.
수용인원의 산정방법은 소방시설 설치유지 및 안전관리에 관한 법률 시행령 별표 3에 제시되어있으며 그 내용은 표 12-2와 같다.

표 12-2 수용인원 산정방법

구분		내용	비고
1. 숙박시설이 있는 특정소방대상물	침대가 있는 숙박시설	당해 특정소방대상물의 종사자의 수에 침대의 수(2인용 침대는 2인으로 가정한다)를 합한 수	
	침대가 없는 숙박시설	당해 특정소방대상물의 종사자 수에 숙박시설의 바닥면적의 합계를 $3m^2$로 나누어 얻은 수를 합한 수	
2. 1호외의 특정소방대상물	강의실 그 밖에 이와 비슷한 용도로 쓰이는 특정 소방대상물	당해 용도로 사용하는 바닥면적의 합계를 $1.9m^2$로 나누어 얻은 수	
	강당, 문화집회시설 및 운동시설	당해 용도로 사용하는 바닥면적의 합계를 $4.6m^2$으로 나누어 얻은 수(관람석이 있는 경우 고정식 의자를 설치한 부분에 있어서는 당해 부분의 의자수로 하고, 긴의자의 경우에는 의자의 정면너비를 0.45m로 나누어 얻은 수로 한다)	
	그 밖의 특정소방대상물	당해 용도로 사용하는 바닥면적의 합계를 $3m^2$로 나누어 얻은 수	

1. 위 표에서 바닥면적을 산정하는 때에는 복도, 계단 및 화장실의 바닥면적을 포함하지 아니한다.
2. 계산결과 1미만의 소수는 반올림한다.

표 12-3은 일본(신건축방재계획지침)에서 피난계산을 수행할 때 활용되는 인구밀도 산정 자료이다.

거실의 피난대상 인원(N_1)은 다음의 식으로 산정한다.

$$N_1 = \sum \rho A_1 \tag{12-4}$$

여기서, ρ : 용도별 인구밀도(인/m^2)

A_1 : 거실 유효면적(m^2)

표 12-3 인구밀도 산정표

건물용도	대상부분	인구밀도	비고
백화점 및 상업용도	매장 연속식 점포 음식점 매장 통로 집회장	0.5 07 0.5 0.25 1.5	에스컬레이터, 통로포함
사무소	높이 60m초과 높이 60m이하 회의실 - 400m^2이상 - 400m^2이하	0.25 0.25 1.5 1.6	 임대 (자사:0.16)
호텔, 여관	객실 레스토랑 주방 연회장	- 0.5 - 1.0	수용인원에 따름 실태에 따름
극장, 영화관	객석 연주실, 사무실	1.5 -	 실태에 따름
공동주택		-	침실에 1을 더한 수
학교, 대학교	교실 연구실 실험실	- - -	좌석수에 따름 일반 사무실 준함 실태에 따름

2) 피난경로의 유효 폭과 피난시간

피난계산에 따라 통로와 출입구의 폭을 피난 상 적정한 수치로 할 필요가 있으며, 유효 폭(B)은 피난인원을 유동계수와 피난 권장시간의 곱으로 나누어 산정한다.

$$\sum B = \frac{\sum N_1}{{}_rT_1 \cdot \frac{1}{0.75}} = \frac{\sum N_1 \cdot 0.75}{{}_rT_1} \tag{12-5}$$

폭의 합계가 B_1인 경우의 거실에서 복도까지의 피난시간(T_1) 계산은 다음의 식으로 산정한다.

$$T_1 = \frac{\sum N_1}{\sum B_1 \cdot \frac{1}{0.75}} = \frac{\sum N_1 \cdot 0.75}{\sum B_1} = \frac{\sum N_1}{n_1} \tag{12-6}$$

여기서, n_1은 유동계수(인/sec)이며, 단위시간에 출입구를 유동할 수 있는 인원수를 의미한다.

$$n_1 = \frac{\sum B_1}{0.75} \tag{12-7}$$

피난계산에 사용되는 용어로서 단위 폭을 매초 통과할 수 있는 인원수를 유동계수(n)라고 한다.

$$n = \frac{1}{0.75} \text{인/m} \cdot \text{sec} \tag{12-8}$$

거실에서 다음 안전구획인 복도까지의 실내 보행시간($T_1{}'$) 계산은 다음 식으로 수행한다.

$$T_1{}' = \frac{L_x + L_y}{v} \tag{12-9}$$

여기서, L_x : 실 장방향 보행거리(m)

L_y : 실 단방향 보행거리(m)

v : 보행속도 0.5～1.3(m/sec)

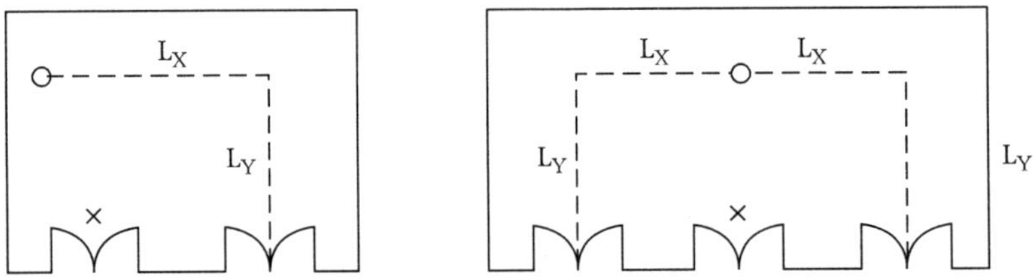

그림 12-5 보행거리 산정방법

실내 보행시간을 산정하기 위한 보행속도는 일반적으로 다음을 기준으로 한다.

- 1.3m/sec : 사무소, 학교, 체육관 등의 용도부분
- 1.0m/sec : 백화점, 호텔, 일반 집회실 등의 불특정 다수의 용도부분
- 0.5m/sec : 병원, 밀도가 높은 집회실의 용도부분(3인/m^2 0.5m/sec, 5인/m^2 0.3m/sec)

권장피난시간 산정과 거실의 피난시간 산정이 완료되었으며 두 가지 피난시간의 비교를 통하여 다음과 같은 판단과 조치를 취할 수 있다.

- T_1 또는 $T'_1 \leq rT_1$ 피난 상 안전한 계획
- T_1 또는 $T'_1 > rT_1$ 피난 상 특별한 대책을 필요로 한다.

화재발생 후 피난개시까지의 시간은 연기 층 두께가 천장고의 10%가 되었을 때를 시점으로 하며 이의 산정은 간략법에 의한다.

$$\text{화재실의 경우 : } 2\sqrt{A} \quad (12\text{-}10)$$

$$\text{비화재실의 경우 : } 2\times 2\sqrt{A} \quad (12\text{-}11)$$

여기서, A : 화재실의 면적(m^2)

권장 피난완료 시간의 산정은 권장 피난시간(rT_1) + 피난개시 시간 + 안전율을 고려하여 $4rT_1$로 산정한다.

$$4rT_1 = 4(2\sqrt{A_1}) = 8\sqrt{A_1} \quad (12\text{-}12)$$

피난완료나 피난행동이 허용되는 시간을 기준치로 설정하면 실제 소요된 피난시간과의 비교를 통하여 피난안전성을 평가할 수 있다. 기준치는 화재전파와 연기 강하에 의해서 결정되며 일반적으로 거실피난허용시간, 복도피난허용시간 그리고 계단피난허용시간으

로 분류된다.

거실피난허용시간은 거실피난개시에서 종료까지 허용되는 시간으로써

$$2 \sim 3\sqrt{A} \quad (11\text{-}13)$$

복도피난허용시간은 복도피난개시에서 종료까지 허용되는 시간으로써

$$4\sqrt{A_{12}} \quad (12\text{-}14)$$

계단피난허용시간은 발화에서 복도피난종료까지 허용되는 시간으로써

$$8\sqrt{A_{12}} \quad (12\text{-}15)$$

여기서, A : 거실면적(m^2)

A_{12}: 거실면적의 합 + 복도면적의 합, 통상적으로 $2\sqrt{A}$ 이다.

12.7 시뮬렉스 이용법

1. 시뮬렉스(simulex)개요

시뮬렉스는 IES(Intergrated Environmental Solutions Limited)에서 개발된 가상 환경 시뮬레이션(Virtual Environmental Simulation) 모듈 중 한 개로 재실자 피난 경로를 모사할 수 있는 프로그램이다.

시뮬렉스는 화재와 같은 극한 상황이 발생되었을 경우에 발생되는 재실자의 피난에 관련된 제반 문제점을 해결할 수 있는 자료를 제공해 줄 수 있다. 실제 피난 시뮬레이션에서 구할 수 있는 결과물은 실제 이동시간(te)이다. 따라서 건축물에서 총 피난 시간을 계산하기 위해서는 아래와 같은 방법으로 수행하는 것이 바람직하다.

$$\text{RSET} = t_d + t_a + t_o + t_i + t_e \quad (12\text{-}16)$$

여기서, t_d : 화재가 감지되는데 걸리는 시간

t_a : 화재가 감지되어서부터 거주자들이 인지하는데 걸리는 시간

t_o : 화재가 난 것을 인지했을 때부터 거주자들이 행동을 취할 때까지 걸리는 시간

t_i : 행동을 취하기로 결정한 때부터 피난을 시작하는 데까지 걸린 시간

t_e : 피난 시작에서부터 끝날 때까지 걸리는 시간

1) 시뮬렉스 일반사항

시뮬렉스는 2D 시뮬레이션 프로그램으로서 대형 또는 구조가 복잡한 건축물에서 많은 사람들이 피난하는 현상을 모사해 볼 수 있다. 시뮬렉스는 여러 개의 건축 평면과 평면 상호간을 연결하는 계단을 사용하여 3D Model 모사를 가능하게 한다.

사용자가 건물의 외부로 나가는 최종 출구를 정의하면, 시뮬렉스는 프로그램 로직에 의한 판단으로 자동적으로 재실자의 보행거리 및 피난경로를 계산한다. 재실자는 한 사람씩 입력할 수도 있고, 그룹으로 지정해서 입력할 수도 있다. 건물 내 재실자의 수가 결정되면, 잠정적인 피난 루트가 계산되고, 시뮬레이션이 수행된다. 사용자는 거주인원이 피난하는 양상을 모니터에서 볼 수 있고, 필요 부분을 확대, 축소하면서 볼 수도 있다.

2) 특징

a. 2D 프로그램

b. 피난시간을 계산하기 위해서는 해당 건축물의 CAD 파일(DXF)이 있어야만 작업할 수 있다.

c. 시뮬레이션에서 계산되는 피난시간은 해당 실에서 피난을 개시한 후부터 측정된 시간이기 때문에, 총 피난 소요시간은 피난개시 소요시간(Pre-Movement Time)을 합산해야 한다.

d. 계층의 성별, 신체크기, 구성비를 설정하여 다양한 구성원 표현이 가능하다.

e. 공간 데이터를 이용한 거주자 피난 동선 선택이 가능하다.

f. 반응시간, 사람과 사람간의 밀도, 피난분포를 거주자에 적용하여 화재나 재난 시 발생하는 여러 가지 상황과 건축물의 안전 공간 확보의 검증에 도움을 줄 수 있다.

g. 간단한 명령어에 의해서 실시간으로 작업 수행 및 수정이 가능하다.

f. Playback기능을 활용하여 반복적으로 결과를 관찰하여 정체부분에 대한 해결방안 모색이 가능하다.

3) 가정 및 이론

시뮬렉스는 피난지역의 구획(Geometry)과 사람의 이동 방법에 대하여 다음과 같이 가정한다.

a. 모든 거주자는 정상이며, 상호간의 보행속도에 저해를 받지 않는다.

b. 보행속도는 사람과의 간격이 조밀해질수록 감소하게 된다.

c. 각 사람은 Distance map을 따라서 출구로 향하도록 되어 있다.

d. 앞지르기, 몸의 회전, 측면으로 걸어가기 및 뒤로 밀리기 등이 포함되어 있다.

4) 보행속도

그림 12-6에서 보여주는 바와 같이 다른 사람 앞에 있는 사람은 뒤에 위치한 사람의 보행속도를 줄이는 요인이 된다. 사람간의 거리는 사람 몸의 중심간 거리로 표현된다. 계단에서의 속도는 수평에서의 속도와 비교하면 줄어들게 되는데, 계단을 내려갈 때의 속도는 수평속도의 0.5배로 간주하고, 계단을 올라가는 것은 수평보행속도의 0.35배를 적용한다. 보통사람의 수평보행속도는 0.8～1.7m/s 범위 내에서 랜덤(random)하게 선택하여 모사한다.

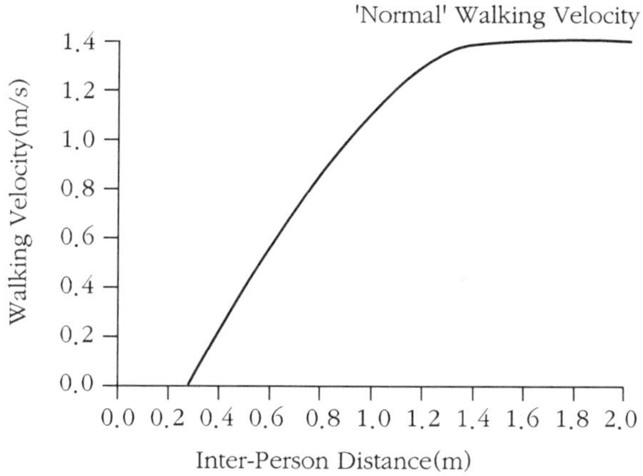

그림 12-6 보행속도 그래프

5) Function Keys

a. F2 : Playback 실행 후 이전 단계로 되돌리는 키

b. F3 : Playback 실행 후 이후 단계로 되돌리는 키

c. F4 : 도면에 배치된 사람들의 위치, 간격, 각도를 알 수 있는 키

d. F5 : 확대하는 키. 마우스 중심이 확대의 중심이 됨

e. F6 : 축소하는 키. 마우스 중심이 축소의 중심이 됨

f. F7 : 마우스 중심을 위치시키면 그 부분이 중심이 되어 화면 가운데로 배치됨

g. F8 : Playback을 실행한 후 'pause' 일시 정지시키는 키

2. 시뮬렉스 실행

1) Characteristics 설정

피난자의 특성을 선언해주는 작업으로써 c://programs/IES/Apps /population.ini 파일을 열어서 필요한 정보를 수정하여 저장한다.

시뮬렉스 프로그램의 메뉴 표시판인 Population의 characteristics의 해당 계층(population)을 설정해준다.

[Simulex Population File]
[Comments: Parameters for Body Types]
1st = Body type index, starting at 0, up to 199
2nd = Body type name (max. 19 characters)
3rd = Total Radius (m) of body circle
4th = Radius (m) of main torso circle
5th = Radius (m) of shoulder circles
6th = Unimpeded walking velocity on flat terrain
7th = Distributed variation of unimpeded walking velocity on flat terrain(+/-)
8th = Multiplication factor for walking speed down stairs
9th = Multiplication factor for walking speeds up stairs
10th = Body color (0-19)
(Black = 0, Maroon = 1, DarkGreen = 2, Olive = 3, DarkBlue = 4, Purple = 5, DarkMarine = 6, MedGrey = 7, SteelGrey = 8, LightBlue = 9, Cream = 10, MedDarkGrey = 11, DarkGre = 12, Red = 13, Green = 14, Yellow = 15, Blue = 16, Magenta = 17, Cyan = 18)

Just add new body sizes with this format, incrementing the body size index
[Body Types]

```
0 = "Median",          0.25,  0.15,  0.10,  1.3,   0.0,  0.6,  0.5,  13,
1 = "Adult Male",      0.27,  0.16,  0.10,  1.35,  0.2,  0.6,  0.5,  13,
2 = "Adult Female",    0.24,  0.14,  0.09,  1.15,  0.2,  0.6,  0.5,  13,
3 = "Child",           0.21,  0.12,  0.07,  0.9,   0.3,  0.6,  0.5,  13,
4 = "Elderly",         0.25,  0.15,  0.09,  0.8,   0.3,  0.6,  0.5,  13,
5 = "NFPA-1 m/s",      0.25,  0.15,  0.10,  1.0,   0.0,  0.6,  0.5,  13,
6 = "SFPE-1.4 m/s",    0.25,  0.15,  0.10,  1.4,   0.0,  0.6,  0.5,  13,

[Comments: Parameters for Populations]
1st = Population index, starting at 0, up to 199
2nd = Population name (max. 19 characters)
3rd = Number of different body sizes in population
4th = Body size index no.
5th = % of this Body Size in population (integer)
6th as 4th for another body size
7th as 5th for another body size
etc. etc. up to a maxumum of 10 body sizes included
Just add new populations with this format, incrementing the population index

[Populations]
0 = "Office Staff",          2,   1, 60,    2, 40,
1 = "Commuters",             3,   1, 50,    2, 40,   3, 10,
2 = "Shoppers",              4,   1, 35,    2, 40,   3, 15,   4, 10,
3 = "School population",     2,   1, 60,    2, 40,
4 = "All Male",              1,   1, 100,
5 = "All Female",            1,   2, 100,
6 = "All Children",          1,   3, 100,
7 = "All Elderly",           1,   4, 100,
```

2) 건축평면 도면의 정리 작업 수행

VE프로그램은 CAD의 DXF파일을 바탕으로 건축물 도면을 생성한다.

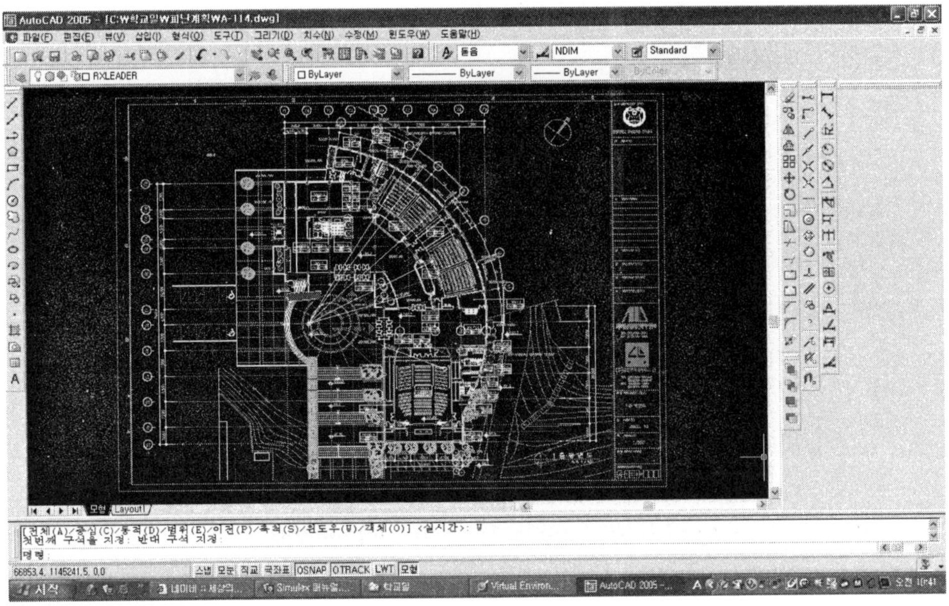

그림 12-7 건축도면 DWG 파일

a. 건축물의 CAD도면 불러오기

b. 여개 개의 Layer를 한 개의 Layer로 통일하기(표준 layer를 선택한 후), 색깔(흰색) 선(bylayer), 두께(0.00mm) 등을 결정한다. 필요한 경우에 wblock 명령으로 일정한 부분을 새로운 파일명으로 저장한다.

c. 한 개의 Layer로 정리되었으면 Purge명령을 통하여 Simulex운용에 불필요한 부분을 삭제한다.

d. Simulex에서는 Polyline 등으로 구성된 부분을 인식하지 못하므로 Explode명령으로 각 요소를 분해한다.

e. 위의 작업이 수행된 파일을 다른 이름으로 저장한다. 이때 확장자는 DXF로 한다.

f. CAD에서의 선은 Simulex에서 벽으로 인식한다. 따라서 개구부, 피난구 등 피난에 소요되는 부분은 반드시 오픈시킨다.

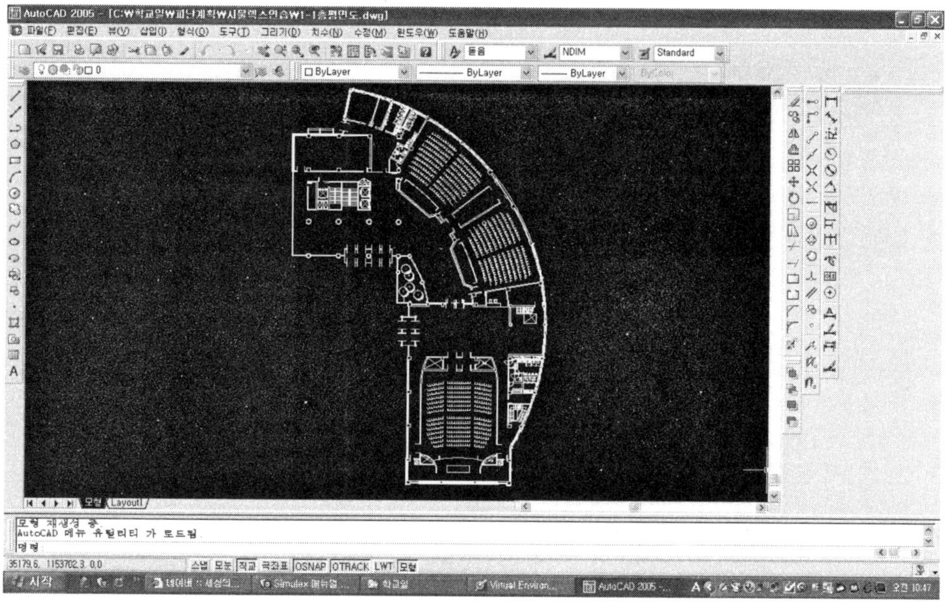

그림 12-8 건축도면 DXFf파일

3) 건축평면 도면 Simulex 프로그램으로 불러오기

Simulex 실행방법은 바탕화면에 설치된 다음의 실행 아이콘(icon)을 더블 클릭하여 실행시킨다.

그림 12-9 시뮬렉스 실행 아이콘

실행한 경우 초기화면은 그림 12-10과 같다. 그림 12-10의 화면 좌측하단에 있는 Evacuation부분을 클릭한다. 그러면 그림 12-11의 시뮬렉스 초기화면이 생성된다.

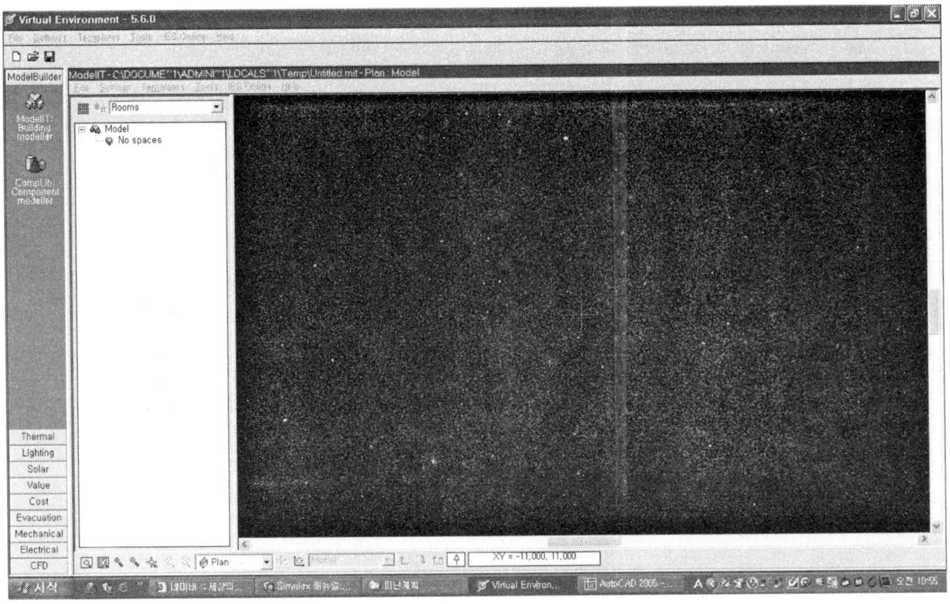

그림 12-10 VE 초기 화면

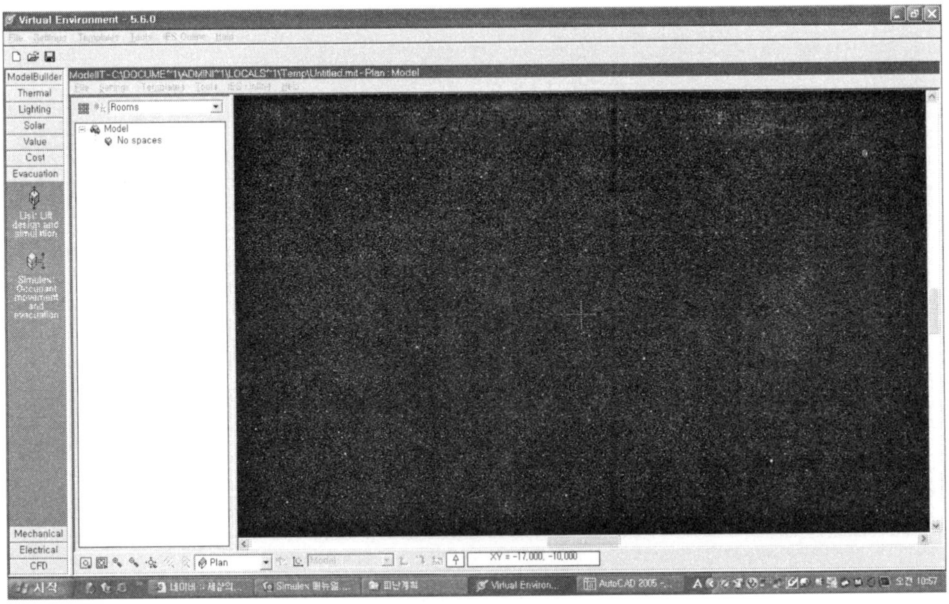

그림 12-11 Simulex 초기 화면

그림 12-11의 왼쪽 중앙부에 위치된 Simulex: Occupant movement and evacuation을 클릭한다. 그러면 그림 12-12의 Simulex실행 화면이 나타난다.

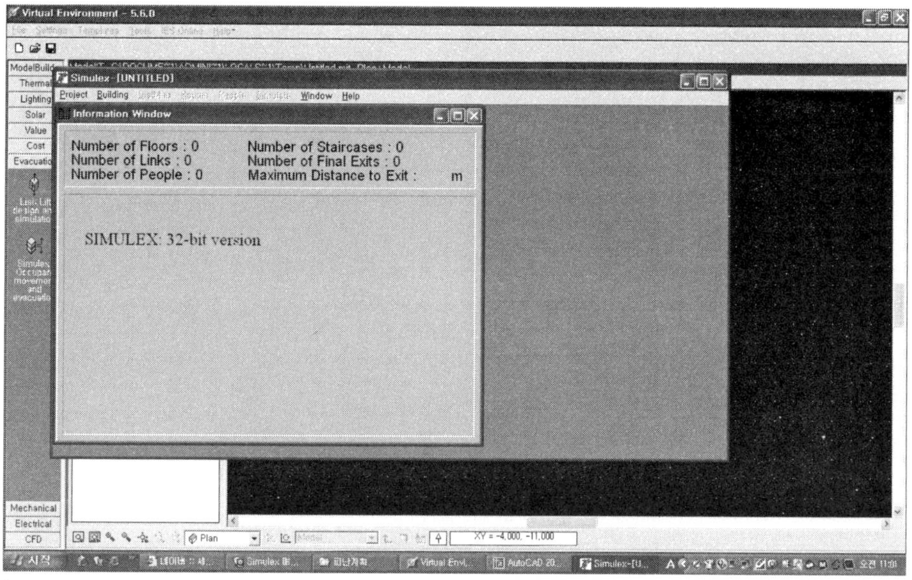

그림 12-12 실행화면

기존에 사용 또는 작업하던 Simulex파일이 있는 경우는 메뉴 표시줄에 있는 Project를 선택하여 입력한다.

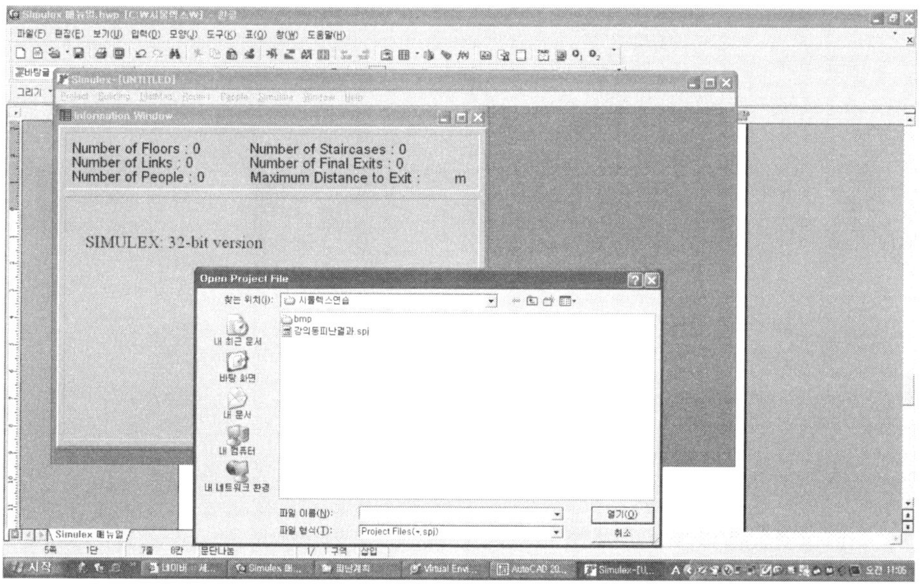

그림 12-13 Simulex파일 입력과정

새로운 프로젝트를 수행할 경우는 메뉴 표시줄에 있는 Building을 선택하여 입력한다. Building메뉴에서 Add floor를 선택하면 CAD프로그램에서 작업한 DXF파일을 불러올 수 있다.

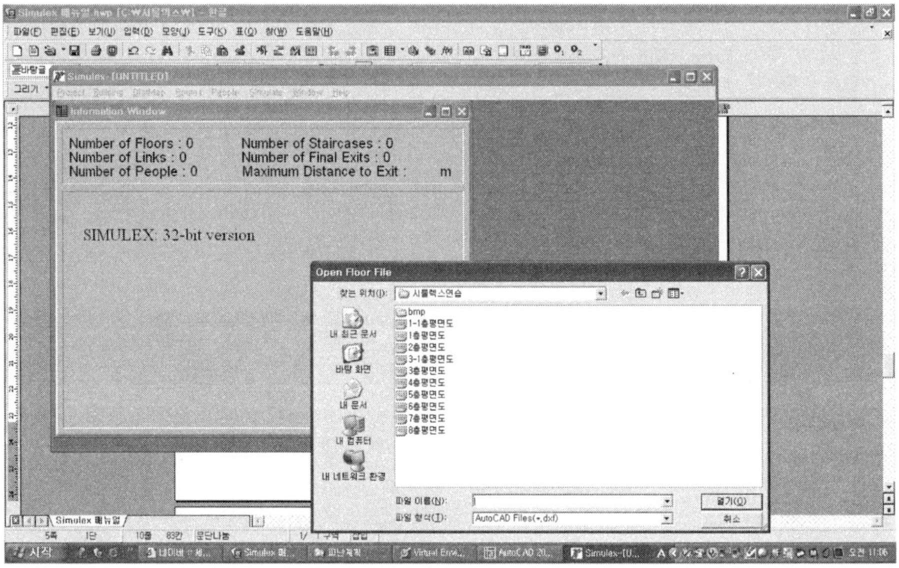

그림 12-14 Building메뉴에 의한 평면 작성

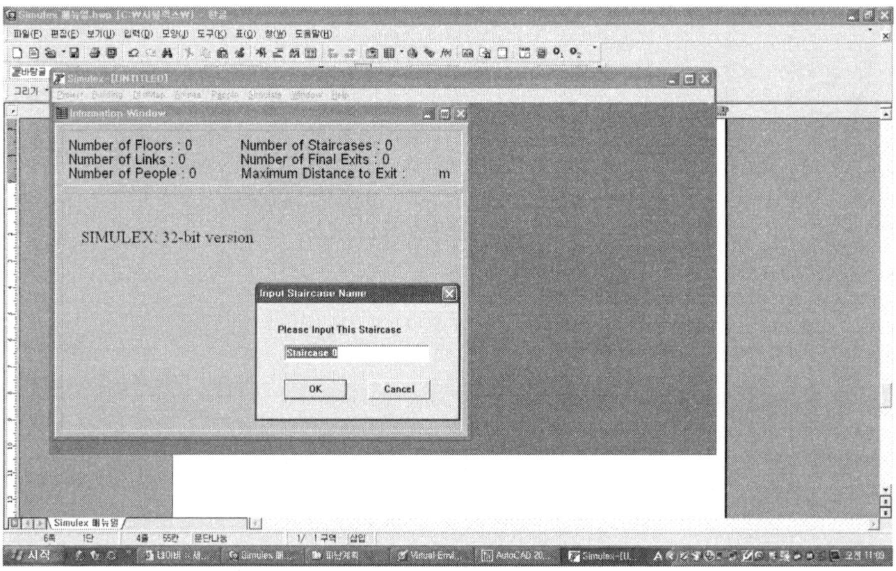

그림 12-15 계단 생성

필요한 평면을 실행시킨다. 다음에는 각 평면에 위치된 계단을 설정한다.
계단명을 입력하면 다음과 같은 팝업창이 생성된다. 여기에는 계단의 폭과 길이의 치수를 입력한다. 계단의 폭과 길이는 실제 CAD파일에서 dist명령을 이용하여 측정한 후 기입한다. 단위는 m이다. 계단의 길이는 계단참의 길이를 포함한다.

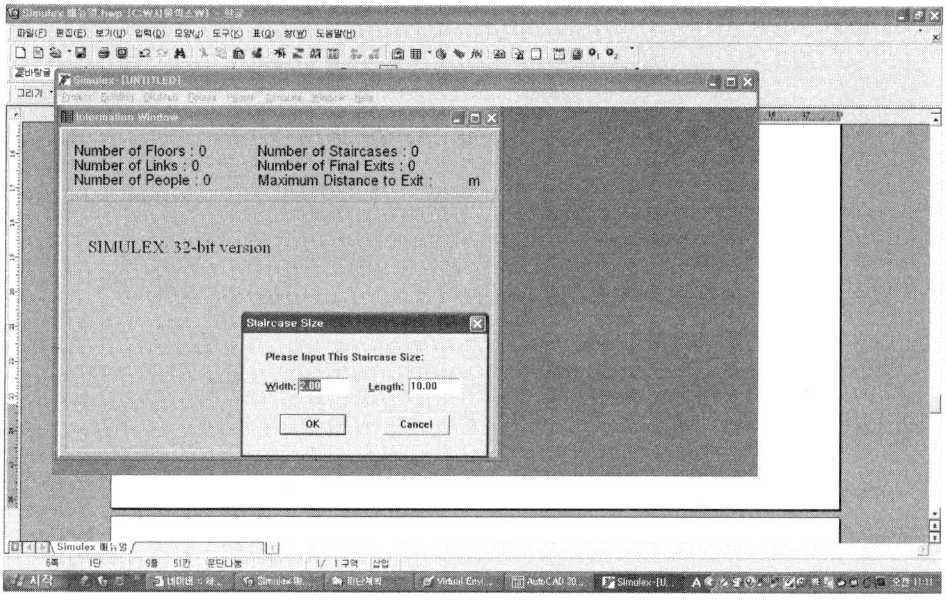

그림 12-16 계단의 치수 입력창

계단의 정보를 입력한 이후에는 각 층의 계단을 연결하는 Link작업을 수행한다. Link작업은 하향 피난의 경우, 해당 층에서 아래의 층으로 이동하는 것이므로 해당 층의 계단명을 선택하고, FLOOR에는 해당 층을 선택한다. 그리고 Door Name에는 Link명을 기록하고 Door Width에는 해당 폭을 측정, 기입한다.
처음 피난되는 층의 계단에는 Link가 한 개 성립되고 다음 층에는 다음 층에서 아래로 내려가는 계단에 대한 Link부분과 한 층 위에서 해당 층으로 내려오는 Link부분으로 두 개가 생성되어야 한다(즉 5층 건물의 경우, 5층에는 Link가 한개 생성되고, 4층에서는 2개의 Link가 생성되어야 한다).
이때 삭제되어야 하는 Link가 있는 경우는 작업 표시줄의 Building을 클릭하여 Delete Link를 선택한다.
계단 Link표시는 왼쪽 마우스를 소요되는 지점에 클릭하면 나타나고, 오른쪽 마우스 클릭한 상태에서 회전시킨다. 계단의 링크 표시의 의미는 피난자가 T자 위에 보이는 글자

(Link)를 통하여 계단(T)를 통과한다. 상부층에서 내려오는 피난자는 계단(T자)를 나와서 글자(문)를 나오게 된다. 계단실에서의 링크 표시는 링크 표시가 고정된다. 즉 T자 위의 글자가 계단실 내에서 서로 마주보고 있다.

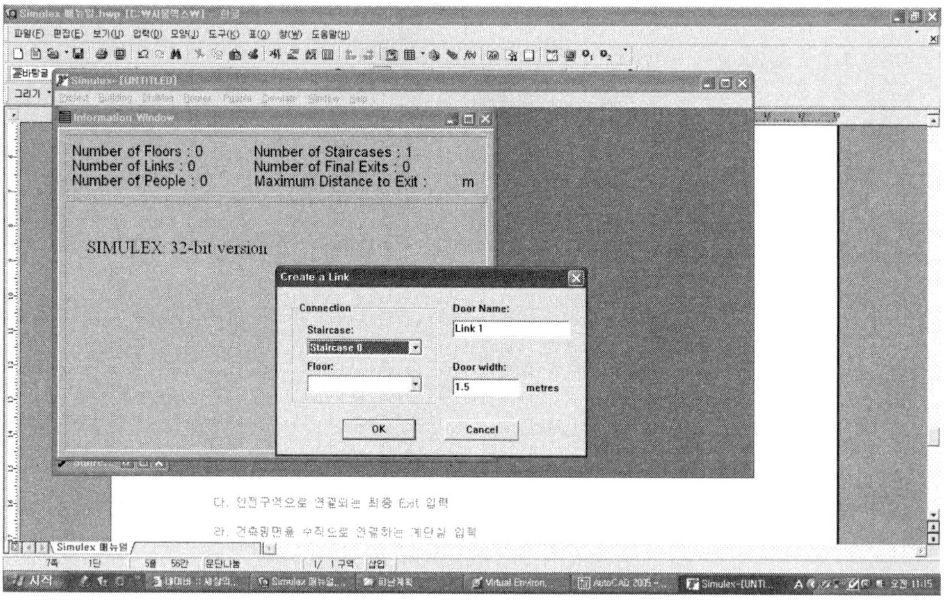

그림 12-17 Link작업

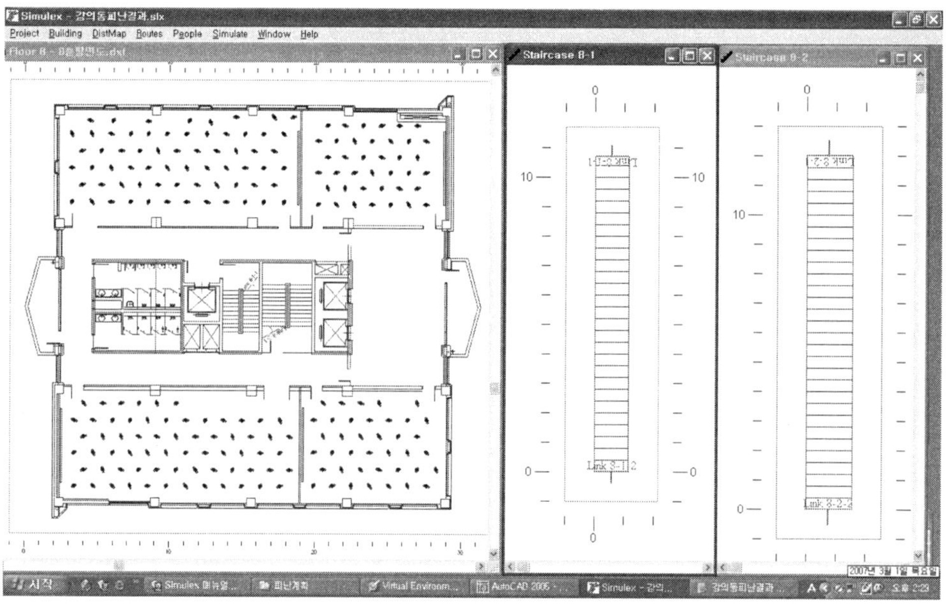

그림 12-18 계단Link와 계단생성완료(8층의 경우)

다음으로는 각 층 또는 해당 건축물의 피난 층으로 향하는 피난구를 설치한다. 이는 메뉴 표시줄의 Add exit를 클릭하여 설정한다.

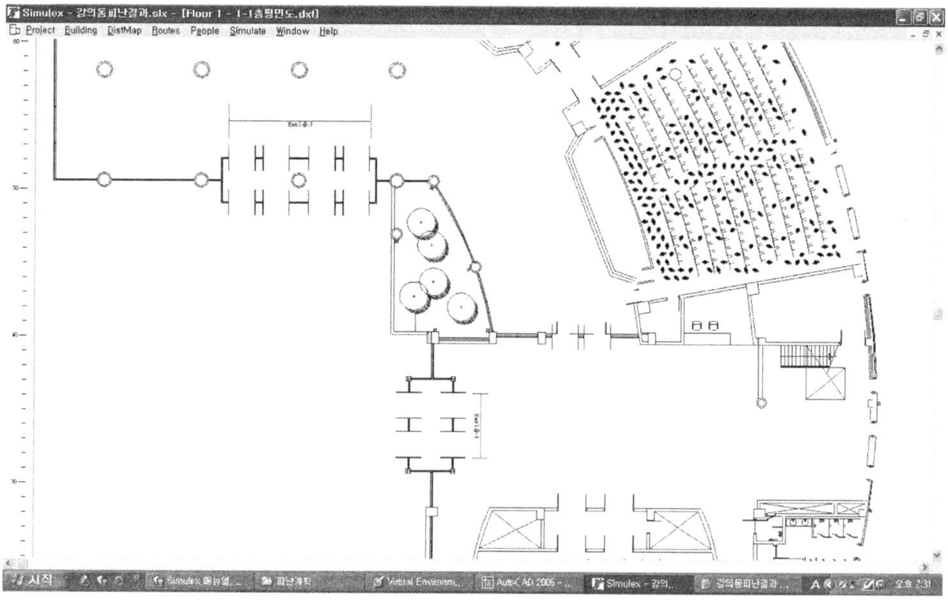

그림 12-19 Exit 설정

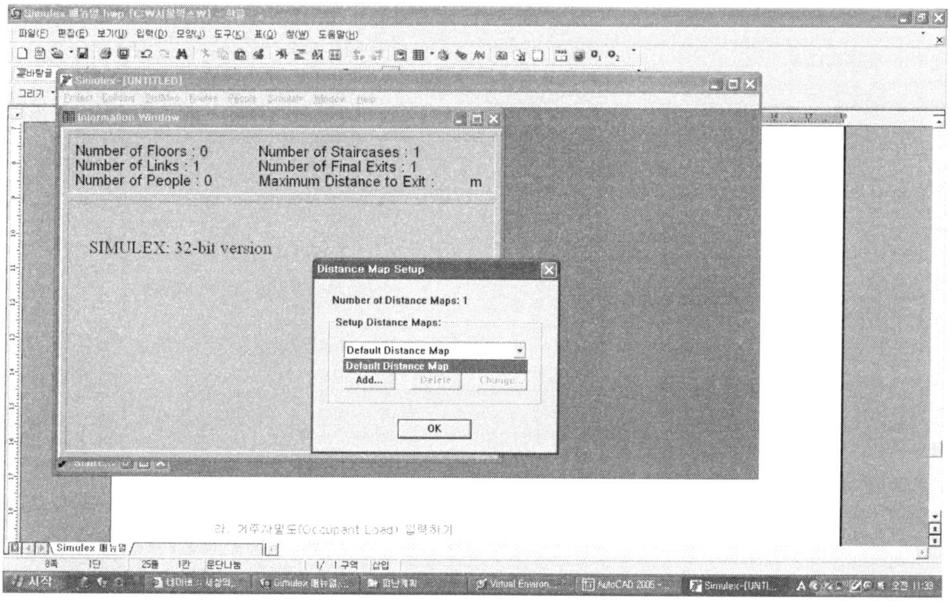

그림 12-20 Exit설정 완료

피난구 설치의 순서는 EXIT명을 입력하고, 위치를 선택하며 EXIT의 폭을 측정한 후 기입한다. 1층의 회전문과 같이 출구가 여러 개가 동시에 놓인 경우는 각각의 EXIT보다는 한 개의 EXIT로 설정한다. EXIT의 표시는 글자가 있는 곳으로 피난자가 대피하는 방향이 된다.

EXIT를 삭제할 경우에는 메뉴 표시줄의 Building 메뉴 하단부의 Delete Exit로 삭제한다.

4) Distance map 작성

건축물의 각 층에서 피난층까지의 최단거리를 측정하기 위하여 시뮬렉스는 DXF파일에 0.2m×0.2m 크기의 공간 메쉬(mesh)를 자동으로 생성한다. 공간의 모든 점을 이용하여 피난구까지의 거리를 자동 계산하여 Distance Map을 생성한다. Distance Map에서 무지개 색깔로 표현된 구간은 피난이 가능한 공간이며, 회색 등으로 표현된 공간은 피난을 할 수 없는 공간으로 설정된 것이다.

메뉴 표시줄에서 Distmap을 클릭하면 Distance Map을 설정할 수 있다. 디폴트로 설정된 것은 각 층에서 피난구까지 대피하는 경우가 설정되어있다. 따라서 설계자가 의도하는 시나리오에 따라서 피난경로를 지정할 경우에는 팝업(pop up) 창의 Add버튼을 클릭하여 새로운 Distance Map을 생성시킨다(그림 12-22).

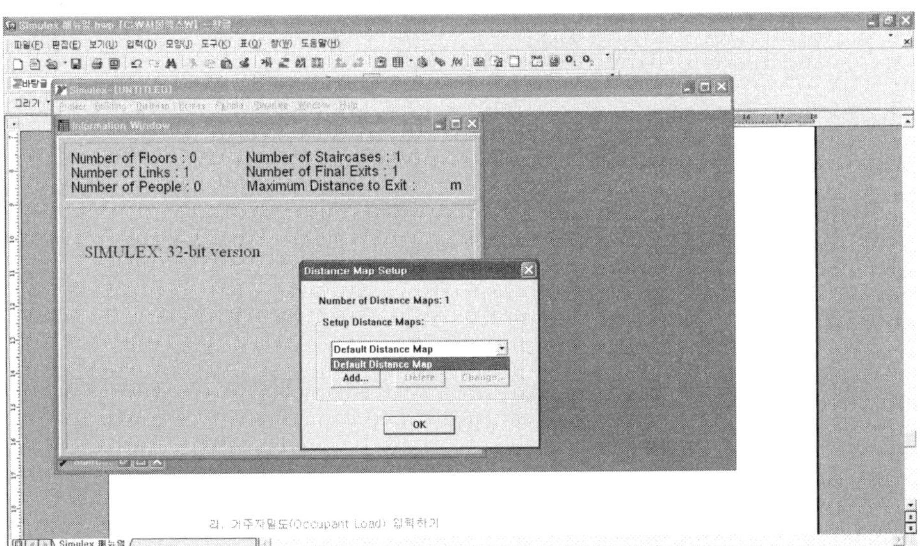

그림 12-21 Distance Map 입력창

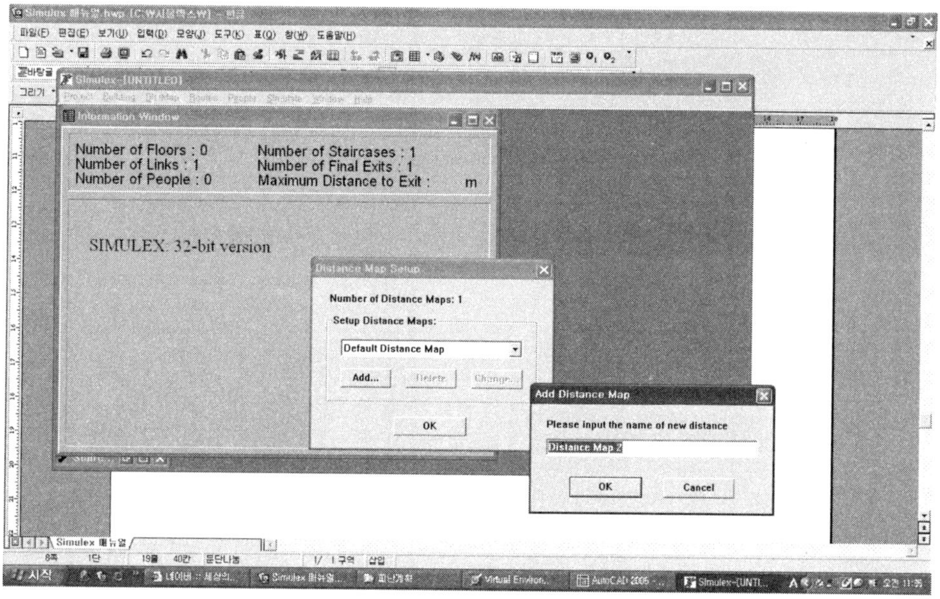

그림 12-22 새로운 Distance Map 추가

필요한 경우에는 각 Distance Map에 Change버튼을 클릭함으로써 Link와 Exit를 변경할 수 있다.

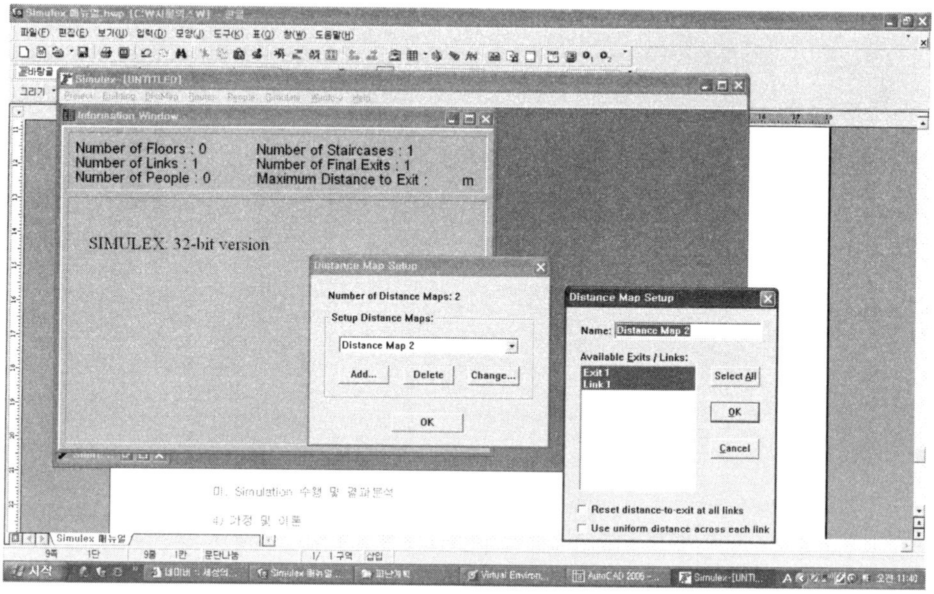

그림 12-23 Distance Map 속성 변경

Distance Map설정이 완료되면 피난경로의 계산을 위하여 경로계산을 실행한다. 본 과정을 완료하면 메뉴 표시줄의 Routes, People, Calculate 메뉴가 활성화된다(그림 12-24). Distance Map을 표시하려면 메뉴 표시줄의 DistMap의 Display버튼을 클릭 한다(그림 12-25).

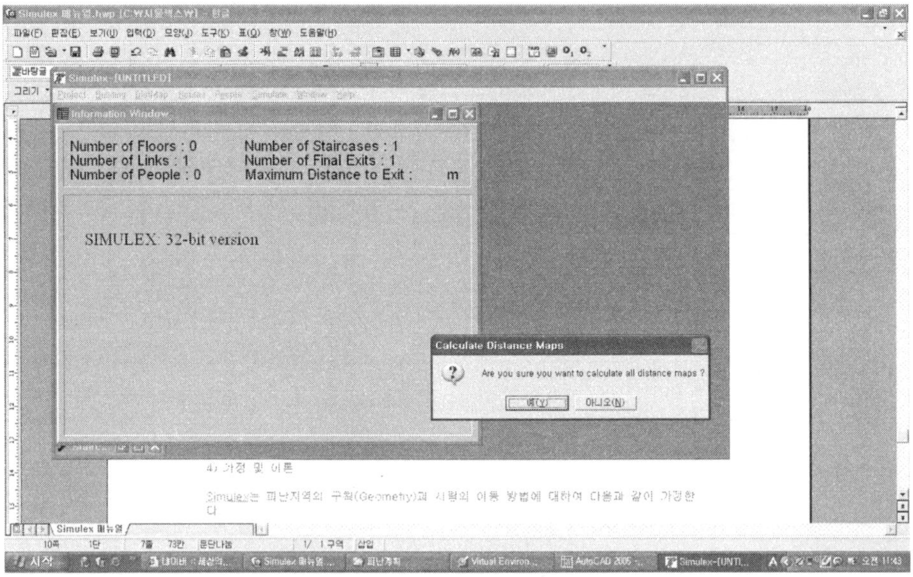

그림 12-24 경로 계산

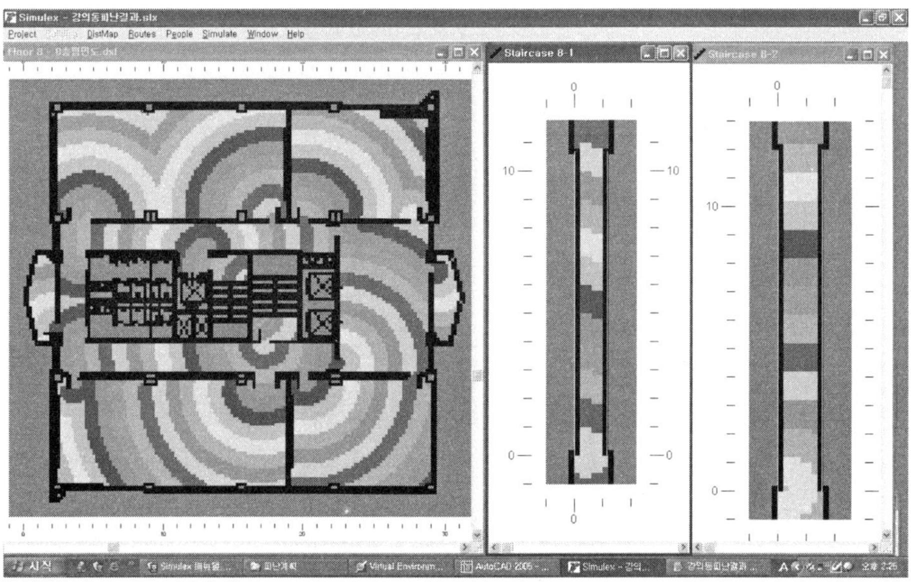

그림 12-25 Distance Map 사례

5) 거주자 밀도(Occupant Load) 입력하기

거주자 밀도는 설계자가 인식하고 있는 정보에 따라서 산정하게 된다. 즉 건축물의 용도와 면적 등에 따라서 소방시설 설치 유지 및 안전관리에 관한 법률 시행령 별표 3의 수용인원의 산정방법과 미국의 NFPA, IBC 등의 규준 그리고 일본의 사례 등을 참조하여 설정된다. 거주자 밀도 입력방법은 메뉴 표시줄의 PEOPLE을 클릭하면 가능하다. PEOPLE 메뉴에는 Single person과 Group people이 있다. Single은 왼쪽 마우스를 클릭함으로써 필요한 공간에 거주자를 배치하는 방법이고, Group은 마우스에 의한 점으로 형성된 공간에 의해서 필요한 정보가 입력되는 방법이다.

PEOPLE메뉴의 하단부에 위치된 Characteristic은 거주자의 특성을 정의하는 기능이다. Psychological은 피난 시뮬레이션을 하고자 하는 Distance map을 설정한다.

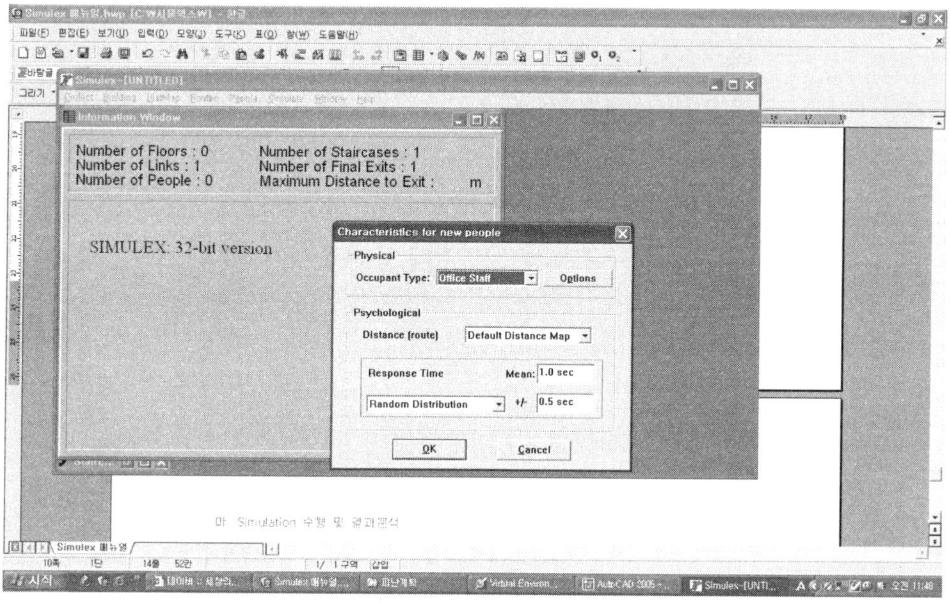

그림 12-26 거주자 특성 입력창

6) 시뮬레이션 수행 및 결과분석

이상과 같은 과정으로 모든 필요한 정보가 입력되면 메뉴 표시줄의 Simulate 버튼을 클릭한 후 Begin을 수행한다. 그러면 입력된 정보에 따라 거주자가 피난을 개시하게 되며, 평면과 계단을 통하여 피난층으로 이동하는 것이 포스트(post)화면으로 출력된다.

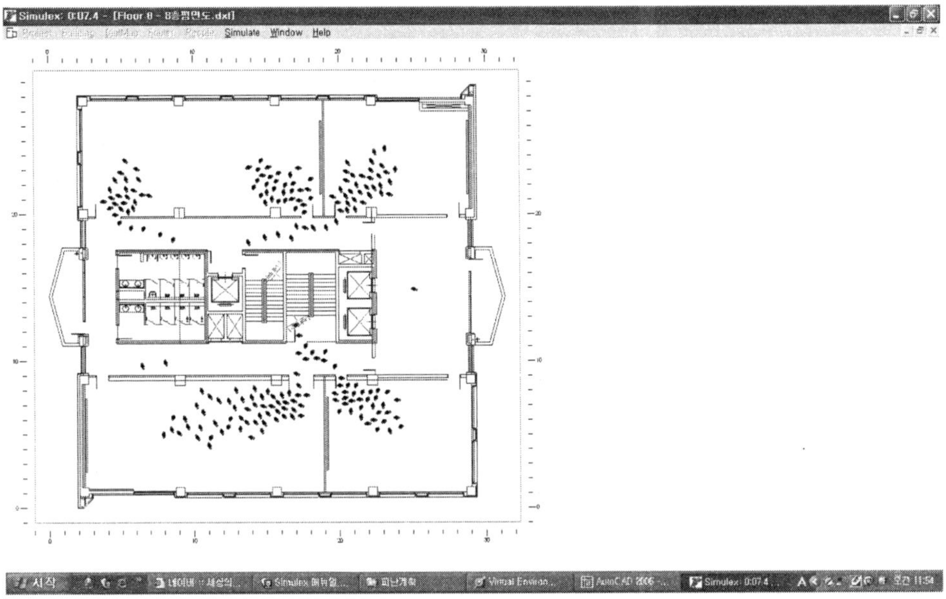

그림 12-27 Playback실행

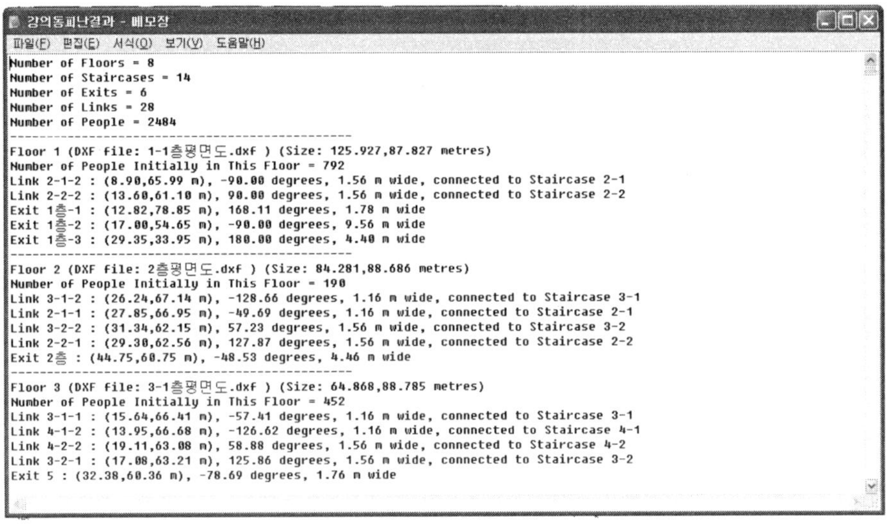

```
Number of Floors = 8
Number of Staircases = 14
Number of Exits = 6
Number of Links = 28
Number of People = 2484
-----------------------------------------------
Floor 1 (DXF file: 1-1층평면도.dxf ) (Size: 125.927,87.827 metres)
Number of People Initially in This Floor = 792
Link 2-1-2 : (8.90,65.99 m), -90.00 degrees, 1.56 m wide, connected to Staircase 2-1
Link 2-2-2 : (13.60,61.10 m), 90.00 degrees, 1.56 m wide, connected to Staircase 2-2
Exit 1층-1 : (12.82,78.85 m), 168.11 degrees, 1.78 m wide
Exit 1층-2 : (17.00,54.65 m), -90.00 degrees, 9.56 m wide
Exit 1층-3 : (29.35,33.95 m), 180.00 degrees, 4.40 m wide
-----------------------------------------------
Floor 2 (DXF file: 2층평면도.dxf ) (Size: 84.281,88.686 metres)
Number of People Initially in This Floor = 190
Link 3-1-2 : (26.24,67.14 m), -128.66 degrees, 1.16 m wide, connected to Staircase 3-1
Link 2-1-1 : (27.85,66.95 m), -49.69 degrees, 1.16 m wide, connected to Staircase 2-1
Link 3-2-2 : (31.34,62.15 m), 57.23 degrees, 1.56 m wide, connected to Staircase 3-2
Link 2-2-1 : (29.30,62.56 m), 127.87 degrees, 1.56 m wide, connected to Staircase 2-2
Exit 2층 : (44.75,60.75 m), -48.53 degrees, 4.46 m wide
-----------------------------------------------
Floor 3 (DXF file: 3-1층평면도.dxf ) (Size: 64.868,88.785 metres)
Number of People Initially in This Floor = 452
Link 3-1-1 : (15.64,66.41 m), -57.41 degrees, 1.16 m wide, connected to Staircase 3-1
Link 4-1-2 : (13.95,66.68 m), -126.62 degrees, 1.16 m wide, connected to Staircase 4-1
Link 4-2-2 : (19.11,63.08 m), 58.88 degrees, 1.56 m wide, connected to Staircase 4-2
Link 3-2-1 : (17.08,63.21 m), 125.86 degrees, 1.56 m wide, connected to Staircase 3-2
Exit 5 : (32.38,60.36 m), -78.69 degrees, 1.76 m wide
```

그림 12-28 결과물 출력

3. Simulex이용 피난 시뮬레이션 사례

1) 시뮬레이션 개요

① 목적

8층 규모의 종합 강의동 전관 피난 시의 학생 및 이용자의 피난시간 계산

② 피난개시시간

전체 재실자가 동시에 화재 등의 위기상황을 인식하고 동시 피난실시

③ 피난층

재실자가 건물 외부의 안전한 공간으로 대피할 수 있는 층(3층, 2층 및 1층)

④ 계산 프로그램

Simulex 11.1.3이용

⑤ 남자 60%, 여자 40%

⑥ 피난속도

복도 → 남자 1.5m/s, 여자 1.2m/s
계단 → 복도의 50%

2) 재실자 인원 산정

소방시설 설치 유지 및 안전관리에 관한 법률 시행령의 수용인원의 산정방법에 따랐으며, 강의실 및 일반용도 실은 당해 용도로 사용되는 바닥면적의 합계를 1.9m^2로 나누어 산정하고, 회의실은 좌석수로 산정하였다.

3) 각 층별 재실자 현황

표 12-4 재실자 현황

층수	용도															인원
	강의1	강의2	강의3	세미1	세미2	세미3	세미4	세미5	세미6	세미7	관리	당직	국제회의	교수대기	화상	
1	126/66	/197	/197	-	-	-	-	-	-	-	39/6	16/2	/324	-	-	792
2	126/66	92/57	92/57	-	-	-	-	-	-	-	-	-	-	53/10	-	190
3	126/66	126/66	-	87/45	89/46	89/46	89/46	89/46	89/46	89/46	-	-	-	-	82/43	452
4	126/66	126/66	-	75/39	75/39	-	-	-	-	-	-	-	-	-	-	212
5	126/66	126/66	-	75/39	75/39	-	-	-	-	-	-	-	-	-	-	210
6	126/66	126/66	-	75/39	75/39	-	-	-	-	-	-	-	-	-	-	210
7	126/66	126/66	-	75/39	75/39	-	-	-	-	-	-	-	-	-	-	210
8	126/66	126/66	-	75/39	75/39	-	-	-	-	-	-	-	-	-	-	210
합계																2,486

주) A/B – A : 면적(m^2), B : 인원수

4) 피난 계산 결과

층	피난완료시간	비고	층	피난완료시간	비고
1	3분 49초	피난층	5	8분 02초	
2	1분 17초	피난층	6	6분 35초	
3	18분 04초	피난층	7	7분 10초	
4	7분 06초		8	4분 46초	

5) 전관 피난완료시간

- 18분 04초

6) 각 층 평면도

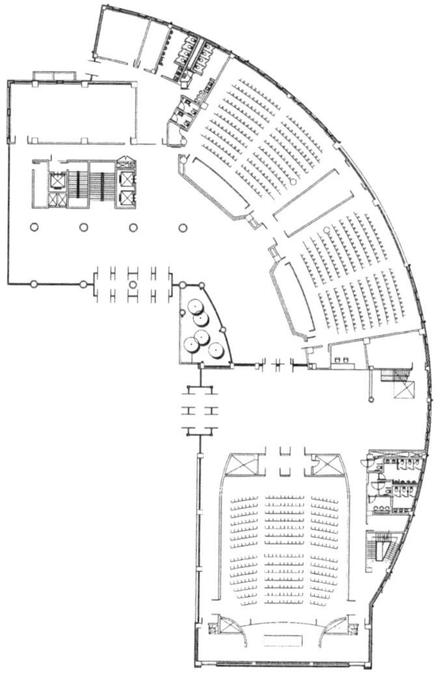

1층 평면도

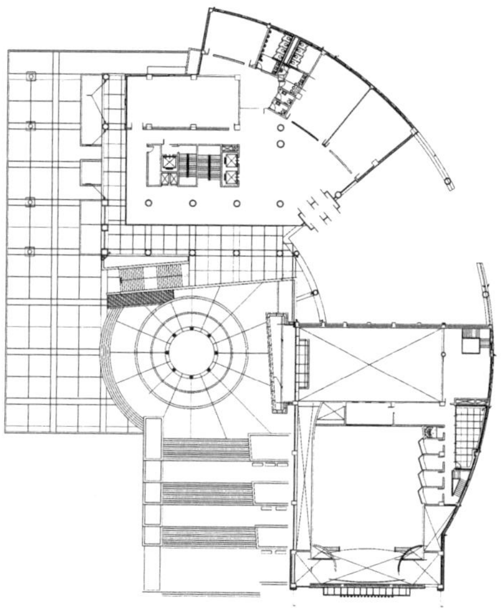

2층 평면도

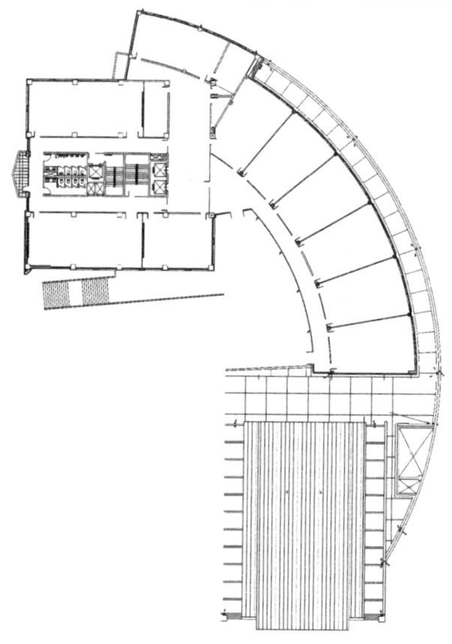

3층 평면도

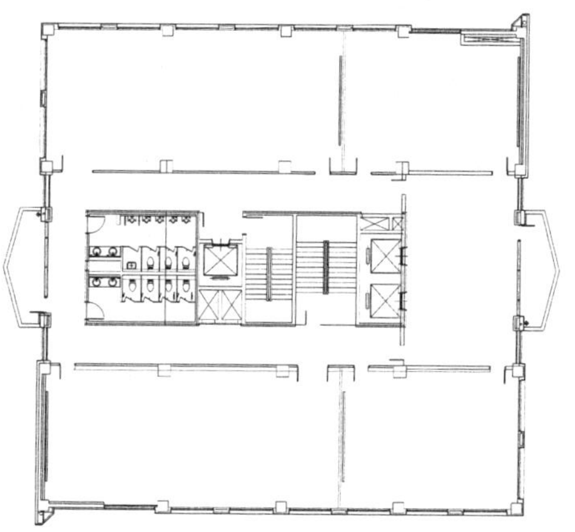

4~8층 평면도

7) Distance Map

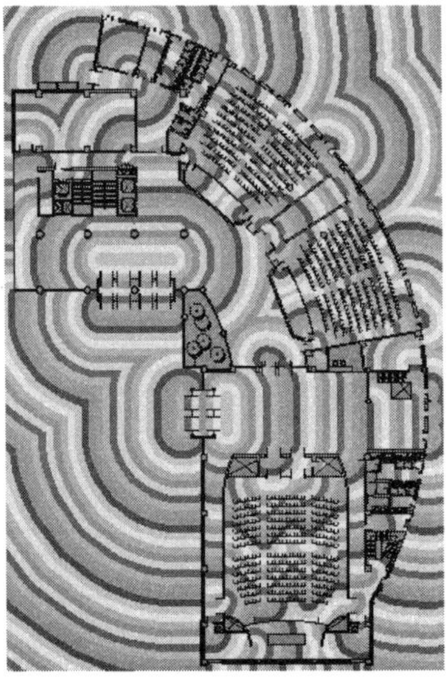

1층

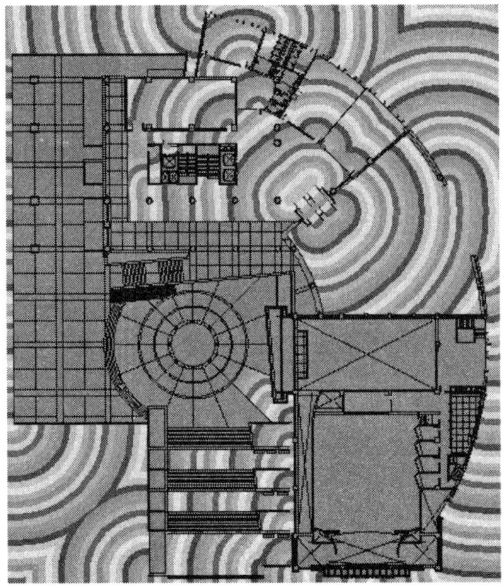

2층

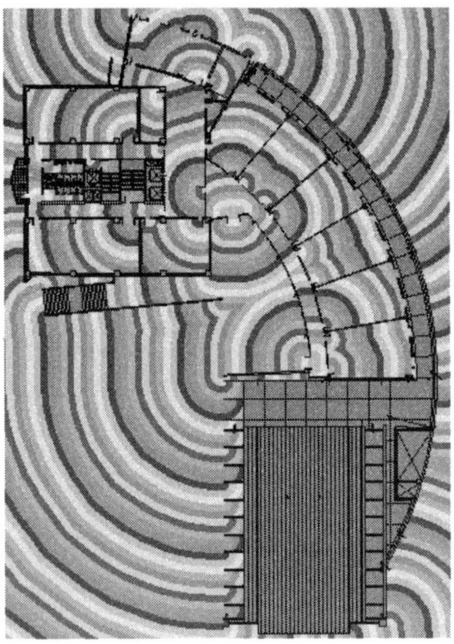

3층

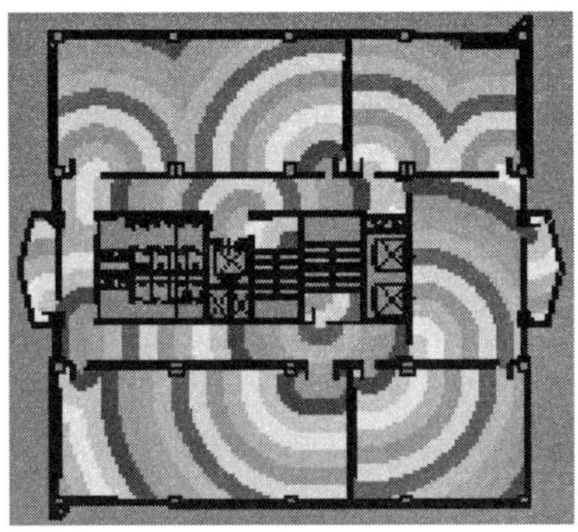

4~8층

8) 피난 과정

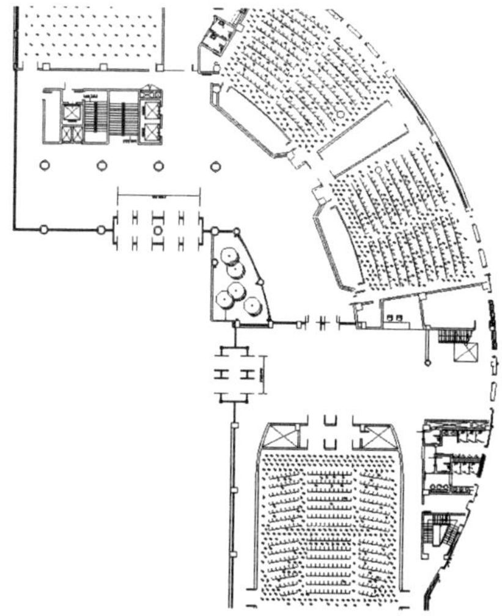

피난개시전(1층)

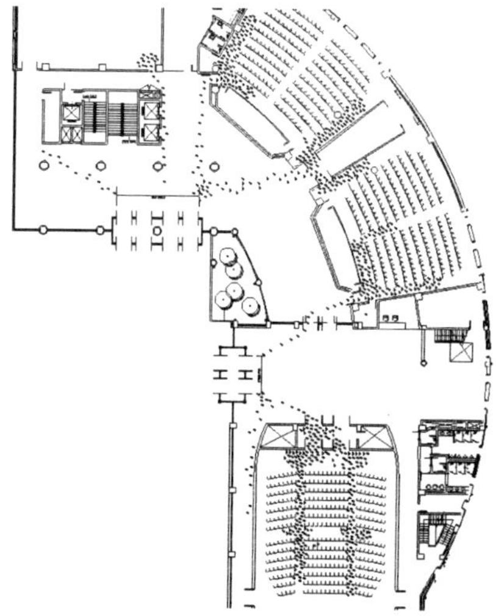

30초 경과(1층)

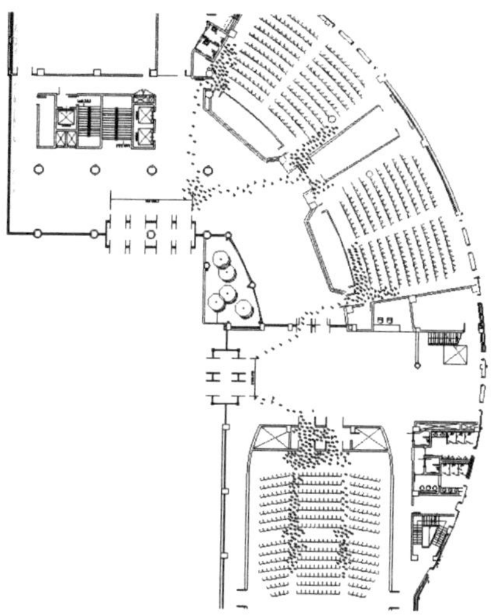

1분 경과(1층)

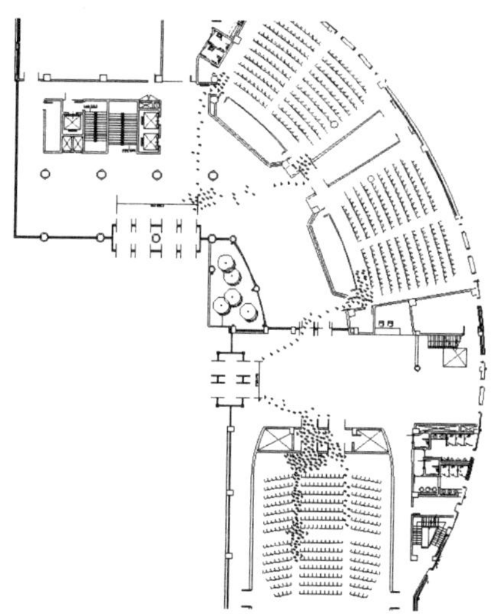

1분 30초 경과(1층)

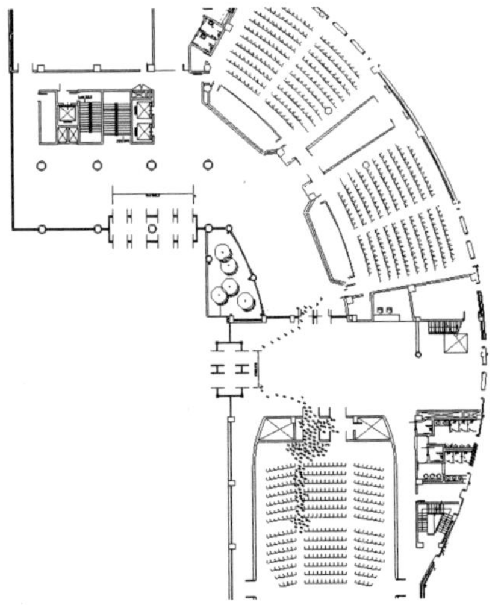

2분 경과(1층)

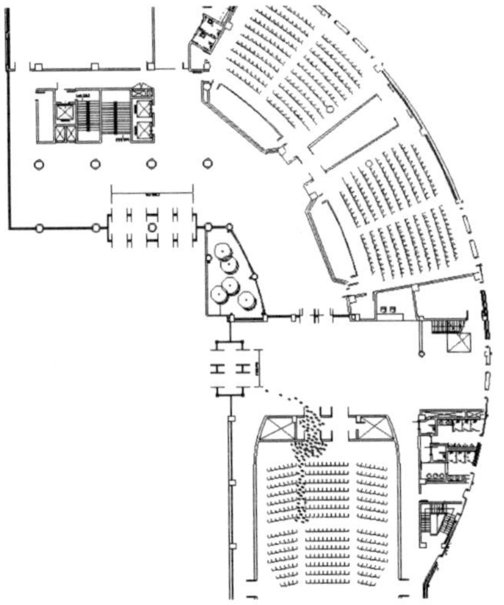

2분 30초 경과(1층)

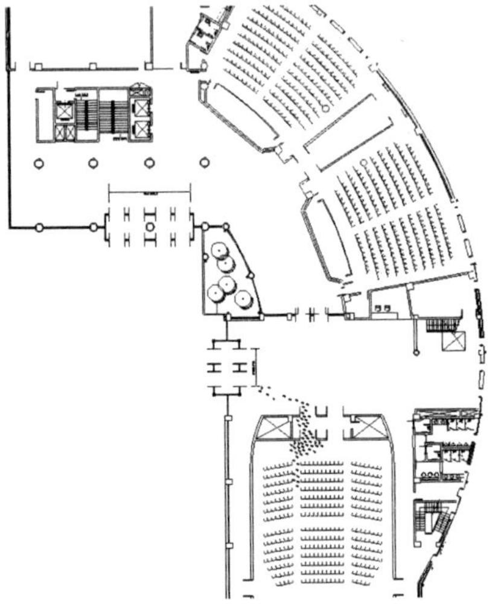

3분 경과(1층)

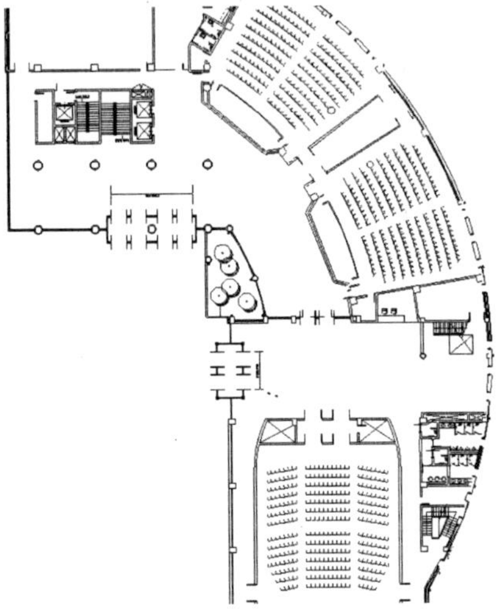

3분 49초 경과(1층)

부록

박스 강재 기둥을 이용한
아바쿠스 연습

박스 강재 기둥을 이용한 아바쿠스 연습

Practice of Abaqus using a Solid Box Steel Column
(Mesh, Deflection, Stress, History of deflection)

1. 시작하기

시작 프로그램이나, Abaqus프로그램이 설치된 폴드에서 Abaqus.cae를 클릭하여 메인 화면(그림 1)으로 이동한다. 필요 시에는 work directory를 따로 만들어서 파일을 관리한다. Abaqus의 주요 파일은 cae파일로 만들어지고, 결과 파일은 odb파일로 만들어진다.

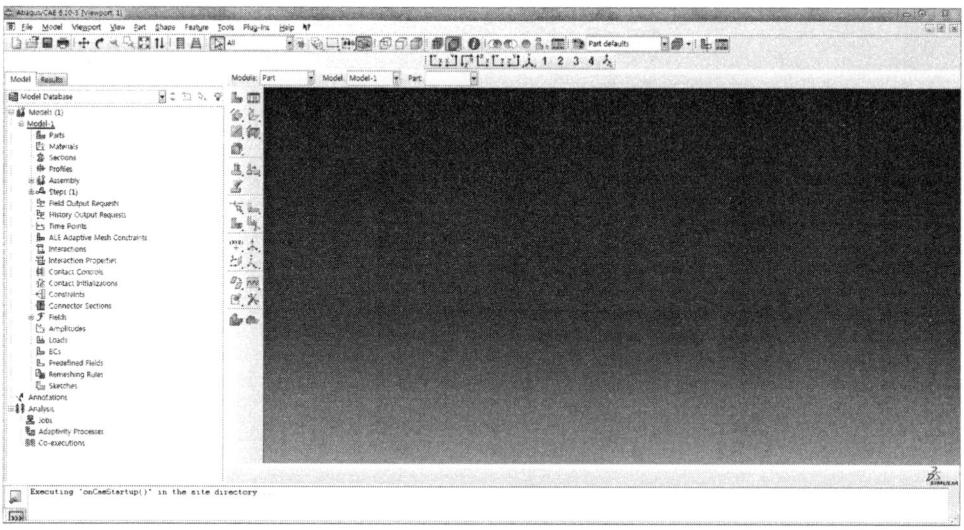

그림 1 메인 화면

2. 열응력 해석

열응력해석을 위해서는 먼저 온도변화에 따른 부재의 온도를 해석하고, 그 결과를 응력해석에 이용한다. 따라서 온도해석(Heat transfer)을 먼저 수행한다.

1) Heat transfer

(1) 단면 만들기(Modelling)

① Part를 생성하기 위하여 Tree menu에서 part를 double click하거나 오른쪽 마우스를 눌러 create part를 생성한다(그림 2).

② Approximate size는 Viewport에서 원하는 단면을 포함될 수 있는 크기로 설정한다.

③ Extrusion은 원하는 길이를 만들 때 사용한다.

④ 임의 박스형태를 만들고, 각 선분의 끝점을 이용하여 길이를 입력한다.

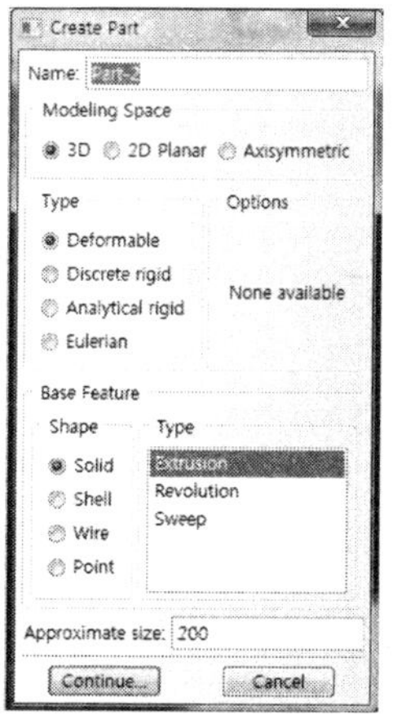

그림 2 part설정

(2) 재료특성입력

① 금속 또는 콘크리트의 각종 기계적 특성과 열적 특성 등을 입력한다.

② 비중, 탄성계수, 팽창계수, 비열 등

③ 온도와 시간에 따른 함수인 경우는 Use temperature dependent를 클릭한다.

④ 대량의 Database는 엑셀 등으로부터 copy해서 입력이 가능하다.

⑤ Tree menu에서 Materials을 double click 하거나 오른쪽 마우스를 이용하여 Edit Material을 생성한다(그림 3)

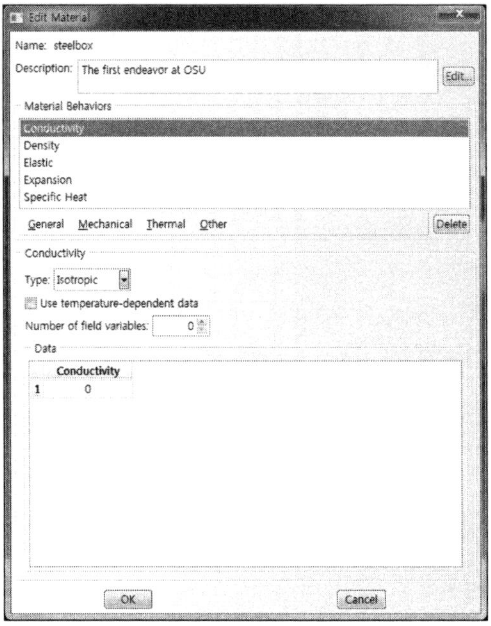

그림 3 Edit materials

(3) 단면 만들기

위에서 만든 재료 특성을 가진 Section을 만들고 이 Section을 Model(기둥)에 할당시킨다. Main menu의 Assign에서 section을 선택한 후 model체 클릭 후 OK하면 Model의 색깔이 green으로 바뀐다.

(4) Model 조합하기

본 해석은 part-1이라는 instant 한 개만으로 되어있으며, Module을 Assembly로 설정함으로써, Main menu의 내용을 변경한다.

① Main menu에서 Instant를 선택(create)

- Instant type

dependent(mesh on part) : 이것을 사용한다.

independent(mesh on instant)

(5) 해석 구성하기(Configuring the analysis)

작용하중에 의한 기둥부재의 거동에 관한 해석이므로(정적해석)

① 경계조건을 설정하고

② 부재에 작용하중을 설정한다.

[정적해석을 위한 단계]

① Module을 STEP으로 변경한다.

② Main menu 또는 아이콘으로 Create를 선택한다.

③ Heat transfer를 선택함(그림 4).

④ Basic에서 Time period(10800초)를 선택(그림 5)

⑤ Incrementation에서 다음 그림 6과 같이 설정한다.

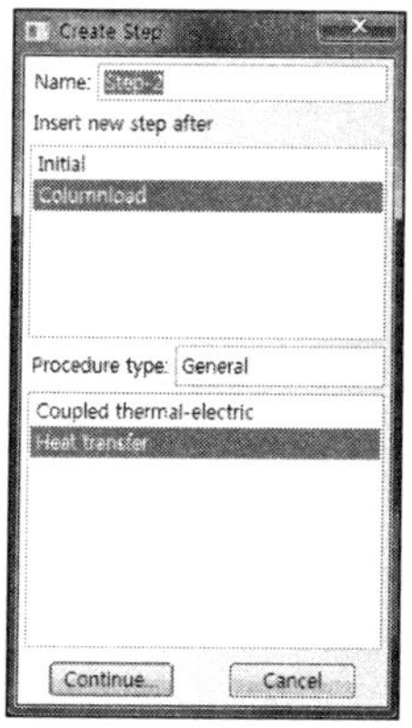

그림 4 Create step

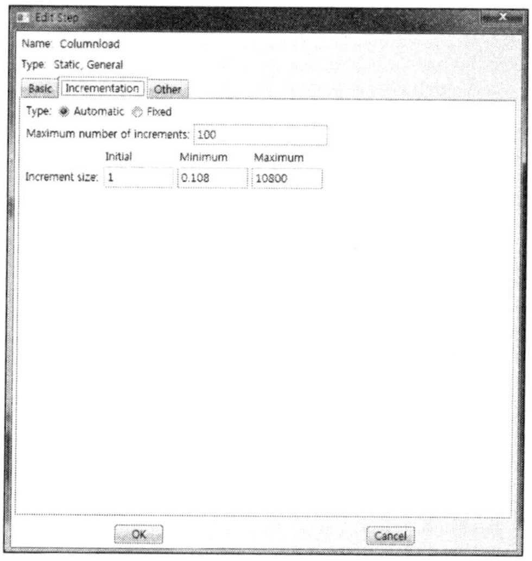

그림 5 Edit step(basic)

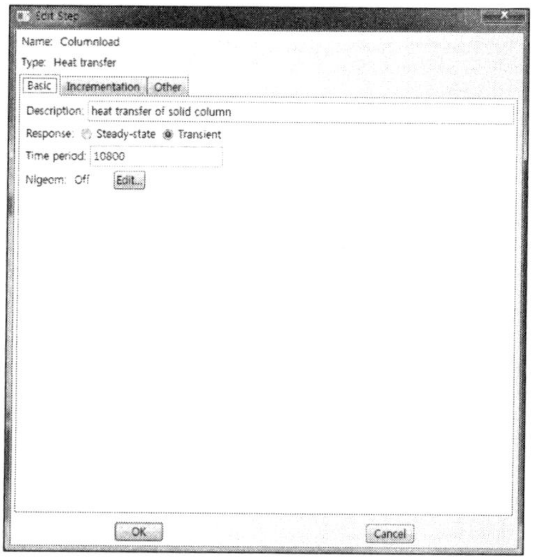

그림 6 Edit step(incrementation)

a. Surface film condition부여하기

① Interactions클릭하여 Create interaction형성하고 surface film condition선택한다(그림 7).

② 이후에 원하는 표면을 선정한다. 원하는 표면이란 화재에 노출되는 표면을 의미하며, 전체 기둥의 표면을 각각 클릭하여 선정한다. 그리고 선택된 표면의 film coefficient(50 W/m^{2}s℃)를 선택하고, sink temperature를 Amp 1(Amplitude)을 선택한다. Amplitude는 시간변화에 의한 온도값(표준온도 가열곡선)을 가지는 것을 표현한 것을 의미한다(그림 8).

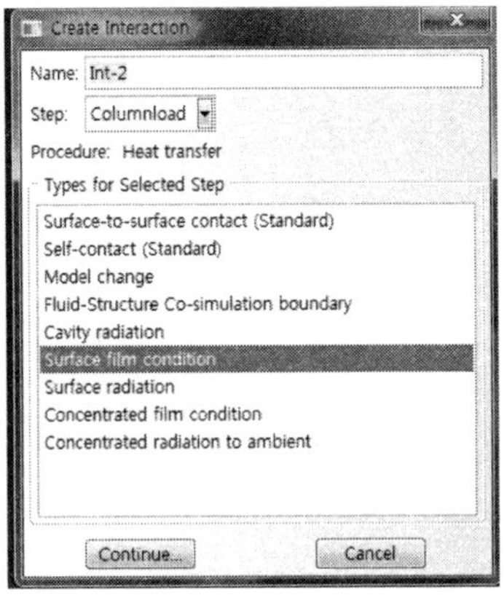

그림 7 Create interaction

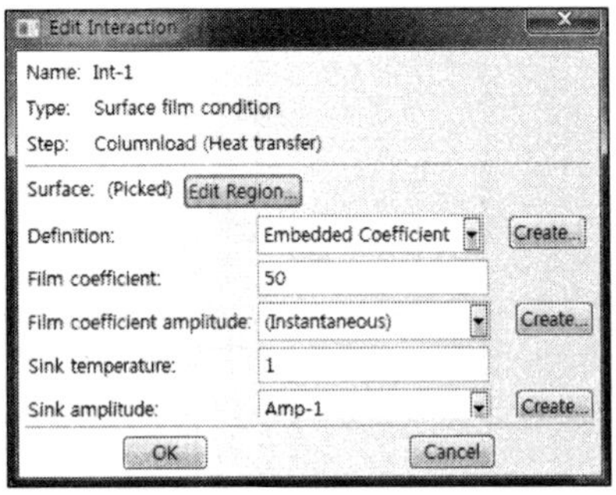

그림 8 Edit interaction

b. 기둥표면의 온도가 외부 온도의 변화에 따라 좌우되므로 온도이력의 입력이 필요하다.

① Amplitude를 클릭하고, 입력 형태를 Tabular로 선택한다(그림 9).

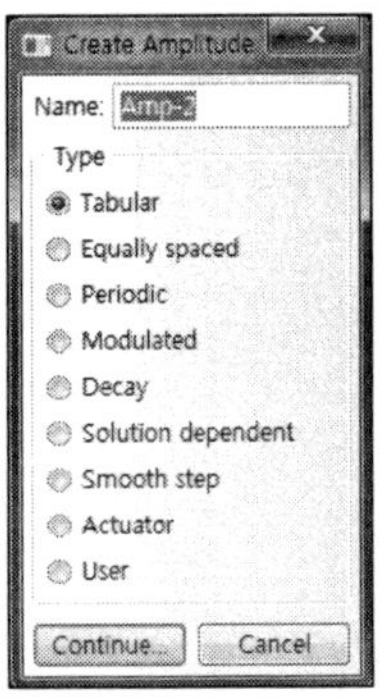

그림 9 Create amplitude

② 표준온도 가열곡선의 값을 시간(초)과 온도(℃)로 나타내어 입력한다. 이때 엑셀에서 345Log(8t+1)+20을 계산하여 블록이동하면 편리하게 입력할 수 있다(그림 10).

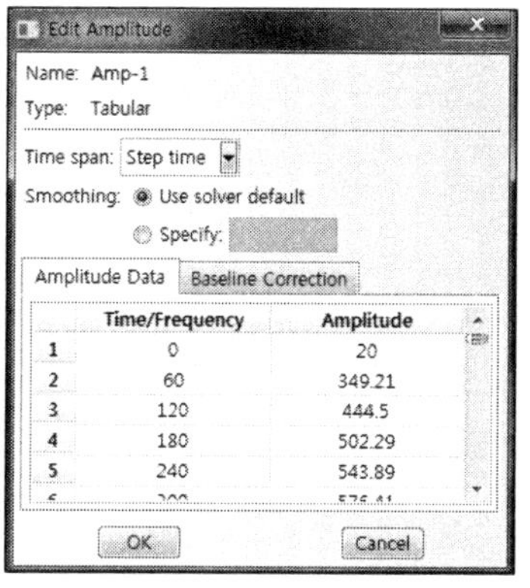

그림 10 Edit amplitude

c. 초기조건

① Predefined fields를 클릭한다.

② Create predefined field를 형성하여 initial step에서 other과 temperature를 선택한다(그림 11)

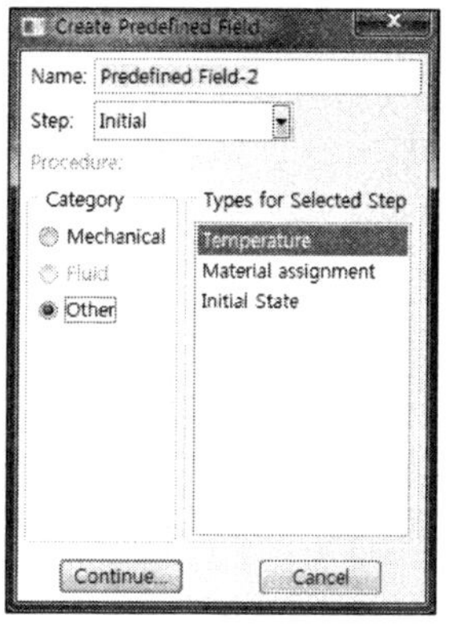

그림 11 Create predefined field

③ 강재기둥의 초기 온도상태를 정의하는 것이므로 강재 표면을 각각 선택한 후, 그림 12와 같이 20℃를 입력한다.

그림 12 Edit predefined field

(6) 열해석(Thermal analysis)

① Module을 Job으로 설정하고, job-title을 부여한다(그림 13).

② 열 해석의 결과는 향후 stress해석에 이용된다.

③ 따라서 정확한 결과 도출을 위하여 Edit job의 precision에서 full을 선택한다(그림 14).

④ 이후 저장을 하고,

⑤ Job manager에서 Submit을 수행한다(그림 15).

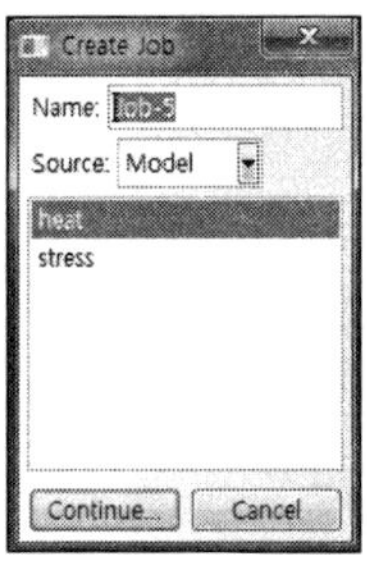

그림 13 Create job

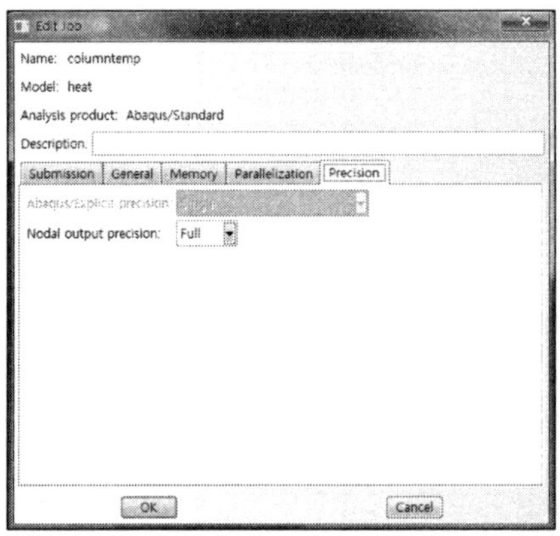

그림 14 Edit job

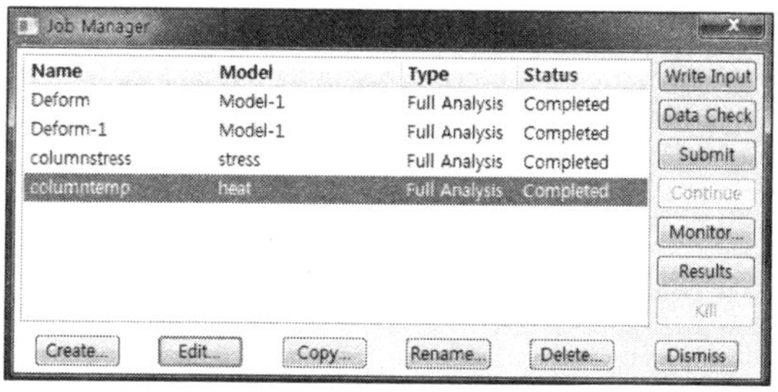

그림 15 Job manger

(7) 후처리(Postprocessing)

Job manager에서 Results를 클릭(그림 16)하면 온도해석의 결과가 contour형식으로 나타난다(그림 16).

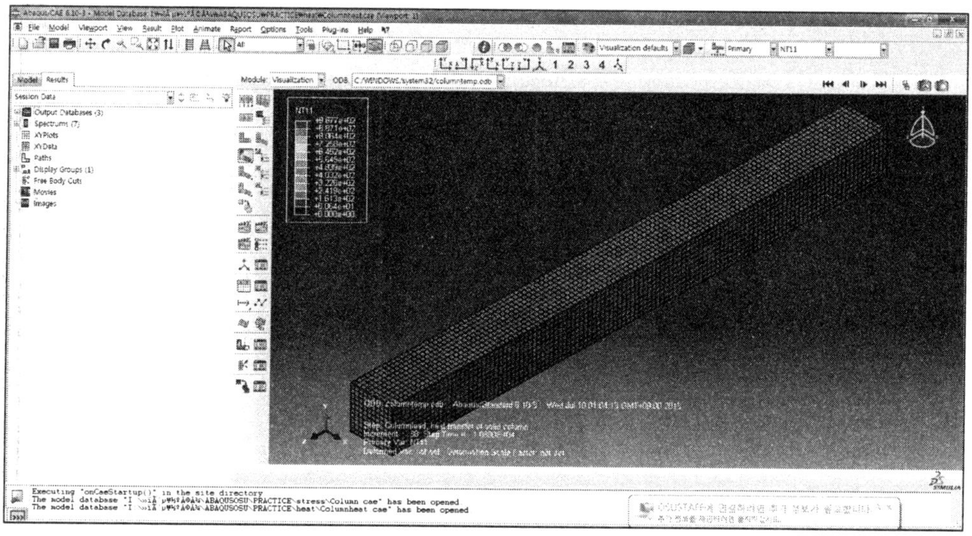

그림 16 Thermal analysis결과

[참고]

a. 결과창에서 주석과 기타 부기물을 지우는 방법

① Main menu의 Viewport클릭.

② Edit annotation options 클릭(그림 17).

③ Visibility에서 원하지 않는 것을 선택하여 삭제한다.

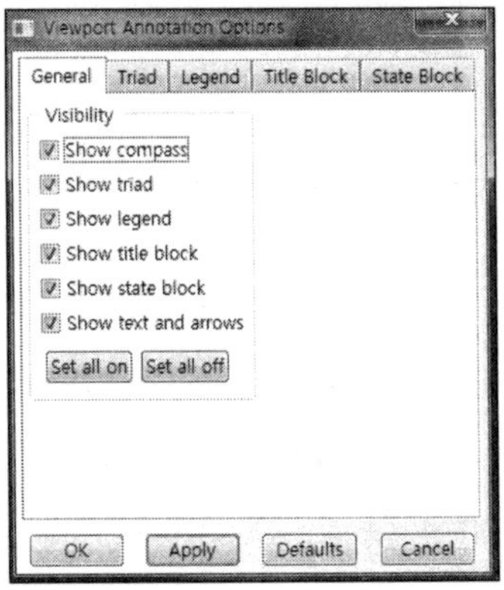

그림 17 Viewport annotation options

b. 원하는 절점에서의 온도이력 확인하기

① Model tree에서 XY date선택하여 Create XY Data형성.

② ODB field output을 선택하여 진행한다(그림 18).

③ Variables(position)에서 Unique nodal을 선택하고 NT 11에 Tick한다(그림 19).

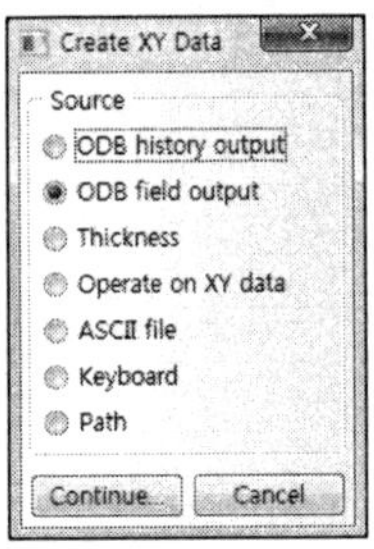

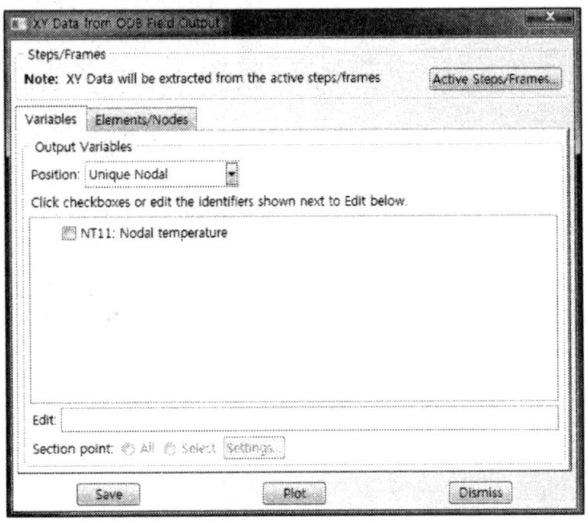

그림 18 Create XY Data

그림 19 XY Data from ODB Field Output(Variables)

④ Elements/Nodes에서 Pick from viewport를 선택한다(그림 20).

⑤ 이후 viewport에서 원하는 node를 선택한다.

⑥ 이후 plot을 클릭하여 그림을 형성시킨다(그림 21).

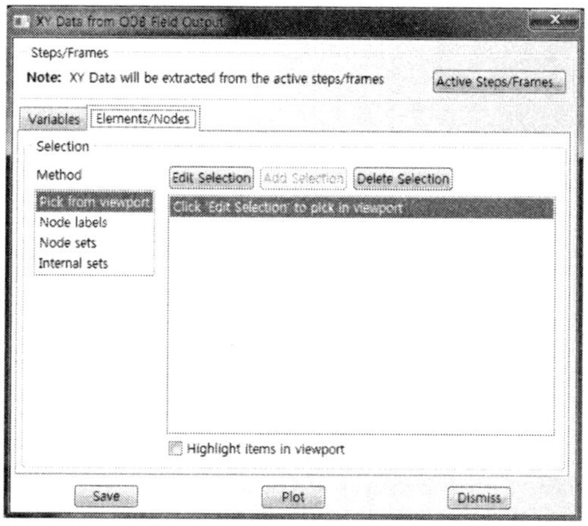

그림 20 XY Data from ODB Field Output(Elements/Nodes)

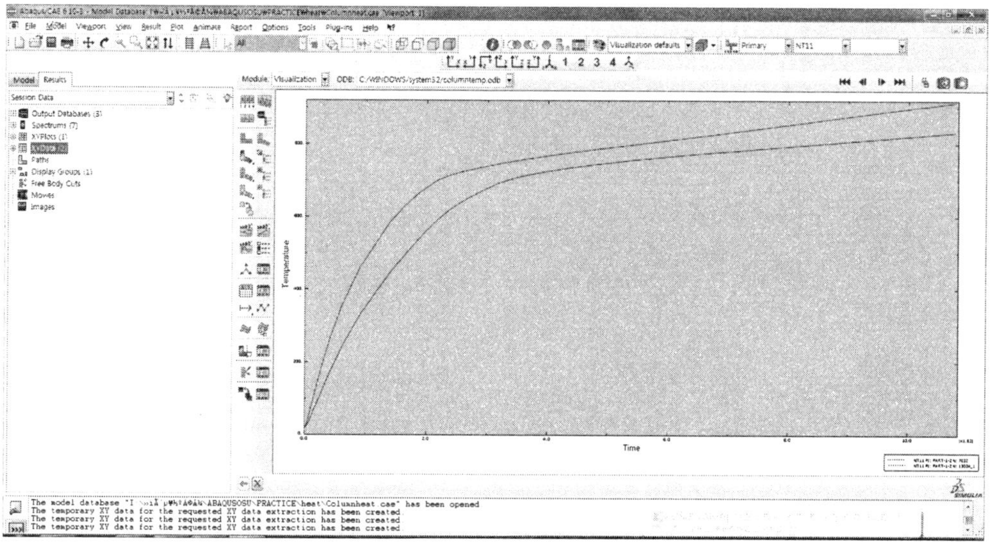

그림 21 임의 두 점에서의 온도이력 그래프

⑦ 그래프의 좌표값을 copy한 다음 다른 그림 도구를 이용할 수도 있다(그림 22).

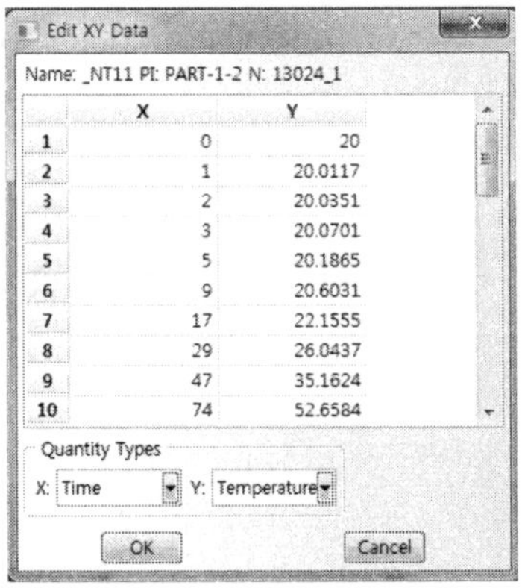

그림 22 Edit XY Data

3. 응력 해석(Stress analysis)

Stress해석은 부가하중 및 Thermal 해석 결과의 Step으로 진행된다. 따라서 Thermal에 해당된 model을 Copy하고, 이름을 Stress라고 칭한다(그림 23).

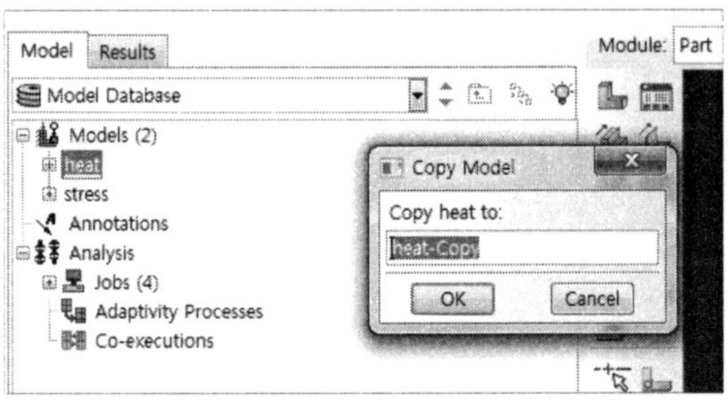

그림 23 Copy model

1) Step변경

① Thermal analysis에서 사용된 Heat transfer를 Static, General로 변경한다.

② Module을 step으로 변경하고,

③ Step manager를 형성한 후 Replace를 선택하고 Static, General로 선정함(그림 24).

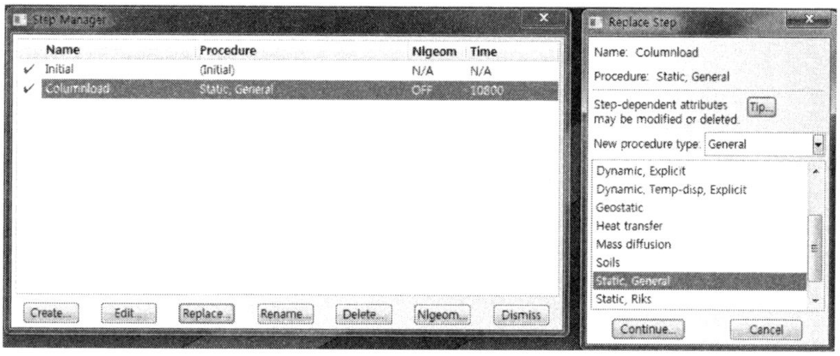

그림 24 Step manager(Replace step)

2) Step신설

이후 구조해석을 위한 Step을 신설하여, Time period 1(그림 25) 그리고 Increment는 다음 그림 26과 같이 입력한다.

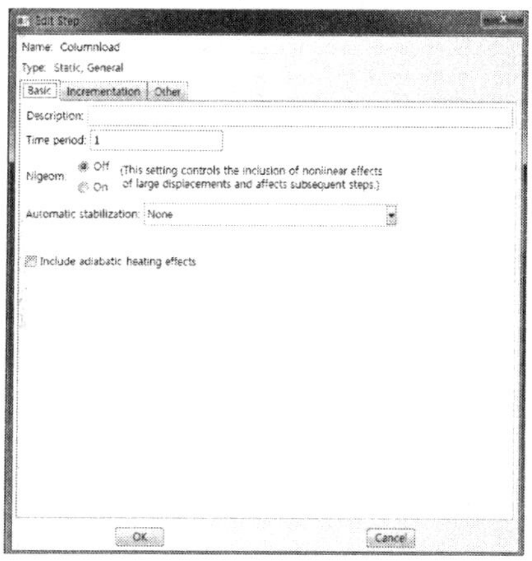

그림 25 Edit step(Basic)

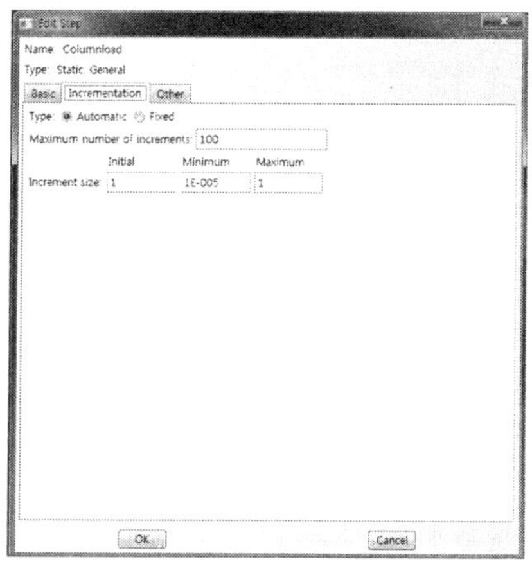

그림 26 Edit step(Increment)

3) 작용하중 재하

① Module을 Load로 변경하고

② Load Edit를 생성시키고, 등분포하중 재하를 위하여 Mechanical, Pressure를 선택한다(그림 27).

③ 하중이 작용하는 부분을 선택하고, 원하는 하중값(84.52Mpa)을 기입한다(그림 28).

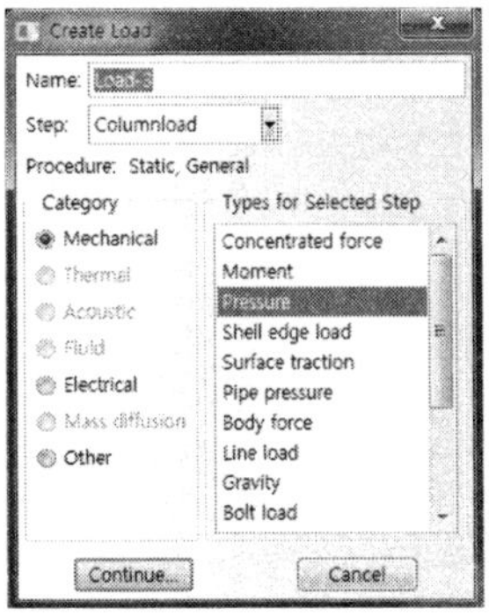

그림 27 Create Load

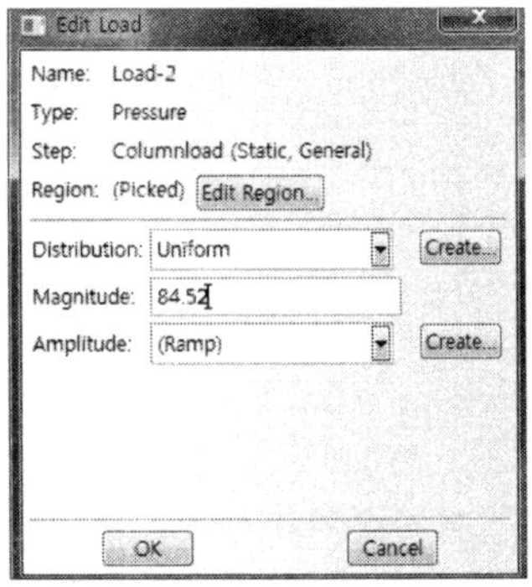

그림 28 Edit Load

[참고]

a. 집중하중 재하방법

① Part에서 Create Set을 형성하고, Node를 선택한다(그림 29).

② Load에서 새로운 조건을 형성하여 Concentrated force를 클릭한다(그림 30)

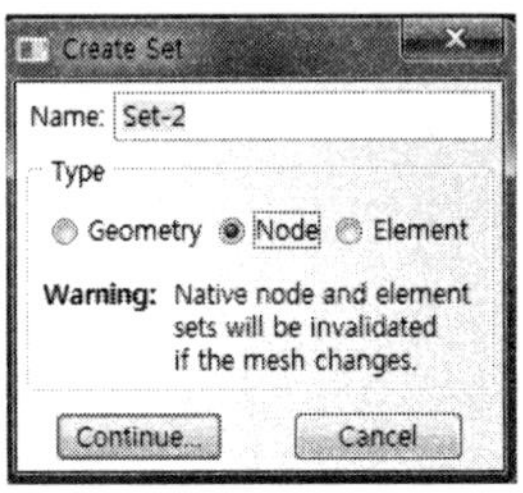

그림 29 Create Set

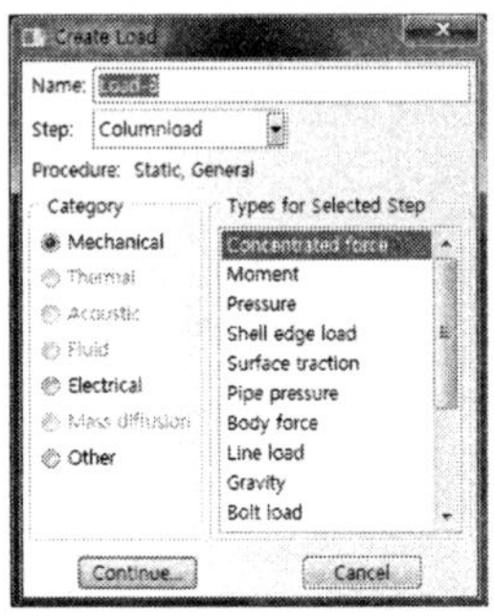

그림 30 Create Load

③ Continue를 클릭하면 그림 31이 생성되고, 이 그림에서 Sets을 클릭하여 설정된 set을 사용한다.

그림 31 노드선택

이후 원하는 방향의 집중하중을 부가한다.

4) 경계조건 부여

① Module의 Load에서 경계조건 신설 아이콘 클릭하여 Create Boundary Condition형성하여 Mechanical에서 Displacement/Rotation을 선택한다(그림 32).

② 원하는 부분에서 경계조건(Hinge)을 설정한다(그림 33).

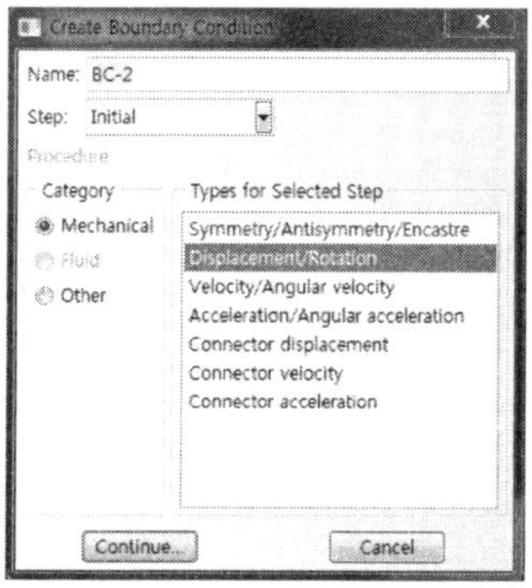

그림 32 Create Boundary Condition

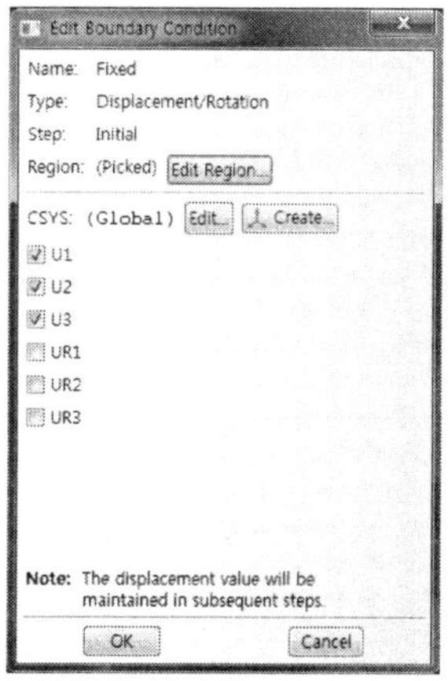

그림 33 Edit Boundary Condition

5) 열응력 해석값 입력

Thermal analysis의 값을 응력해석에 이용한다.

① Step에 있는 Predefined Field의 Manager를 이용하여(Edit) Edit Predefined Field를 생성한다(그림 34).

② 그림에서 Distribution을 From results or output database file로 변경한다.

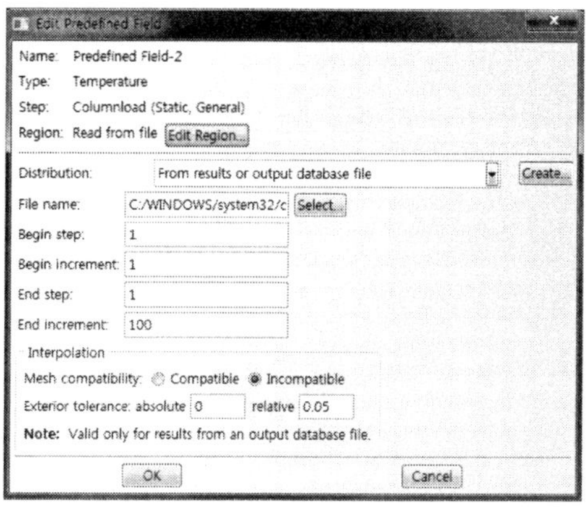

그림 34 Edit Predefined Field

③ 이 후 Thermal analysis 결과 파일(. odb)을 가져오기 한다. odb파일은 Abaqus를 실행한 폴드에 형성된다.

6) Element type변경

① Thermal analysis에 사용된 Element type(C3D4)를 C3D8R로 변경한다.

② Module을 Mesh로 변경하고,

③ Main menu에서 Mesh → Element type을 선택하고, Element type창을 연다(그림 35).

④ 그림에서 Standard, Linear 그리고 3D를 선택한다.

⑤ Hex에서 Reduced integration을 선택한다.

⑥ 저장한다.

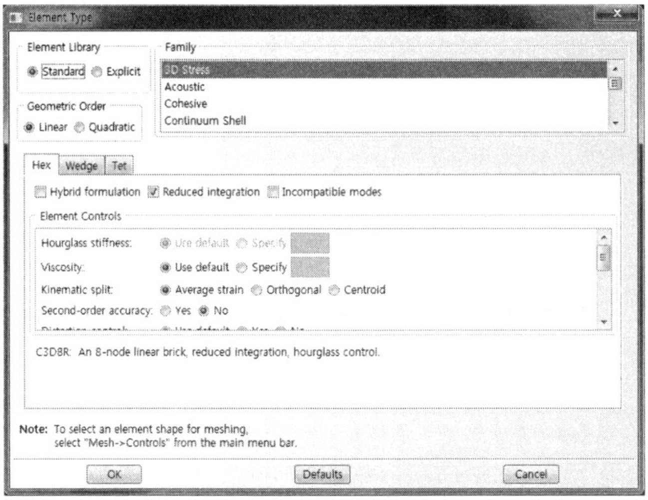

그림 35 Element type

7) 결과 수행

① Module을 Job으로 변경하고, 파일을 만들고 Submit을 클릭한다. 입력이 잘된 경우는 그림 36과 같이 Running이 이루어진다.

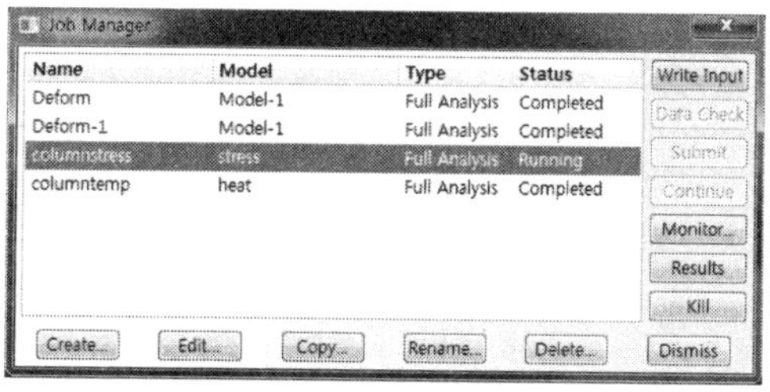

그림 36 Job manager

8) 후처리(Postprocess)

① Job manger창에서 Results를 선택하여 결과를 확인한다.

② Stress의 결과를 확인하고, 필요에 따라 원하는 node에서의 응력 이력을 Plotting한다(그림 37~39).

③ Displacement의 결과를 확인하고, 필요에 따라 원하는 Node에서의 변위이력을 Plotting한다(그림 40~42).

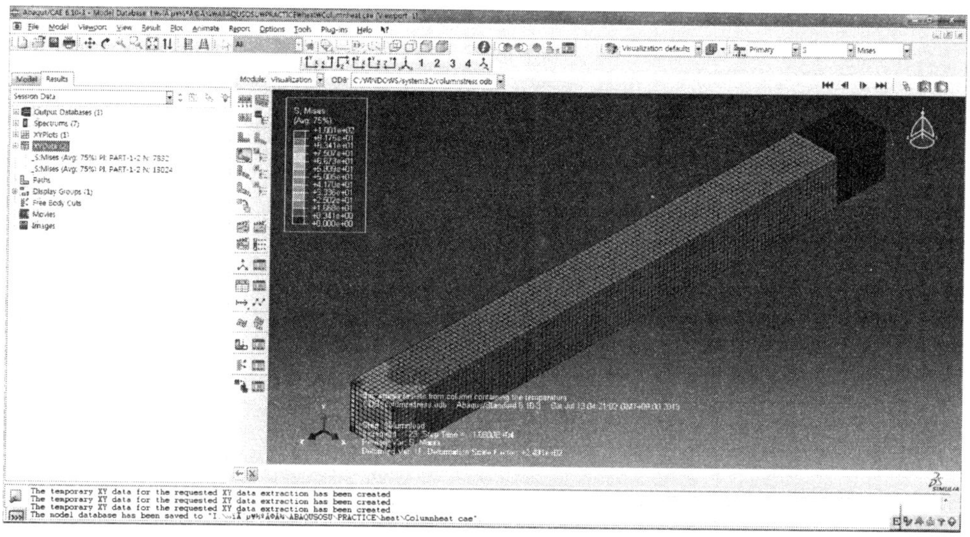

그림 37 응력 결과

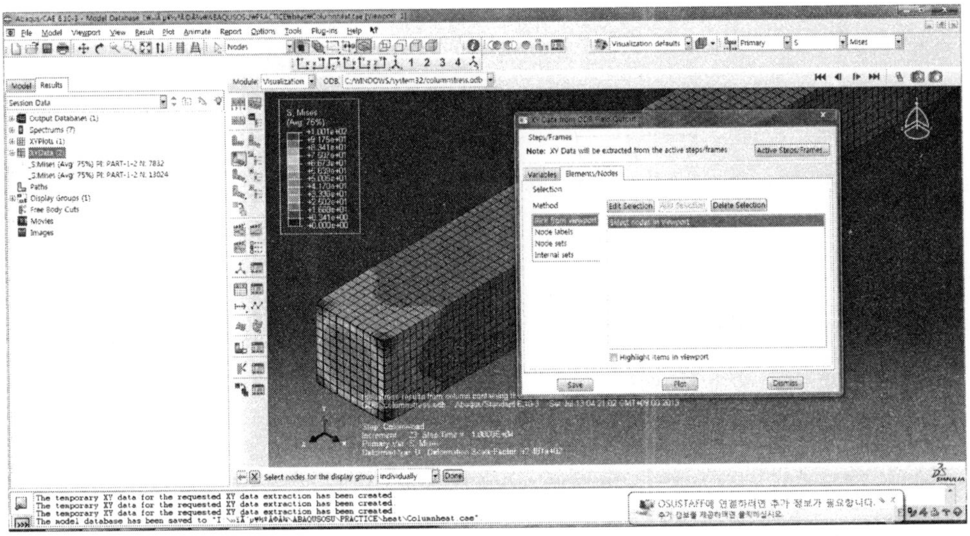

그림 38 임의점 선정과정

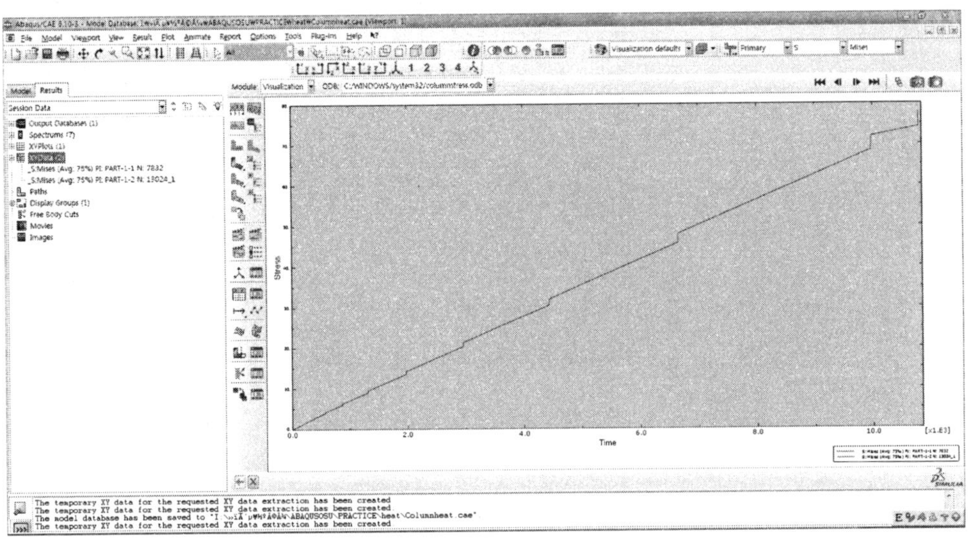

그림 39 임의점(2)의 응력이력

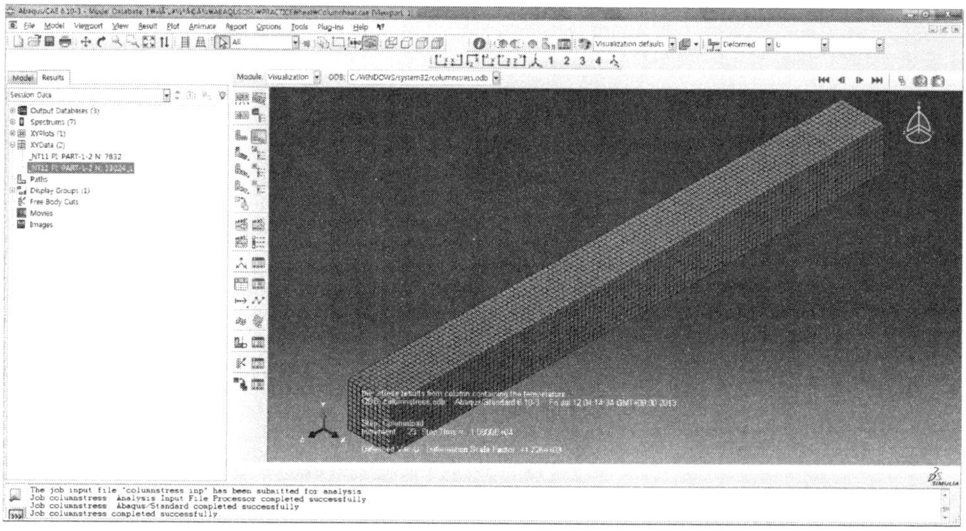

그림 40 변위결과

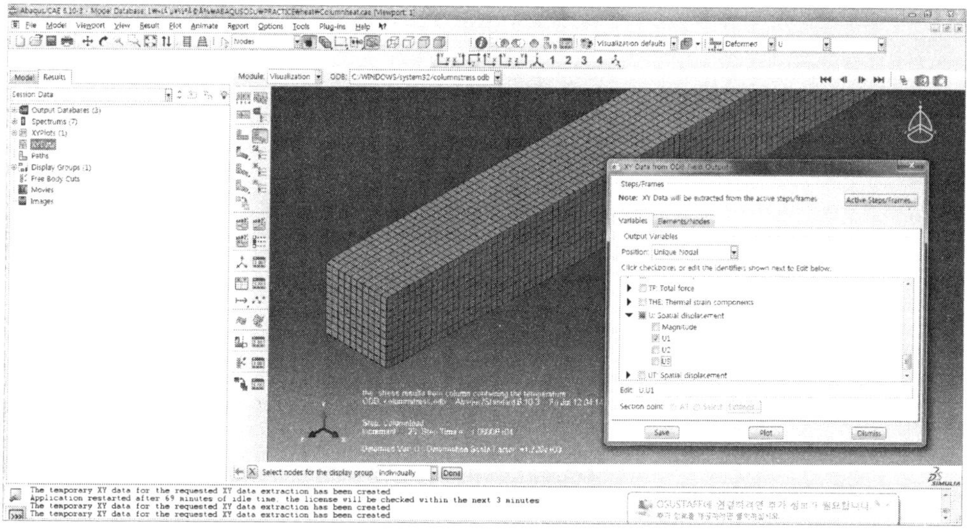

그림 41 임의 두 점 선정

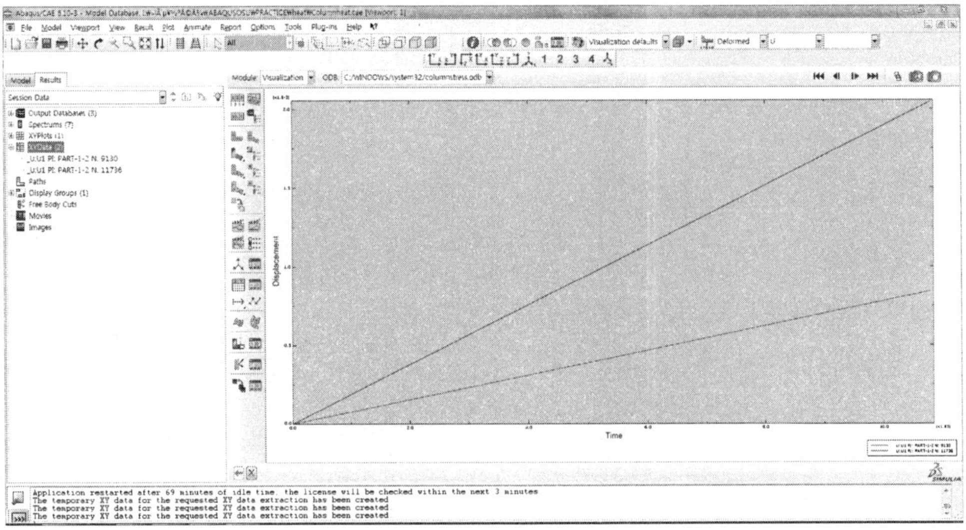

그림 42 임의 두 점의 변위이력

[참고 1] 임의 Node에서의 이력(History)을 Plotting하기 위한 준비과정

1) Assembly에서 Set을 클릭하여 Create Set을 설정한다(그림 43).

① 여기서 Type을 Node로 설정하고, Continue를 클릭한다.

② Viewport에서 원하는 Node를 클릭한다.

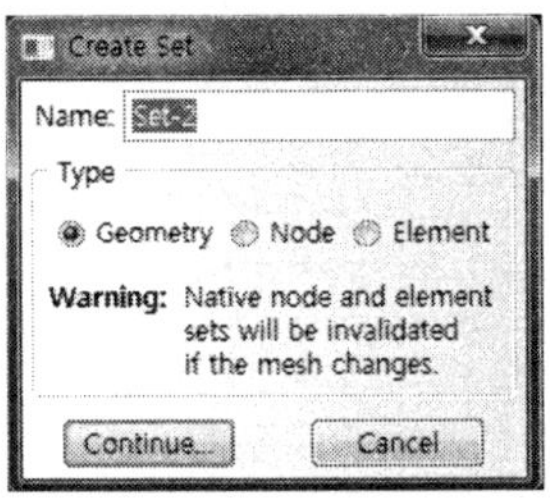

그림 43 Create Set

2) Field Output Request에서

① Create Field를 생성하고, Continue를 클릭한다(그림 44).

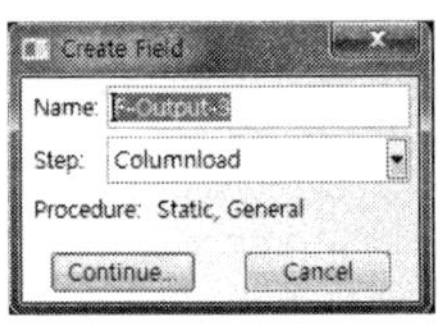

그림 44 Create Field

② Edit Field Output Request에서 원하는 해석 결과를 선택한다(그림 45).

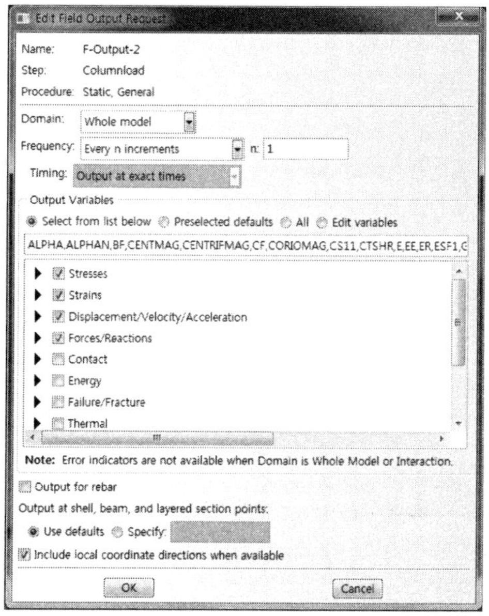

그림 45 Edit Field Output Request

3) History Output Request에서

① Create History를 생성한다(그림 46).

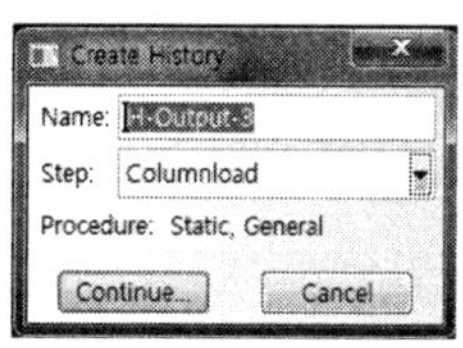

그림 46 Create History

② Continue를 클릭하고, 그림 47에서 필요한 Variables를 선택한다(Stress, Strain, Displacement 등).

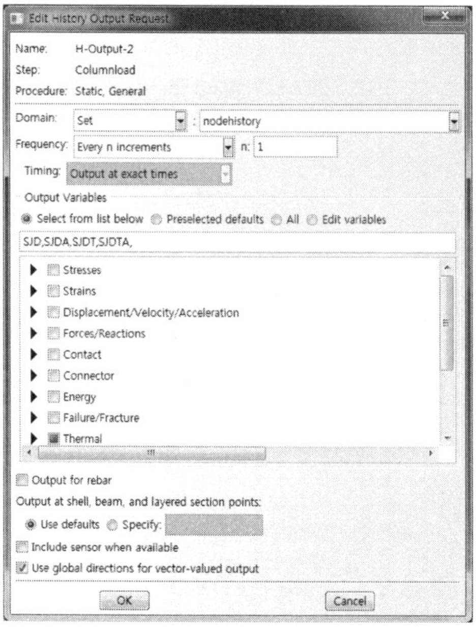

그림 47 Edit History Output Request

[참고 2] 모델 내부에 있는 Element와 Node확인하는 방법

1) Main menu바로 아래 있는 그림 아이콘 중 Remove selected 또는 Replacce selected를 선택한다(그림 48).

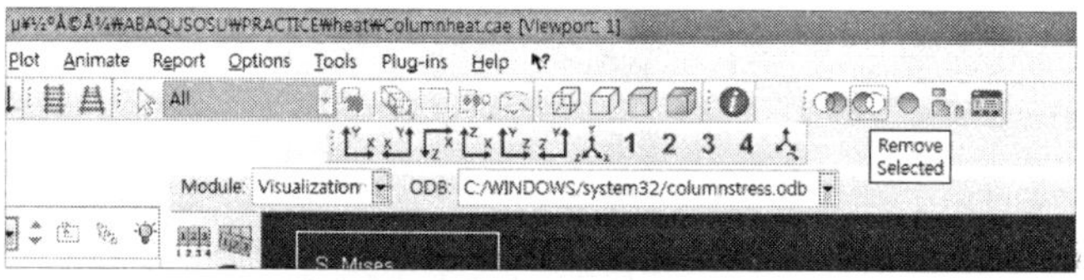

그림 48 Remove Selected

2) 제거한 후 원하는 부분이 잘 보이도록 회전시킨다(그림 49).

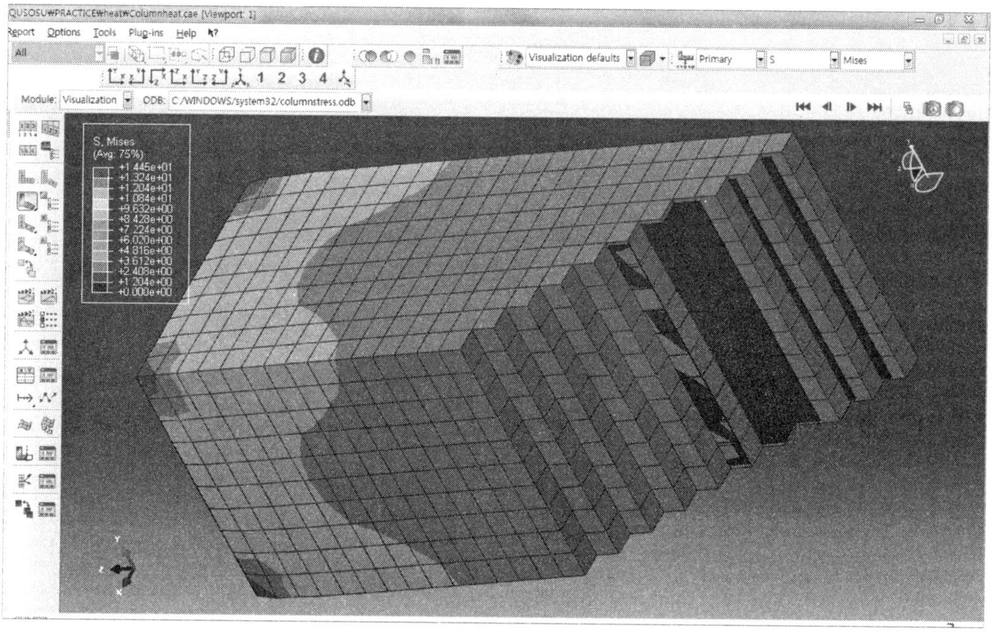

그림 49 제거 및 회전된 모델

3) Element 또는 Node확인

① Main menu의 Tools를 클릭하고, Query클릭한다(그림 50)

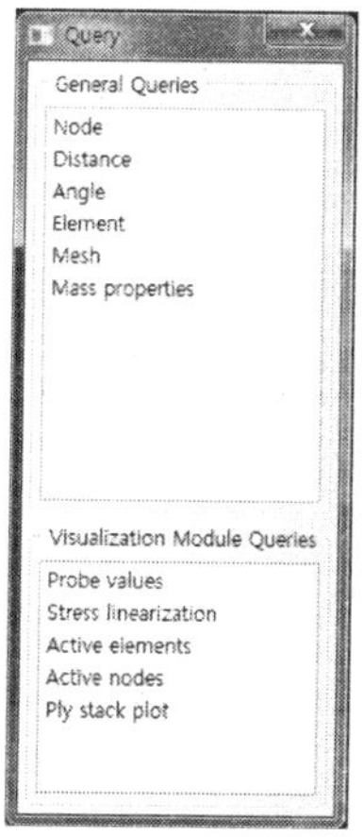

그림 50 Query

② Probe values를 클릭한다(그림 51).

③ 그림에서 Probe를 Node와 Element로 선택한다.

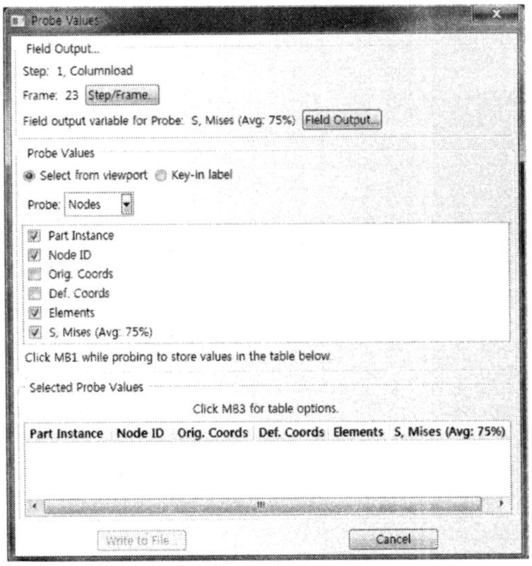

그림 51 Probe values

[참고 3] Abaqus해석에 사용되는 단위

Quantity	Unit(SI mm)	Mild stone at room temperature	
		Quantity	Unit
Length	mm	Conductivity	50 W/m℃
Force	N	Density	7800 kg/m^3
Mass	tonne(10^3kg)	Elastic modulus	207 10^9 Pa
Time	s	Specific heat	460 J/kg℃
Stress	MPa(N/mm^2)	Yield stress	207 10^6 Pa
Energy	mJ(10^{-5} J)		
Density	Tonne/mm^3		

[참고 4] 하중 변환

$$1\,\mathrm{N} = 1\,\mathrm{kg}\cdot 1\,\mathrm{kg/m^2} = 1\,\mathrm{kg}\cdot \mathrm{T}0.1\,\mathrm{f} = 0.1\,\mathrm{kgf}$$

그러므로

$$\mathrm{kgf} = 10\mathrm{N}$$

$$\mathrm{Tf} = 10^3\mathrm{kgf} = 10^3\cdot 10\mathrm{N} = 10^4\mathrm{N} = 10\mathrm{kN}$$

$$1\,\mathrm{Pa} = 1\mathrm{N/m^2} = 0.1\mathrm{kgf/m^2} = (10^{-6})0.1\mathrm{kgf/mm^2} = 10^{-7}\mathrm{kgf/mm^2}$$

그러므로

$$\mathrm{kgf/mm^2} = 10^7\mathrm{Pa} = 10^6 \cdot 10\mathrm{Pa} = 10\mathrm{MPa}$$

$$\mathrm{kgf/cm^2} = 10^5\mathrm{Pa} = 10^{-1}\mathrm{MPa}$$

$$\mathrm{kgf/m^2} = 10\mathrm{Pa}$$

참고문헌

1) 국회법령자료 홈페이지, “건축법, 건축물의 피난·방화구조 등의 기준에 관한 규칙, 소방기준법, 소방시설 설치유지 및 안전관리에 관한 법률, 재난관리법, 산업안전보건법”, 2007
2) 권인규외 1, “강구조 내화설계 실용화 기반연구”, 포항산업과학연구원, 2001
3) 권인규외 1, “강재 허용온도 산정연구”, 포항산업과학연구원, 1999
4) 권인규외 1, “강구조 내화공학설계기술개발”, 포항산업과학연구원, 2002
5) 권인규, “국내 강구조 내화구조 고찰 및 향후 발전방향에 대한 제언”, 한국강구조학회, 제11권 제3호, pp.89～94, 1999
6) 한국강구조학회, “충전강관기둥의 내화성능평가 및 설계법에 관한 연구”. 1999.6
7) 권인규외 2, “구조용 강재의 고온특성 연구”, 포항산업과학연구원, 2002.8
8) 권인규외 2, “강구조 건축물 내화설계 요소기술 개발”, 포항산업과학연구원, 2004.8
9) 권인규, “대양주 해외출장보고서”, 2004.7
10) 한국표준협회, “KS F 2257-1, 3～7, 건축구조부재의 내화시험방법”, 2000
11) 권인규, “건축물 화재안전 표준화 연구”, 2006
12) 강원대학교 방재산업 전문인력 양성사업단, 초청세미나, 2007
13) 권인규, “표면처리 경량형강과 건식 마감자재로 구성된 내력벽체 및 바닥의 내화성능 평가 연구”, 대한건축학회 논문집, 23권 1호, 2007년.
14) 권인규, “제조 방식에 따른 건축용 내화강재의 고온 시 기계적 특성 평가”, 한국강구조학회지, 19권 2호, 2007년.
15) 권인규, “고열 환경에서의 구조용 강재 특성 데이터베이스 구축”, 한국화재소방학회 논문지, 21권 3호, 2007년
16) 권인규, “강구조 건축물의 성능적 내화공학설계지침 개발에 관한 연구”, 대한건축학회 논문집, 24권 6호, 2008년.
17) 권인규, “건축물 지하 구조부재의 내화성능 개선에 관한 연구”, 한국화재소방학회 논문지, 22권 4호, 2008년.
18) 권인규, “건축물 내화성능평가 표준화 로드맵 개발”, 한국화재소방학회 논문지, 23권 4호, 2009년

19) 권인규 “강구조물 내화성능 해석 프로그램 개발에 관한 연구”, 대한건축학회 지회연합 논문집, 11권 3호, 2009년.
20) 권인규, “강구조 부재의 한계온도 평가에 관한 연구”, 대한건축학회 지회연합논문집, 11권 4호, 2009년.
21) 권인규 외 1, “내화설계법에 따른 철골조 아파트의 내화피복비용 연구”, 한국화재소방학회 논문지, 24권 1호, 2010년
22) 권인규 외 3, “콘크리트 압축강도 및 하중비에 따른 CFT기둥의 내화성능에 관한 연구”, 한국화재소방학회 논문지, 24권 2호, 2010년.
23) 권인규, “강구조 부재의 하중비에 따른 내화성능 평가 연구”, 대한건축학회 논문집, 26권 4호, 2010년.
24) 권인규, “콘크리트보강 강구조 부재의 하중비에 따른 내화성능 연구”, 대한건축학회 논문집, 26권, 6호, 2010년.
25) 권인규, “철근보강 콘크리트충전 강관기둥의 내화성능에 관한 실험적 연구”, 대한건축학회연합논문집, 12권 2호, 2010년.
26) 권인규, “강구조 부재의 표면온도 산정 및 내화피복두께에 관한 연구”, 한국화재소방학회 논문지, 24권 4호, 2010년.
27) 권인규, “콘크리트 충전강관 기둥부재의 내화성능에 관한 해석 및 실험적 연구”, 대한건축학회 논문집, 26권 11호, 2010년.
28) 권인규, “하중비에 따른 강재 보의 한계온도에 관한 실험적 연구”, 한국강구조학회 논문집, 22권 6호, 2010년.
29) 권인규, “온도해석과 재하가열시험에 의한 콘크리트 충전 보부재의 내화성능평가에 관한 연구”, 한국화재소방학회 논문지, 24권 6호, 2010년.
30) 권인규 외 4인, “일정축력을 받는 콘크리트 충전 각형기둥의 경계조건 변화에 따른 화재거동특성에 관한 실험적 연구”, 한국화재소방학회 논문지, 24권 6호, 2010년.
31) 권인규, “강관 기둥부재의 하중비에 따른 내화성능 연구”, 대한건축학회연합논문집, 13권 1호, 2011년.
32) 권인규, “콘크리트 압축강도에 따른 강관기둥부재의 내화성능에 관한 실험적 연구”, 한국방재학회논문집, 11권 2호, 2011년.
33) 권인규 외, 복부에 슬릿이 있는 박판냉간성형형강 스터드의 압축강도, 한국강구조학회 논문집, 24권 2호, 2012년
34) 권인규 외, 창의성 요인에 대한 통계적 실증연구 : 서울특별시 소방서를 대상으로, 한국화재소방학회 논문지, 26권 2호, 2012년.

35) 권인규 외, 와이어로프를 적용한 고강도 철근콘크리트 기둥의 내화공법 및 하중비에 따른 내화성능에 관한 연구, 한국화재소방학회 논문지, 26권, 6호, 2012년.
36) 권인규 외, 100 MPa급 고강도 콘크리트 기둥의 폭렬방지 및 하중지지력 향상방안에 관한 실험적 연구, 한국화재소방학회 논문지, 26권, 6호, 2012년.
37) 권인규, 고강도 구조용 강재의 고온물성 평가연구, 한국화재소방학회 논문지, 27권, 3호, 2013년.
38) 권인규, 고온 시의 구조내력 평가를 위한 SM 400강재의 고온 특성 평가 연구, 한국화재소방학회 논문지, 27권, 4호, 2013년.
39) 권인규, 내화강재의 고온 특성 에이터베이스 구축연구, 한국화재소방학회 논문지, 27권, 5호, 2013년.
40) 화재통계연감, 소방방재청 국가화재정보센타, 2013.
41) 日本火災學會新版, 建築放火教材, 1995
43) 牟田紀一朗 譯, 建築の火災安全設計, 1981
44) 岸谷孝一, 建築放火材料, 1973
45) 室崎益輝, 建築防災.安全, 鹿島出版會
46) 이영재, 建築防災, 2004
47) 강병희외 2 공역, 建築防災.安全, 2004
48) IBC, "International Building Code", 2000
49) NFPA, "Guide to the fire safety concepts tree", 2002
40) ICC, "ICC Performance Code for Buildings and Facilities, 2001
50) NFPA, "Building Construction and Safety Code NFPA 5000", 2003
51) Jonn Wiley & Sons, "Structural Design for Fire Safety", 2001
52) Patrick V.H, Heimo. T., "Description of Swedish system of fire performance based regulation and Temperature analysis of structural sections", 2003
53) SFPE, "SFPE Handbook of Fire Protection Engineering", pp.1-141～148, 1995
54) T,J. Shilds, G. W. H. Silcock, "Building and Fire", pp.226～230, 1987
55) ECCS, "Design Manual on the European Recommendations for the Fire Safety of Steel Structures", pp.64～99, 1985
56) Journal of Construction Steel Research, "Computer modelling of the corner compartment fire test on the large-scale Cardington test frame", Colin Bailey, pp.27～45, 1998.
57) Steel construction, "Structural steel fire protection for multi-storey building recent

developments", C I. Smith, pp.2～18, 1986.

58) Fire and Materials, "A Procedure to Calculate Fire Resistance of Structural Members", Lie, pp.40～48, 1984.

59) Fire Safety Journal, "Engineering Application of Computer Fire Models", Philip J. Dinenno, pp.89～101, 1985.

60) Fire Safety Journal, "Natural Fires: Research and Application in Consulting" Karl Kordina, pp.113～128, 1991.

61) V. M. Roitman, "A Simplified Approach for an Analytical Structural Fire Design with Consideration of Real Fire Conditions", Journal of Fire Science, pp.3～17, 1993.

62) Dietmar Hosser et al., "Evaluation of Simplified Calculation Methods for Structural Fire Design", Fire Safety Journal, pp.249～304, 1994.

63) CEN, "Eurocode 3 : Design of Steel Structures Part 1.2 : General Rules Structural fire design", pp.15～21, 1995

64) New Zealand Building Act, 1991

65) New Zealand Building Regulation, 1992

66) BIA, Approved Document for New Zealand Building Code Fire Safety Clauses, 2004

67) Centre for Advanced Engineering University of Canterbury, "Fire Engineering Design Guide", pp.49 ~ 61, 1994

68) AISI, "Fire Protection Through Modern Building Codes", pp.131～149, 1981

69) T. Z. Harmathy, "Fire Safety Design and Concrete", pp.124～143, 1993

70) E. G. Butcher, A. C. Parnell, "Designing for Fire Safety", pp.74～87, 1983

71) Lie T.T, "Fire resistance of circular steel columns filled with bar-reinforced concrete", Journal of Structural Engineering. ASCE 1994:120(5), 1489-1509

72) Kodur VKR, "Design equations for evaluating the fire resistance of SFRC filled steel columns", Journal of Structural Engineering. ASCE 1998:124(6), 671-7

73) T.T. Lie, S.E.Caron, Fire Resistance of Circular Hollow Steel Columns Filled with Siliceous Aggregate Concrete, Test Results, IRC Internal Report No.570. Ottawa(Ontario) : National Research Council of Canada, Institute for Research in Construction , 1988.8

74) Lie, T.T, Irwin, R. J., Fire Resistance of Rectangular Hollow Steel Sections Filled

with Bar-Reinforced Concrete, IRC Internal Report No.631. Ottawa (Ontario) : National Research Council of Canada, Institute for Research in Construction, 1992

75) D. Latham, B. Kirby, "Elevated temperature behaviour of welded joints in structural steels", 1998, European Commission

76) W. A. Morris, "Guidelines for the construction of fire-resisting structural elements", 1988, Building Research Establishment Report.

77) Kirby, "Natural Fires in Large Scale Compartments- A British Steel Technical", 1994, Fire Research Station Collaborative Project.

78) Lie T. T, Stringer D. C, "Calculation of fire resistance of steel hollow structural steel columns filled with plain concrete", Canadian Journal of Civil Engineering 1994:21(3), 382~5.

79) BSI, Application of fire engineering principles to design of buildings, part3-Structural response and fire spread beyond the enclosure of origin, 2001.

80) ASFPCM, "Fire protection for structural steel in buildings(2nd Edition-Revised)", 1994

81) BSI, "BS 5950 Structural use of steelwork in building Part 8. Code of practice for fire resistant design", 1990

82) BSI, "BS 476 Fire tests on building materials and structures Part 20 Method for determination of the fire resistance of elements of construction(general principal)"

83) ANSI/UL 263, "Fire tests of building construction and materials", 1997.2

84) ASTM, "E 119 Standard test methods for fire tests of building construction and materials", 1995

85) ULC, "Standard methods of fire endurance tests of building construction and materials", 1989.10

86) UL, "Underwriter Laboratories Directory", 2000

87) Pettersson, Magnusson, Thor, "Fire engineering design of steel structures", 1976.

88) A. H. Buchanan, "Fire Engineering Design Guide", University of Cantebury, 2001

89) I. K. Kwon, S. G. Shin, "Mechanical and thermal properties of SM 490 at high temperature for fire engineering design", Vol 16, No. 4, Metals and Materials International, 2010.

90) I. K. Kwon, S. G. Shin, "Evaluation of Fire Resistance Using Mechanical Properties at High Temperature for Steel Column Made of Rolled Steels (SS 400)", KOREAN

JOURNAL OF METALS AND MATERIALS, Vol 49, No 9, 2011.

91) I. K. Kwon, Y. B. Kwon, "Experimental Study on Limiting Temperatures of Circular Hollow Sections", Advanced Materials Research, Vol 472-475, 2012.

92) I. K. Kwon, Y. B. Kwon, "Experimental Study on the Fire Resistance of Steel Columns Protected with Fire Boards", International Journal of STEEL STRUCTURES, 2012

93) I. K. Kwon, Y. B. Kwon., "Experimental Study on the Fire Resistance of Rectangular Hollow Sections Steel Columns", Advanced Materials Research, Vol. 557-559, 2012

94) I. K. Kwon, et al., "Derivation of Major Factors of Beams made of H-Sections for Fire Engineering Design", Applied Mechanics and Materials, Vol. 198-199, 2012.

95) I. K. Kwon, Y. B. Kwon, "Evaluation of the Fire Resistance of H-section Steel Columns and Beams", Applied Mechanics and Materials, Vol. 204-208, 2012.

96) I. K. Kwon, et al., "The Ultimate Strength of the Concrete-Filled Tubular (CFT) Section Columns", Applied Mechanics and Materials, Vol. 204-208, 2012.

97) I. K. Kwon, Y. B. Kwon, "Determination of limiting temperatures for H-section and hollow section columns", STEEL & COMPOSITE STRUCTURES, Vol 13, No. 4, 2012.

98) I. K. Kwon, N. Y. Jee, "Experimental Study of the Fire Resistance of Walls and Floors Constructed with Steel Studs and Steel Joists", Fire and Materials, early view. 2012.

99) I. K. Kwon, et al., Study on the Data-bases for fire engineering design of structural steels members, Advanced Materials Research, Vol. 628, 2013.

100) I. K. Kwon, et al., Evaluation Study on Mechanical Properties of Submarines Structural Steel at High Temperature, Advanced Materials Research, Vol. 815, 2013.

찾아보기

· **권인규(權仁奎)**
동아대학교 공과대학 건축공학과(공학사, 공학석사)
한양대학교 건축대학 건축공학부(공학박사)
(주)롯데건설 건축부
(재)포항산업과학연구원(RIST) 건축구조연구팀 책임연구원
현) 강원대학교 소방방재학부 교수

건축방재학

정가 22,000원

인 쇄 2014년 9월 1일 2판 1쇄
발 행 2023년 9월 10일 2판 4쇄
저 자 권인규
발행인 정우용
발행처 도서출판 동화기술
경기도 파주시 광인사길 201(문발동, 파주출판도시)
Tel (031)955-4211~6 donghwapub@nate.com
Fax (031)955-4217 www.donghwapub.co.kr
(등록) 1977년 12월 19일/9-16호

ISBN 978-89-425-1872-2